Karl-Ludwig Plank
Firoz Kaderali

Informations- und Kommunikationstechniken

Schriftenreihe der ISDN-Forschungskommission des Landes Nordrhein-Westfalen

Herausgeber:
Ministerium für Wirtschaft, Mittelstand und Technologie
des Landes Nordrhein-Westfalen

Mitglieder der ISDN-Forschungskommission:

Prof. Dr. Bernd-Peter Lange
– Sprecher der Kommission –
Universität Osnabrück

Prof. Dr. Klaus Grimmer
Gesamthochschule Kassel –
Universität

Prof. Dr. Firoz Kaderali
FernUniversität Hagen

Prof. Dr. Reinhard Rock
– Stellvertretender Sprecher –
Bergische Universität
Gesamthochschule Wuppertal

Prof. Dr. Ursula Schumm-Garling
Universität Dortmund

Prof. Dr. Horst Strunz
ExperTeam GmbH Köln

Dipl.-Sozialwirtin Anette Baron
– Wiss. Mitarbeiterin der Kommission –
Universität Osnabrück

TELETECH NRW
Landesinitiative Telekommunikation

Karl-Ludwig Plank
Firoz Kaderali

Informations- und Kommunikationstechniken

Entwicklungstrends und Nutzungspotentiale

Die Deutsche Bibliothek – CIP-Einheitsaufnahme

Plank, Karl-Ludwig:
Informations- und Kommunikationstechniken:
Entwicklungstrends und Nutzungspotentiale /
Karl-Ludwig Plank; Firoz Kaderali.
[ISDN-Forschungskommission des Landes NRW]. –
Braunschweig; Wiesbaden: Vieweg, 1993

NE: Kaderali, Firoz:

Umschlaggestaltung: Christine Nüsser, Wiesbaden

ISBN 978-3-528-06573-7   ISBN 978-3-322-85738-5 (eBook)
DOI 10.1007/978-3-322-85738-5

Vorwort der ISDN-Forschungskommission des Landes NRW

Mit großen Erwartungen aber auch Befürchtungen wurde die Inbetriebnahme des diensteintegrierenden digitalen Fernmeldenetzes ISDN im Jahre 1989 begleitet. Doch trotz umfangreicher Informations- und Werbemaßnahmen wissen viele private Kunden und gewerbliche Nutzer von Fernmeldediensten noch wenig mit diesem Kürzel anzufangen. Das prinzipiell offen angelegte System birgt durch die Kombinationsmöglichkeiten verschiedenster Dienste mit vielfältigen Dienstmerkmalen und unterschiedlichen potentiellen Endgerätekonfigurationen große Nutzungsmöglichkeiten, aber auch eine nahezu unüberschaubare Komplexität. Diese erhöht sich weiterhin, wenn es um die Verknüpfung von Telekommunikationsdiensten im ISDN mit Leistungen der Datenverarbeitung geht. Mit den vielfältigen Möglichkeiten der Technikkonfiguration und -nutzung sind in Wirtschaft und Gesellschaft Chancen und Risiken verbunden, aber auch Gestaltungsmöglichkeiten, besonders hinsichtlich der Sozialverträglichkeit für die Anwender von ISDN, seien es Unternehmen, Arbeitnehmer oder private Haushalte, gegeben.

Angesichts der ökonomischen und gesellschaftlichen Relevanz der neuen ISDN-Technologie und im Bewußtsein des diesbezüglichen Wissensdefizits und des Gestaltungsbedarfs hat das Land Nordrhein-Westfalen, vertreten durch die Staatskanzlei, das Ministerium für Wirtschaft, Mittelstand und Technologie und das Ministerium für Arbeit, Gesundheit und Soziales, im Jahr 1989 die ISDN-Forschungskommission berufen. Der Kommission gehören Professoren und Professorinnen aus den Bereichen Technik-, Rechts-, Sozial- und Wirtschaftswissenschaften an.

Das Land Nordrhein-Westfalen hat seinen Auftrag an die ISDN-Forschungskommission in folgenden Anforderungen formuliert:

- Aufschluß zu geben über die wirtschaftliche Leistungsfähigkeit und die Leistungsgrenzen der ISDN-Kommunikationssysteme, über die Einsatzmöglichkeiten und jeweiligen Anwendungsvoraussetzungen des ISDN;

- Orientierungswissen dafür zu erarbeiten, daß die Modernisierungs- und Wachstumschancen, die in der Herstellung und Anwendung der neuen Kommunikationstechniken liegen, ausgeschöpft werden können;

- wissenschaftliche Erkenntnisse über mögliche Gefahren und Risiken, über die Notwendigkeit risikomindernder Maßnahmen und über technische und organisatorische Gestaltungsoptionen beim Einsatz der ISDN-Technik an (Büro-) Arbeitsplätzen zu gewinnen;

- Anstöße und Diskussionsgrundlagen für einen öffentlichen Dialog zwischen Technikherstellern und -anwendern, Arbeitnehmern und Arbeitgebern sowie Wissenschaftlern und Politikern über die Chancen und Risiken der neuen Informations- und Kommunikationstechniken zu liefern.

Die ISDN-Forschungskommission geht von einem breiten Technikverständnis aus. Das diensteintegrierende, digitale Fernmeldenetz wird als ein Bestandteil im Gefüge vernetzter Systeme betrachtet, deren Wirkungen es zu analysieren gilt. Das heißt, es geht nicht nur um die technische Seite der digitalen Vermittlung und Übertragung auf der Basis von 64 kbit/s unter

Einschluß von DV-Leistungen, sondern gerade um die Einbindung von ISDN-Anwendungen in komplexere sozio-technische Systeme, bei denen organisatorische und soziale Fragen berücksichtigt werden.

Ein Schwerpunkt der Arbeit der ISDN-Forschungskommission besteht in der Initiierung von ISDN-Modellanwendungen, zu denen auf Empfehlung der ISDN-Forschungskommission an das Land NRW und teilweise auch an die DBP Telekom Begleit- und Gestaltungsforschungsprojekte durchgeführt werden. Bei den ISDN-Modellprojekten handelt es sich um ausgewählte inner- sowie überbetriebliche Technikanwendungen in verschiedenen Branchen bzw. Sektoren, wie z.B. mittelständische Handelsunternehmen, Versicherungen, Druck- und Verlagswesen, Krankenhäuser und öffentliche Verwaltungen. Solche innovativen Modellanwendungen müssen sowohl in technischer als auch in organisatorischer Hinsicht offen angelegt sein, so daß Gestaltungsoptionen bestehen. In diesen Forschungsprojekten werden die sich mit den ISDN-Anwendungen ergebenden innerorganisatorischen und überbetrieblichen Veränderungen analysiert. Beide Bereiche - arbeitsplatzbezogene Veränderungen durch gewandelte Aufgabenwahrnehmung und veränderte betriebliche Organisation einerseits sowie Reorganisation durch technische und funktionale Vernetzungen andererseits - sind gleichermaßen Bestandteile der Begleit- und Gestaltungsuntersuchungen. Über die fallbezogenen Analysen hinaus wird in den Forschungsprojekten versucht, übertragbare Ergebnisse für die jeweilige Branche bzw. für einen Anwendungsbereich zu erarbeiten.

Neben den Begleit- und Gestaltungsforschungsprojekten sind von der Kommission Rahmen- und Detailstudien zu relevanten Spezialgebieten angeregt worden. In solchen Untersuchungen werden z.B. technische, ökonomische, soziale, arbeitspolitische, rechtliche und infrastrukturelle Fragestellungen im Zusammenhang mit dem Einsatz von ISDN analysiert.

Die Forschungsprojekte und Rahmenstudien werden durch die ISDN-Forschungskommission ausgewertet.

Zur Unterstützung des öffentlichen Dialoges wird von der ISDN-Forschungskommission neben der vorliegenden Publikationsreihe die Reihe "Materialien und Berichte der ISDN-Forschungskommission", die beim Ministerium für Wirtschaft, Mittelstand und Technologie des Landes NRW bezogen werden kann, herausgegeben. Weiterhin beteiligt sich die Kommission an Messen und Kongressen und es werden Workshops und Tagungen veranstaltet.

Die Kommission verfolgt das Ziel, zum einen die wissenschaftliche Analyse der neuen Anwendungen von IuK-Technologien voranzutreiben, zum anderen dazu beizutragen, konkrete Anwendungsprobleme zu lösen und zum dritten Vorschläge zu erarbeiten für adäquate Rahmenbedingungen und für Qualifizierungsmaßnahmen zur Förderung der ISDN-Nutzung.

Die ISDN-Forschungskommission des Landes Nordrhein-Westfalen arbeitet mit der DBP Telekom zusammen, die selber ISDN-Anwendungsprojekte vorrangig unter Aspekten der technischen Realisierbarkeit fördert. Im Hinblick auf das wechselseitige Interesse haben die ISDN-Forschungskommission und die DBP Telekom den Austausch von Forschungsergebnissen vereinbart, wobei sich die DBP Telekom auch finanziell an mehreren Untersuchungen der Kommission beteiligt.

Bei der vorliegenden Publikation in der Schriftenreihe der ISDN-Forschungskommission des Landes Nordrhein-Westfalen, die themenabhängig beim Westdeutschen Verlag oder beim Vieweg Verlag erscheint, handelt es sich um die Ergebnisse eines von der Kommission initiierten Untersuchungsauftrages zum Thema "Informations- und Kommunikationstechniken, Entwicklungstrends und Nutzungspotentiale".

Für die Erstellung dieser Studie hat die ISDN-Forschungskommission mit Herrn Karl-Ludwig Plank und Herrn Firoz Kaderali zwei praktisch erfahrene und kompetente Wissenschaftler gewinnen können.

Die Autoren befassen sich in der Untersuchung

- mit dem Stand der Informations- und Kommunikationstechniken, wobei ein breites Spektrum von Schlüsseltechnologien über ISDN, breitbandige Netze, Lokale Netze, Satelliten- und Mobilfunk bis hin zur Dienste-Verflechtung untersucht wird,

- mit alternativen Entwicklungsmöglichkeiten der aufgezeigten Techniklinien und

- mit der Analyse von Wachstums- und Substitutionspotentialen in den Informations- und Kommunikationstechniken.

Die Ausführungen der Autoren zum technischen Stand und zu den Entwicklungsperspektiven der Informations- und Kommunikationstechniken setzen gewisse Grundkenntnisse voraus. Sie verharren aber nicht bei einer reinen technikorientierten Schilderung, sondern zeigen auf der Basis der systematischen Analyse des gesamten relevanten technischen Spektrums die gegenwärtigen und zukünftigen Anwendungsfelder auf. Darüber hinaus geben die Autoren eine Einschätzung der jeweiligen Marktsituation der Bundesrepublik im internationalen Vergleich sowie der wirtschaftlichen Bedeutung der untersuchten Techniklinien. Die Autoren haben damit über ihre Fachgrenzen hinaus einen Zusammenhang zwischen einer technikorientierten und einer wirtschaftlichen Betrachtungsweise hergestellt. Dazu hat sie die ISDN-Forschungskommission ausdrücklich ermutigt, auch und gerade weil das Datenmaterial zur ökonomischen Entwicklung im Bereich der Informations- und Kommunikationstechniken in manchen Feldern heterogen und widersprüchlich ist.

Das Buch wendet sich an Anwender von IuK-Techniken, sowie Hersteller und Anbieter, Wissenschaftler, Politiker und interessierte Laien gleichermaßen. Einige Aussagen der Verfasser - besonders hinsichtlich möglicher Entwicklungstrends und Substitutions- und Nutzungspotentiale - beruhen auf umfangreichen persönlichen Kenntnissen und Erfahrungen aufgrund langjähriger Aktivitäten im Untersuchungsfeld. Es ist zu erwarten, daß nicht alle methodischen Vorgehensweisen und Einschätzungen von einem interessierten Fachpublikum geteilt werden. Die Autoren verdienen jedoch große Anerkennung dafür, daß sie sich auf diesen interdisziplinären Ansatz eingelassen und deutliche Positionen bezogen haben. Eine kritische Auseinandersetzung mit den Thesen der Autoren ist erwünscht und soll den öffentlichen Dialog beispielsweise um die Industrie- und Technologiepolitik und auch um den "Standort Bundesrepublik" vorantreiben.

Die Kommission wünscht diesem Buch ein breites Publikum und hofft, den Anstoß für eine Intensivierung der wissenschaftlichen und öffentlichen Diskussion gegeben zu haben.
Die Untersuchung wurde vom Land Nordrhein-Westfalen finanziert.

Die Mitglieder der ISDN-Forschungskommission:

* Professor Dr. Klaus Grimmer,
* Professor Dr. Firoz Kaderali,
* Professor Dr. Bernd-Peter Lange, Sprecher der Kommission;
* Professor Dr. Reinhard Rock, stellvertretender Sprecher;
* Professorin Dr. Ursula Schumm-Garling,
* Professor Dr. Horst Strunz
* Frau Dipl.-Sozialwirtin Anette Baron, wissenschaftliche Mitarbeiterin der Kommission.

Düsseldorf, im März 1993

Vorbemerkung zur Studie und Kurzfassung der Ergebnisse

Die Studie soll den Stand der Technik im Bereich der IuK-Technologien mit dem Schwerpunkt Telekommunikation aufzeigen, Alternativen für die zukünftige technische Entwicklung darstellen und resultierende Marktpotentiale aufzeigen. Da Unterhaltungselektronik (insbes. Rundfunk), Telekommunikation und Datenverarbeitung als Zweige der Informationstechnik immer stärker zusammenwachsen, wurde das Gesamtgebiet in die Betrachtung einbezogen. Die Studie soll auch die für die Telekommunikations-Produkte und -Dienstleistungen notwendigen IuK-Technologien berücksichtigen. Sie wird in diesem Zusammenhang einige Randbedingungen erwähnen, die die _technische_ Entwicklung regional - z.B. im Bereich Europas, Deutschlands oder eines Bundeslandes - beeinflussen, ohne allerdings umfassende Vorschläge für die regionale Anpassung an die weltweite Entwicklung zu machen. Die notwendigen gesellschaftlichen Voraussetzungen für eine gedeihliche Entwicklung im Bereich der Informationstechnik vorzuschlagen, ist ebensowenig Gegenstand der vorgelegten Studie wie die Darstellung allein in ordnungspolitischen Begriffen, die für eine technische Beschreibung nicht allerorten hinreichen, um eindeutig zu bleiben. Die Studie beschränkt sich bewußt auf die technischen Aspekte.

Die schnelle Fortentwicklung der gesamten Informationstechnik führt dazu, daß Ausarbeitungen dieser Art in Teilen Gefahr laufen, von der Entwicklung noch während der Bearbeitung überholt zu werden. Das Aufkommen von Multimedia, die Veränderungen in der Mobilkommunikation, der Wandel in der Auffassung, was abwicklungstechnisch zum Monopol- oder Pflichtbereich eines Fernmeldenetzes oder -dienstes gehöre oder die Änderung der Aufgabenzuordnung zu bestimmten Fernmeldenetzkomponenten sind Beispiele dieser Entwicklung. Dennoch bleiben viele Erkenntnisse und Aufgabenstellungen über Jahre hinweg unverändert erhalten und bilden den eigentlichen Wert einer solchen Arbeit.

Der Ausschreibung der ISDN Forschungskommission und dem Auftrag des Ministerium für Wirtschaft, Mittelstand und Technologie des Landes Nordrhein-Westfalen folgend, werden die drei Betrachtungsebenen

> Stand der Technik,
> Technologische Perspektiven und Alternativen und
> Wachstums- und Substitutionspotentiale

gleichgewichtet untersucht und in drei eigenständigen Teilen dargestellt. Die Verbindung zwischen diesen Teilen wird durch Querverweise bzw. Fußnoten hergestellt.

Im Rahmen der Studie werden zusammenfassende Feststellungen, Hypothesen, Bewertungen und Empfehlungen eingefügt, die für den eiligen Leser wichtige Grundlagen und Ergebnisse der Studie leichter faßbar machen sollen, ohne allerdings daraus den Anspruch zu erheben, alle Ergebnisse vollständig in dieser Form darzustellen oder gar in der notwendigen Zusammenfassung unmißverständlich zu sein. Vielmehr soll bei Interpretationsproblemen immer auf die Langfassung Bezug genommen werden.

Feststellungen sind Ableitungen, die eindeutig aus dem Stand der Technik heraus belegbar sind.

Zukunft weisenden Anzeichen ableiten lassen und somit Vorhersageunsicherheiten und persönliche Interpretationen einschließen.

Bewertungen stellen die persönliche Meinung oder Auffassung der Verfasser zu einem Themenkomplex dar. Da die Bewertungen aus extrem unterschiedlichen Kriterien hergeleitet sind, ist ein gemeinsamer Bewertungsmaßstab nicht anlegbar.

Empfehlungen sind - vor allem im Zusammenhang mit Alternativen und Zukunftseinschätzungen - Folgerungen aus den Arbeitsergebnissen, sie bauen auf Feststellungen und Hypothesen auf. Verglichen mit der Vielfalt möglicher Empfehlungen, die sich aus dem Text ableiten lassen und aus sehr unterschiedlichen Aspekten resultieren, wird dies Mittel nur dort eingesetzt, wo u.U. ein sehr großes Marktpotential oder eine strategisch bedeutsame Technikentwicklung herleitbar sein könnte. Auch hier handelt es sich - wie bei den Bewertungen - um persönliche Auffassungen der Autoren.

Alle Feststellungen, Hypothesen, Bewertungen und Empfehlungen werden an geeigneten Stellen des jeweiligen Kapitels zusammengefaßt, um den Überblick zu erleichtern.

Eine weitere Vorbemerkung sei der Studie vorangestellt. Im Rahmen eines von der Projektträgerschaft TELETECH NRW in Hagen, vor einem kleinen ausgewählten Kreis veranstalteten Seminars wurden die Verfasser auch nach den wirtschaftlich-sozialen Rahmenbedingungen ihrer Arbeit gefragt. Beide Verfasser meinen, daß die öffentliche Verantwortung zur Sicherung der Infrastruktur und die freie Entwicklung der Märkte, die Förderung persönlicher Leistung und der Zusammenhang von Ursache und Wirkung bei wirtschaftlichen Eingriffen unter allen Umständen erkennbar bleiben müssen. Diesen Prinzipien sollten auch industriepolitische Eingriffe des Staates folgen.

Anläßlich dieses Treffens ist den Autoren u.a. auch der Interpretation des Begriffs Förderung als Synonym für Subvention begegnet. Soweit im Rahmen von Empfehlungen oder entsprechenden Herleitungen im Textteil dieser Studie von Förderung gesprochen wird, sei darauf verwiesen, daß in dieser Betrachtung unter Förderung <u>nicht vornehmlich</u> die finanzielle <u>Subvention</u> einer technischen Entwicklung gemeint ist, sondern <u>alle</u> Maßnahmen, die geeignet sind, ein Projekt voranzubringen. In diesem Kontext zum Terminus Förderung ist - wie im außereuropäischen Ausland sehr drastisch bewiesen wird - die finanzielle Subvention von Technikentwicklung nur ein Teilaspekt. Durchaus bedeutsamer können Hilfen wie Einpassung einer Teilentwicklung in eine glaubwürdige und allgemein akzeptierte technische Strategie, die Organisation von Entwicklungsgruppen nach nichthierarchischen Prinzipien, die Motivation von Mitarbeitern durch ideelle Einordnung ihrer Tätigkeit in ein wichtiges Gesamtprojekt oder Teilnahme an internationalen Treffen und vieles andere mehr als Fördermaßnahmen gesehen werden.

Der Tagespresse (FAZ, Olbrich) ist zu entnehmen, daß MITI in Japan weniger für finanzielle Entwicklungs-Subventionen aufwendet als allein die Bundesrepublik (ohne EG-Förderung). Auch in Europa muß über den Terminus der Förderung und dem Erreichen eines technologiefreundlichen Klimas aus weniger materiellen Aspekten nachgedacht werden. Die Verfasser versuchen, hierzu Vorschläge zu machen, sind sich aber bewußt, daß sie keine auch nur annähernd vollständige Aufzählung möglicher Fördermaßnahmen machen können. Um erfolgreich tätig zu sein, ist auch im Bereich der Informationstechnik kreatives Vorgehen erfolgversprechender als finanzielle Subvention.

Wenn im folgenden auf eine "zu schmale" Produktbasis im Bereich der Informationstechnik in der mitteleuropäischen Region hingewiesen wird, bezieht sich dies auf drei Aspekte, nämlich daß die Produktbasis nicht ausreichend ist, um

a.) Synergieeffekte zu erzielen
b.) die Entwicklungskosten durch Verteilung auf das Produktspektrum hinreichend zu senken und
c.) eine einseitige Abhängigkeit von anderen Ländern zu vermeiden.

Die Studie wurde ursprünglich in der Absicht vergeben und durchgeführt, die technische Entwicklung im Zusammenhang mit dem Abbau des ISDN-Netzes in den alten Ländern der Bundesrepublik zu begleiten und hieraus mögliche Nutzungspotentiale herzuleiten. Insbesondere die Nutzungspotentiale und Marktzusammenhänge wurden aus Fakten hergeleitet, die bis einschließlich 1990 als statistisches Material vielerorts publiziert oder diskutiert wurden. Bei der Bearbeitung wurde der Umfang der Studie wegen der immer deutlicher erkennbar werdenden Abhängigkeiten und Verflechtungen zwischen dezentraler Datenverarbeitung, Telekommunikation und Unterhaltungselektronik auch auf diese Teilgebiete ausgedehnt, so daß eine Arbeit entstanden ist, die über den Gesamtmarkt der Informationstechnik in der Bundesrepublik in Zusammenhängen berichtet.

Diese Erweiterung des Umfangs hat dazu geführt, daß sich die Arbeiten bis in die erste Hälfte des Jahres 1992 hinzogen. Damit wurde es aus Aktualitätsgründen sinnvoll, auch Zahlen des Jahres 1991 in die Betrachtung einzubeziehen. Die Verfasser sehen aber die Notwendigkeit, den Leser auf Zusammenhänge hinzuweisen, die es nicht gestatten, die Zahlenfolgen der Jahre vor 1991 und die des Jahres 1991 als in sich und in der Folge harmonisch für weitergehende Überlegungen und Extrapolationen zugrunde zu legen. Die Gründe für die Diskontinuität im Zahlenwerk - und wegen des Nachtragens der Zahlen von 1991 auch in einigen Textstellen - haben eine Ursache, die allein für die Bundesrepublik spezifisch ist und eine zweite Ursache, die in der einen oder anderen Form auch für andere Länder der EG zutrifft. Diese beiden Gründe überlagern einen dritten - an sich "normalen" Effekt, den wir versucht haben, in unsere Marktprognosen einzubeziehen, nämlich den technischen Fortschritt. Es ist aber nicht möglich, alle drei Effekte derzeit auch für die noch folgenden zwei bis drei Jahre sauber zu trennen. Die Gründe sind:

1. Durch die Wiedervereinigung ist eine Pseudokonjunktur entstanden. Sie hat dazu geführt, daß die marktbezogenen Zahlen für 1991 in der Bundesrepublik nicht der tatsächlichen internationalen Wettbewerbssituation entsprechen, sondern viel günstiger erscheinen. Durch das Hinzutreten der neuen Bundesländer und deren Ausstattung mit aus dem Westen importierter Kaufkraft ist ein Wirtschaftszuwachs entstanden, der quasi aus den alten Bundesländern finanziert wird. Viele Branchen (darunter auch die Telekommunikation) beginnen den Rückgang aus dieser Pseudokonjunktur schon in 1992 zu merken, wenn die ersten bekannt werdenden Zahlen nicht täuschen. Er wird sich aber erst 1993 und später voll auswirken.

Während die Deutsche Bundespost Telekom für die beiden Monopolbereiche sehr bemüht ist, in ihren Zahlen diese Effekte getrennt darzustellen, gilt das bereits für die restlichen Marktsegmente der Telekommunikation nicht. Bei der Unterhaltungselektronik und der Klein-EDV und fast allen anderen in Deutschland bedeutsamen Branchen ist eine eindeutige Trennung auf der Basis von Zahlenwerken derzeit nicht möglich, vielmehr ist man auf recht grobe Schätzungen der unterschiedlichen Einflußfaktoren angewiesen. Dieser Effekt ist spezifisch deutsch.

2. Durch die Liberalisierung der Telekommunikation wurden die nichtsprachlichen Fernmeldeformen aus den gewohnten statistischen Betrachtungen herausgelöst. Eine exakte Zuordnung bestimmter Produkte zu bestimmten Marktsegmenten ist bisher kaum möglich (Beispiele: ist ein Modem ein Teil der Telekommunikation oder der Datenverarbeitung; wohin gehört ein Komforttelefon oder ein Faxgerät, das im Radiogeschäft nebenan gekauft wurde.) Viele dieser Produkte erscheinen sowohl im UE- und/oder EDV- und/oder Telekom-Umsatz - im Extremfall dreifach. Dieser Effekt gilt bedingt auch für andere EG-Staaten.

Die etwa zeitgleiche Einführung neuer Zulassungsverfahren und der Einfluß des EG-Rechts mit dem Zeitpunkt der Wiedervereinigung bringen weitere Unwägbarkeiten, die die statistische Betrachtung erschweren. Zugleich wachsen technisch die drei Teilproduktbereiche der Informationstechnik: EDV, Telekommunikation und Unterhaltungselektronik - wie schon lange erwartet - nun auch real untrennbar zusammen. Hinzu treten neue technische Möglichkeiten, die "Global Players" begünstigen - kein deutsches Unternehmen im Bereich der gesamten Informationstechnik kann hieran partizipieren - weil u.a. man wegen der schweren Last der Wiedervereinigung diese Evolution der letzten Jahre in der Bundesrepublik zu wenig beachten konnte.

Diese Effekte führen dazu, daß für eine Prognose mit gewohnten und erprobten Verfahren die Zahlen der Bundesrepublik im Zeitraum 1991/1992 nicht mehr als verläßliche Elemente einer zeitlichen Zahlenfolge gesehen werden dürfen. Hierfür bieten andere Länder die besseren Vorhersagemodelle, weil dort zumindest die Pseudoeffekte der Wiedervereinigung (und außerhalb der EG auch die Liberalisierung) das Bild nicht verwirren. Die Autoren bitten, diese Zusammenhänge bei der Lektüre und vor allem bei weitergehenden Überlegungen stets zu beachten und machen ausdrücklich auf hieraus resultierende Fehlermöglichkeiten aufmerksam.

Die folgenden wichtigen Resultate seien der Studie vorangestellt:

Ergebnis 1:

Alle Zweige der Informationstechnik - also Datenverarbeitung, Unterhaltungselektronik und Telekommunikation - haben ein, verglichen mit anderen Industriezweigen, herausragendes Wachstumspotential. Im Mittel werden inflationsbereinigt mindestens 5 bis 7% mittleren jährlichen Wachstums für die nächsten 10 bis 15 Jahre zu erwarten sein. Damit wird die Informationstechnik in ihrer Gesamtheit ein dem Automobilbau vergleichbares Element industrieller Wertschöpfung.

Ergebnis 2:

Die Basis an gefertigten Endprodukten der Informationstechnik ist in der mitteleuropäischen Region - durch weitgehenden Verzicht auf Produktion in der Unterhaltungselektronik und Datenverarbeitung - zu schmal, um auf ihr ein angemessenes technologisches Potential aufzubauen. Die relativ starke technische Position in der Fernmeldetechnik allein reicht nicht aus, um auf ihr eine starke Technologiebasis - z.B. in der Halbleiter- und elektromechanisch geprägten Feinwerktechnik - langfristig zu stabilisieren. Dies gilt gleichermaßen für alle anderen relevanten Technologiefelder wie z.B. die Drucktechniken, die Displaytechniken oder (in geringerem Umfange) die Softwaretechniken.

Ergebnis 3:

Auch die - derzeit im Weltmaßstab noch hervorragend positionierte - Telekommunikationsindustrie in Europa ist insbesondere in der Endgerätetechnik in ihrem Volumen und ihrer Marktposition hinsichtlich Produktionsanteilen und Arbeitsplätzen mittelfristig stark gefährdet. Diese Gefährdung resultiert besonders aus der zu schmalen Technologiebasis. Komplexere Telekommunikationsendgeräte mit hohen Zuwachsraten wie z.B. Faxgeräte, Mobilfunkgeräte oder mehrfunktionale, computergesteuerte Endgeräte werden nur zu geringen Teilen in Europa produziert, zumindest die meisten Schlüsselkomponenten sind importiert.

Ergebnis 4:

Die besondere Situation in der Bundesrepublik im Bereich der Telekommunikation, die aus dem Netzausbau in den neuen Bundesländern resultiert, darf nicht darüber hinwegtäuschen, daß die Endproduktebasis trotz zeitweiliger Überbeschäftigung mittel- und langfristig zu schmal ist, wenn es nicht schon jetzt gelingt, in voller Breite einen erheblichen Exportanteil in der Produktion zu erreichen.

Ergebnis 5:

Zur Telekommunikation muß im Endproduktebereich (nicht Endgeräte!) ein weiterer Zweig - entweder die Unterhaltungselektronik oder die Datenverarbeitung - als weltweit wettbewerbsfähiger Produktzweig hinzutreten, wenn eine Technologiebasis geschaffen werden soll, die Arbeitsplätze schafft und die mitteleuropäische Region mit Produkten der Informationstechnik exportfähig bleiben soll.

Ergebnis 6:

Um weltweit wettbewerbsfähige Endprodukte zu schaffen, ist es unumgänglich, mit modernsten Produktionsmethoden zu arbeiten. Dies bedingt, daß die Produktionsmittel lange vor der finanztechnischen Abschreibung und noch länger vor ihrer technischen Unbrauchbarkeit erneuert werden müssen. Dies wiederum zwingt dazu, die Einrichtungen während der verkürzten effektiven Nutzungsdauer täglich so lange wie technisch möglich zu betreiben - also andere Produktionszeiten (nicht Arbeitszeiten) zu schaffen, als derzeit im Normalfalle üblich.

Ergebnis 7:

Nordrhein-Westfalen hat ein hohes technisch-wissenschaftliches Potential an seinen Forschungseinrichtungen und Hochschulen, (um z.B. eine völlig neue Bildwiedergabetechnik für Fernsehen, Telekommunikationsendgeräte und Computerdisplays zu erforschen und zu entwickeln.) Damit kann es die Basis für einen Neueinstieg in die entsprechende Technologie bis hin zu Endprodukten schaffen.

Ergebnis 8:

Wesentliche weltweite Wachstumsimpulse gehen in der Telekommunikation von der Erweiterung der Dienstepalette, vom Ausbau der Endgerätevielfalt und von der drahtlosen Telekommunikation aus. Kurzfristig wird dabei die drahtlose Telekommunikation (Mobilfunk im weiteren Sinne) die höchsten Zuwachsraten (um 20% p.a.) haben und auch Telefax übertreffen.

Der Anteil an europäischer Fertigung wird jedoch - bezogen auf den Weltmarkt - diesen Wachstumsraten unter den gegebenen Bedingungen nicht folgen.

Ergebnis 9:

Der Erfolg der Mobilkommunikation wird auf der jeweils nationalen Ebene durch die Nutzungsgebühren entschieden. In der Bundesrepublik sind diese für das D-Netz derzeit viel höher vorgesehen, als in vielen anderen europäischen Ländern mit vergleichbarer Flächenausdehnung und damit vergleichbaren Investitionskosten und Betriebsaufwendungen.[1]

Ergebnis 10:

Eine klare Konzeption zur Einführung einer breitbandigen Telekommunikation fehlt noch. Die Diskussion um die verschiedenen Verfahren und Prozeduren sollte kurzfristig entschieden werden.

Ergebnis 11:

Die Netztopologien der breitbandigen Fernmeldenetze müssen an die steuerungs- und transporttechnischen Möglichkeiten moderner Netzbetriebskonzepte angepaßt werden, um den hohen Leitungsaufwand zu optimieren. Hierzu gehört, die Zahl der Netzebenen zu reduzieren und intelligente Steuerungsverfahren anzuwenden. Entsprechende Schritte sind im Gange, sie basieren auf den Konzepten der intelligenten Netze und international harmonisierter Transportverfahren im Fernbereich (z.B. ATM, STM).

Ergebnis 12:

Die herkömmliche Annahme in der Telekommunikation, daß je Anschluß ein Endgerät angeschaltet sei, wird in Zukunft immer stärker durch die Anschaltung von mehreren Endgeräten an einen Anschluß abgelöst. So ist davon auszugehen, daß im ISDN im Mittel an einen S_0-Anschluß zwischen vier und fünf Endgeräte angeschaltet werden. Auch im analogen Fernsprechnetz werden häufig zwei und mehr Endgeräte je Anschluß erreicht. Die Verkehrswerte je Anschluß werden demgemäß wachsen, die Gebühreneinnahmen je Anschluß werden sich entsprechend entwickeln. Dies gilt nicht in gleichem Maße für die Mobilkommunikation.

Ergebnis 13:

Die Bedienprozeduren für die Datendienste sind im Vergleich zur Sprach- und Faxkommunikation noch zu umständlich und werden daher von der Masse der Benutzer nicht akzeptiert, sie bleiben speziell geschulten Bedienern anstelle einer breiten Anwenderschicht vorbehalten.

Ergebnis 14:

Teilnehmerdienste wie z.B. Bildschirmtext müssen viel besser als bisher an die Akzeptanzwünsche der Benutzer angepaßt werden. Daß ein Bedarf besteht, beweist die Tatsache, daß Btx in anderen Ländern (Frankreich) sehr viel weiter verbreitet ist und daß Btx in der Bundesrepublik - trotz noch vorhandener Mängel - nach dem Faxdienst der am stärksten wachsende non-voice-Teilnehmerdienst in leitergebundenen Fernmeldenetzen ist.

---

[1] Jüngste Senkungen der Gebühren- und Anschaffungskosten zeigen, daß dies auch von den Anbietern erkannt und korrigiert wird.

<u>Ergebnis 15:</u>

Die Anwendung der Datentechnik in Verbindung mit Telekommunikation im Bereich der Fernmeß- und -regeltechniken bietet dem Mittelstand ein erhebliches Wachstumspotential. Dies gilt insbesondere für die gesamte Hausleittechnik und damit verbundenen Wartungsdienstleistungen. Hier entwickelt sich ein ergiebiges innovatives Wachstumsfeld.

<u>Ergebnis 16:</u>

Es ist dringend nötig, die gute Position in der Telekommunikation mittel- und langfristig dadurch abzusichern, daß neben ihr zumindest ein weiteres Teilgebiet der Informationstechnik in Europa so etabliert ist, daß Europa eine mitbestimmende Rolle auf diesem Markt spielen kann. Dazu sind die derzeitigen EG-Projekte wie JESSI, RACE, ESPRIT u.ä. wenig geeignet angelegt, da sie nicht in eine weitspannende Produktstrategie eingebettet werden.

<u>Ergebnis 17:</u>

Bezogen auf die Gesamtpotentiale der Informationstechnik ist der Softwareanteil geringer, als vielfach angenommen. Er liegt deutlich unter 25 % der Gesamt-Wertschöpfung, ist allerdings strukturell sehr unterschiedlich. Beispielsweise erreicht er in der Groß-EDV weit über 50 % der Wertschöpfung, in der Unterhaltungselektronik ist er vernachlässigbar.

1.   <u>Stand der Technik</u>

1.1   Schlüsseltechnologien[2] für die IuK-Techniken

1.1.0   Vorbemerkung

Bei der Diskussion der Schlüsseltechnologien für die Informationstechnik wird sehr häufig die Halbleitertechnik als die im wesentlichen entscheidende Technologie gesehen, die Voraussetzung für die produktive Teilnahme am Gesamtmarkt der Informationstechnik sei. Es steht ganz außer Frage, daß die Halbleitertechnik in diesem Kontext <u>eine</u> essentielle Technologie ist und daß Europa - und bedingt auch Amerika - trotz hervorragender Pionierleistungen in der Halbleiterelektronik erheblich an Boden verloren hat.

Es darf aber nicht übersehen werden, daß neben der Halbleitertechnik u.a. auch Feinwerk- und Displaytechniken vergleichbar bedeutsame Schlüsseltechnologien sind, deren Beherrschung im Massenmaßstab Voraussetzung ist, um am Markt der Informationstechnik teilzuhaben. Wer Drucker, Plotter, Tastaturen, Monitore, Magnetspeichersysteme, optische CD-Speicher, Lautsprecher und die übrigen Komponenten eines informationstechnischen Gerätes nach ihren Wertanteilen untersucht, wird sehr schnell feststellen, daß in der Mehrzahl der Anwendungsfälle die Werte der Nicht-Halbleiterbauteile ein Vielfaches der Werte der Halbleiterbauteile darstellen, daß also die eigentliche Wertschöpfung in der gesamten Informationstechnik zu wesentlichen Teilen außerhalb der Halbleitertechnologie geschaffen wird. Daher nehmen in den ersten beiden Teilen dieser Studie die übrigen Schlüsseltechnologien einen vergleichbaren Raum wie die Halbleiterbauteile ein.

1.1.1   Mikroelektronik

Moderne Informationstechnik ist ohne mikroelektronische **Halbleiterbauteile** nicht vorstellbar. Alleine die Arbeitsgeschwindigkeit, mit der komplexe Verarbeitungs- und Steuerungsprozesse abzuwickeln sind, schließt schon wegen der bei anderen Techniken benötigten physikalischen Dimensionen Technologien wie elektromagnetisch/mechanische oder auf Vakuumröhren basierende Steuertechniken aus. Sie können allenfalls an den Schnittstellen Ein- und Ausgabefunktionen erfüllen.

Halbleiterbauteile auf der Basis von **Silizium** haben sich weitgehend durchgesetzt. Silizium ist das mit Abstand am besten erforschte Halbleitermaterial, die anderen Halbleitermaterialien - allen voran die verschiedenen Gallium-Arsenid-Verbindungen und Germanium - werden nur in Randbereichen eingesetzt. Trotz der sehr günstigen Materialeigenschaften des **Gallium-Arsenids** (hohe Ladungsträgerbeweglichkeit und hohe thermische Belastbarkeit) konnte dieser Werkstoff sich bisher aus Kosten- und Ausbeutegründen nicht für allgemeine Anwendungen durchsetzen. Er war, er ist (und bleibt) nach Meinung vieler Halbleiterexperten das Material der Zukunft. Dies mindert die Bedeutung der Gallium-Arsenid-Verbindungen für Sonderzwecke keinesfalls.

---

[2] Der Terminus Technologie wird im Rahmen dieser Studie im Sinne von Verfahren und Methoden gebraucht, die zum Herstellen eines Produkts angewendet werden.

Im Bereich der Bauteilestrukturen wurde mit der **Planartechnik** (bei der die Komponenten eines Halbleiterbauteils in der Ebene angeordnet sind) um 1960 der entscheidende Durchbruch erzielt. Die stetige Verkleinerung der Strukturen - der Submikronbereich wird gerade technisch erschlossen - hat zu immer komplexeren Bauteilen geführt, wobei gegenwärtig der Aufbau von etwa vier Millionen Speicherzellen auf einem (Teil-)Chip in der Massenfertigung erreicht wird.

Der pazifische Raum[3] hat bei den einfacheren Bauteilen wie den **DRAM**-Speichern gegenwärtig unumstritten die Marktführung erreicht. Aus USA kommen vor allem die komplexeren Hochleistungsbauteile, bei denen der Integrationsgrad nicht so sehr durch die stetige Wiederholung gleicher Strukturelemente, sondern vielmehr durch das (oft computergesteuerte) Zusammenfügen unterschiedlicher Strukturelemente auf einem Chip bestimmt wird. In allerneuester Zeit hat INTEL durch die Entwicklung der sog. Non-Volatile-Memories (z.B. Flash-EPROMS) zum Fortschritt dieser Technologie einen wichtigen Beitrag geleistet.

Die europäische Halbleiterindustrie ist hinsichtlich spektakulärer Bauteiletechnologien eher zweitrangig zu bewerten, auch die großen namhaften Halbleiterhersteller wie Siemens, Thomson oder Philips haben trotz erheblicher Förderanstrengungen auf nationaler und europäischer Ebene bisher den Anschluß auf breiter Basis nicht erreichen können. Einige wenige Kommunikations- und UE[4]-Bauteile wie z.B. Modem-Bausteine, Anschaltebausteine für die ISDN-Schnittstellen, Sonderdecoder u.ä. sind die derzeit wichtigsten eigenständig und unabhängig entwickelten Halbleiterbauelemente aus europäischer Fertigung. Darüber darf auch die Tatsache nicht hinwegtäuschen, daß im Lizenznachbau Prozessoren, Speicherbausteine und vergleichbare Komponenten gefertigt werden. Auch die Bemühungen, nach vielen Jahren mit den 4-, 16- und 64-Mbit-DRAM's vor Japan auf den Markt zu kommen, dürften mit der Meldung von Matsushita über die Erfolge beim 64 Mbit-DRAM und der Absicht, ein 1 Gbit-DRAM zu entwickeln, als gescheitert angesehen werden. Ob und inwieweit das Bemühen von Siemens, in der Entwicklung von RISC-Prozessoren im Weltmaßstab beteiligt zu sein, erfolgreich wird, bleibt abzuwarten.

Die deutsche chemische Industrie hat über viele Jahre eine starke Marktposition für Reinstsilizium und andere **Halbleiterausgangsstoffe** innegehabt, ist aber inzwischen erheblicher Konkurrenz ausgesetzt, da die Abnehmerbasis im europäischen Raum geschmälert ist.

Auch im Bereich der früher bedeutenden Fertigung von Geräten für die Entwicklung und Fertigung von Halbleiterbauteilen - angefangen bei Belichtungs- und Ätzgeräten bis hin zu Kontaktierautomaten - hat Europa und ganz besonders Deutschland an Marktanteilen deutlich eingebüßt. Wegen der Schlüsselwirkung dieser Technologie auf den gesamten informationstechnischen Markt muß die sich abzeichnende wirtschaftliche Entwicklung mit Sorge beobachtet werden, da Europa hier völlig von Zulieferern und deren Absatzpolitik abhängig werden kann.

Es kann begründbar angenommen werden, daß die so entstandene - keinesfalls befriedigende - Situation in diesem technologischen Schlüsselbereich auch daraus entstanden ist, daß sich die europäische Informationstechnik-Industrie wegen nicht befriedigender Gewinnmargen weitgehend aus dem Markt der **Unterhaltungselektronik** und der EDV-Hardware zurückgezogen

---

[3] Mit pazifischem Raum sind in dieser Studie insbesondere die Länder Japan, Taiwan und Korea gemeint. Wenn hier von geographischen Gebieten wie z.B. auch Europa oder USA die Rede ist, dann sind immer die in diesen Ländern produzierenden Unternehmer gemeint.

[4] UE wird in dieser Arbeit als Abkürzung für Unterhaltungselektronik angewendet.

hat und damit ein bedeutendes Abnehmersegment aus dem Halbleitermarkt verschwand, das bei großen Stückzahlen und Nutzung möglicher Synergien einen erheblichen Kostendeckungsfaktor darstellen könnte. Der Verzicht auf eine starke Position in der Unterhaltungselektronik hat im übrigen auch Rückwirkungen auf andere Schlüsseltechnologien, wie z.B. Displaytechniken, die ebenso schmerzlich sind.

1.1.2 Ein- und Ausgabetechnologien

Im Hardwarebereich - also bei jenen Komponenten, die sich greifen lassen - sind neben den mikroelektronischen Halbleiterbauteilen auch die **Ein-/Ausgabemittel** von erheblicher wirtschaftlicher Bedeutung. Unter Ein-/Ausgabemitteln seien in diesem Zusammenhang folgende Komponenten informationstechnischer Systeme verstanden:

- Bildschirme und Displays für die flüchtige Darstellung
- Massenspeichersysteme wie Festplatten, optische Speicher etc.
- schreibende Ausgabegeräte
- lesende Eingabegeräte
- Tastaturen, Mäuse, Digitizer als Eingabegeräte.

Im folgenden sollen die verschiedenen Techniken und ihre Marktbedeutung nach dem derzeitigen Stand kurz umrissen werden.

1.1.2.1 Displays für die flüchtige Darstellung

Klassisches Mittel für die flüchtige Darstellung visueller Information ist die Braunsche Röhre, die vor allem in der Fernsehtechnik auch für die voraussehbare Zukunft im Zusammenhang mit HDTV ein wichtiges Displaymittel bleiben dürfte. Die ursprünglich marktbeherrschende Position von Europa und USA, die auch noch die Anfangsphase der Farbbilddarstellung bestimmte, ist im letzten Jahrzehnt mit dem Auslaufen der Patente für die Farbfernsehtechnik nach den **NTSC-**, **SECAM-** und **PAL**-Standards an Hersteller aus dem pazifischen Raum übergegangen. In USA und Europa werden nur noch in vergleichsweise geringem Umfang Bildröhren hergestellt, alle Innovationen, z.B. die Technik der Black-Trinitron-Bildröhre, kommen aus Japan. Das allzulange Ausruhen auf den vermeintlich unschlagbaren Fernsehstandards NTSC, SECAM und PAL hat den frühzeitig mit hohem Automationsgrad arbeitenden pazifischen Firmen die Chance geboten, die Unterhaltungselektronik zu übernehmen und damit auch die Massenproduktion von **Displays** in ihre Region herüberzuziehen. Diese bildet nun die Voraussetzung für eine rentable Forschung und Entwicklung in diesen Ländern.

In der Displaytechnik treten die sog. **"flachen Bildschirme"** hinzu, bei denen **Flüssigkristalle** oder Plasmastrukturen die Hell-Dunkel- bzw. Farbkontraste erzeugen. Durch Synergieeffekte aus der Halbleiterbelichtungstechnik können vor allem solche Länder derartige Entwicklungen vorantreiben, die einerseits den Markt der Displaytechnik wegen der großen Stückzahlen von Fernsehempfängern und von Computerbildschirmen ohnehin beherrschen und die andererseits aus der Halbleitertechnik das nötige Know-how für die Herstellung feiner Orthogonalstrukturen im Bereich der **Photolithographie** und der Produktion bei hoher Ausbeute (sprich Qualität) haben. Diese Voraussetzungen sind wiederum im pazifischen Raum optimal gegeben.

Die neuesten Entwicklungen der Displaytechnik erlauben - wenn auch noch zu recht ansehn-
lichen Preisen - Auflösungen, die über das Auflösungsvermögen des menschlichen Auges hinausgehen, wenn man den jeweils ``normalen'' Betrachtungsabstand von etwa 50 cm bei Bild-
schirmarbeitsplätzen und von etwa 2 m bei Fernsehgeräten zugrundelegt. Kritischer sind
diesbezüglich die Bildwiederholfrequenzen zu bewerten, die einen Wert oberhalb 85 Bilder/s
bei klassischer Darstellungsweise notwendig erscheinen lassen, wenn ermüdungsfreies Arbeiten
unter allen Beleuchtungsverhältnissen erreicht werden soll.

Schließlich sei bei der Würdigung des Standes der Technik noch auf eine sehr junge
Entwicklung verwiesen, bei der Bilder über ein brillenähnliches Sehgerät in das Auge übertragen werden. Die Entwicklung leitet sich teilweise aus militärischen Projekten ab, bei denen
dem Piloten eines Kampfflugzeuges Betriebsdaten aus dem Bordcomputer zugeführt werden,
während er gleichzeitig aus seinem Cockpit die Vorgänge in der Luft beobachten kann. Mit
dieser Konstruktion lassen sich auch dreidimensionale Bilder über zwei gekoppelte Projektoren
in je ein Auge spiegeln und über ein Zeigegerät - z.B. eine mit dem Zeigefinger gekoppelte
Sensorautomatik - in das Bild hinein Steuervorgänge übertragen. Es bleibt abzuwarten, ob und
welche Bedeutung eine solche Einrichtung erhalten kann - die Verfasser vermuten, daß der
Anwendungsbereich klein bleibt. Hier sind derzeit die USA in einer Führungsposition und auch
einige europäische kleinere bis mittelständische Unternehmen haben gute Ausgangschancen.

Auch bei der flüchtigen dreidimensionalen Darstellung bewegter Vorgänge ohne optische
Hilfsmittel (Brillen) werden derzeit Fortschritte in der Forschung gemacht. Hierzu kommen
einige grundlegende Vorschläge auch aus der Bundesrepublik (z.B. vom Heinrich-Hertz-Insti-
tut Berlin). Zur eigentlichen Fernsehtechnik und der Entwicklung neuer Verfahren und Standards wird in einem späteren Kapitel zusammenfassend Stellung genommen. In diesem Kapitel
werden nur die technologischen Voraussetzungen behandelt.

1.1.2.2   Massenspeichersysteme

Neben die - einer Verknüpfungseinrichtung (z.B. einem Mikroprozessor) unmittelbar zugeordneten - Halbleiterspeicher (DRAM und evt. SRAM z.B. als Cache) treten in der Datenverarbeitung die **Massenspeicher**. Ihre Aufgabe ist es, große Datenmengen zu speichern, selbst
wenn die Versorgungsspannung ausgeschaltet ist. Zwei Grundtypen sind zu unterscheiden:

- **Magnetspeichersysteme**   und
- **optische Speichersysteme**.

Bei den Magnetspeichersystemen werden wiederum

- **Floppy-Laufwerke,**
- **Festplattenlaufwerke**   und
- **Bandgeräte**

unterschieden. Für alle drei Gruppen sind relativ befriedigende Lösungen am Markt, wobei die
Speicherdichte bei den Floppy-Laufwerken noch erhöht werden kann. Floppy- und
Festplattenlaufwerke haben im Vergleich zum Bandspeicher relativ kurze Zugriffszeiten zu den
gesuchten Daten, während das Bandgerät vor allem zur Datensicherung eingesetzt wird und
eine vergleichsweise lange Zugriffszeit hat. Es ist derzeit möglich, Magnetspeichersysteme bis
zu einigen TeraByte zu realisieren. Im Bereich der kleineren informationstechnischen Geräte,

wie sie auch in der Telekommunikation eingesetzt werden, sind nur Magnetspeichersysteme im Bereich einiger zehn MegaByte bis etwa 2 GigaByte gebräuchlich.

Bei Magnetspeichergeräten konnte sich bisher neben der pazifischen Region auch der eine oder andere amerikanische Hersteller behaupten, wenn auch der Marktanteil der Hersteller aus der Pazifik-Region immer größer wird.

Immer weitere Verbreitung finden neben den Magnetspeichergeräten auch die optischen Speichermedien. Hierbei handelt es sich im Prinzip um Fortentwicklungen der - aus dem Audio-Geschäft stammenden - **Compact Disc**. Ursprünglich als reine ROM-Discs konzipiert, sind diese Speichermedien in der Lage, erhebliche Datenmengen auf einer **CD** zu speichern. Beispielsweise wird von Microsoft in USA eine "Bookshelf" angeboten, die ein englischsprachiges Lexikon von 15000 Buchseiten, ein Aussprachelexikon (phonetisch), ein Zitatenbuch wichtiger Personen, ein Handbuch der Sprichwörter und einen Weltatlas (graphisch und alphanumerisch) mit wichtigen statistischen Informationen auf einer einzigen CD enthält.

Durch spezielle Beschichtungen der rotierenden Scheiben wurde später zunächst die Möglichkeit geschaffen, die Scheiben mit dem eigenen Computer einmal zu beschreiben - es entstanden so die sog. **WORM**'s (Write Once Read Multiple). Inzwischen sind auch Plattentypen am Markt, die mehrfach beschrieben werden können, wobei die Dauer des Schreibvorgangs und die Häufigkeit der zulässigen Löschungen (zum Wiederbeschreiben) noch sehr verbesserungsbedürftig sind. Vor allem japanische Firmen haben das Know-how aus dem CD-Gerätegeschäft genutzt, um erhebliche Marktanteile zu erobern. Dies ist ein weiteres Beispiel dafür, welche Synergien aus der Unterhaltungselektronik herleitbar sind.

1.1.2.3 Schreibende Ausgabegeräte

Drucker und **Plotter** sind weitere Komponenten, ohne die moderne informationstechnische Einrichtungen nur in Ausnahmefällen einsetzbar sind. Seit der Einführung des **Laserdruckers** sind die klassischen Typenkorb- und Typenraddrucker - die lange wegen ihrer hohen Schriftqualität für hochwertiges Schriftgut bevorzugt wurden und an denen auch europäische Büromaschinenunternehmen im Marktgeschehen partizipierten - weitgehend ersetzt worden. Dieser Maschinentyp kann sich nur noch dort bedingt behaupten, wo rechtsverbindliche Durchschläge mit hoher Druckqualität gefordert werden. Den Markt der großen Stückzahlen beherrschen im Druckergeschäft die **Nadeldrucker** und in stetig wachsendem Umfang die Laserdrucker.

Bei Farbwiedergabe werden daneben noch **Thermo- und Tintenstrahldrucker** eingesetzt. An die mechanisch bewegten Druckköpfe der Nadel-, Thermo- und Tintenstrahldrucker werden bei hoher Lebensdauerforderung höchste Qualitätsanforderungen gestellt. Trotz einer hervorragenden europäischen Tradition in dieser Art der **Feinwerktechnik** (Uhrmacher) ging auch der Druckermarkt im letzten Jahrzehnt weitgehend an pazifische Produzenten verloren.

Laserdrucker können als Fortentwicklung der Kopiergeräte angesehen werden. Da hochwertige Halbleiterwalzen für die elektrostatisch aufladbare Auftragsfläche vor allem in Deutschland für lange Zeit nahezu konkurrenzlos hergestellt wurden, ist es besonders bedauerlich, daß die deutsche informationstechnische Industrie die Entwicklung von Laserdruckern (und Faksimilegeräten für Normalpapier, die nach dem gleichen Prinzip arbeiten) nicht nachdrücklicher betrieben hat.

Plotter können im Prinzip als fremdgesteuerte Reißbretter angesehen werden. Sie werden vor allem dort eingesetzt, wo Vektorgraphik zu bearbeiten ist, also z.B. beim **CAD** oder bei der graphischen Darstellung von Rechenergebnissen (z.B. in Verbindung mit **Spreadsheets**). In Verbindung mit der Nachrichtenübermittlung haben sie keine herausragende Bedeutung, zumeist werden sie zusammen mit datenverarbeitenden Systemen eingesetzt.

Im Falle der Laserdrucker und der Plotter ist vor allem Hewlett-Packard als systembestimmend zu bezeichnen. In der Plotterfertigung sind auch noch einige kleinere deutsche Anbieter auf dem Markt.

1.1.2.4   Lesende Eingabegeräte

Eine in der Telekommunikation vergleichsweise sehr bedeutsame Gruppe von Komponenten sind die **"lesenden Eingabegeräte"**, in der Datentechnik auch **Scanner** genannt. Diese "Scanner" sind Teil eines jeden Faksimilegerätes, wobei sich die Auflösungswerte für die horizontale und vertikale Auflösung nur geringfügig von denen der Datenverarbeitung unterscheiden.

Es werden zwei Arten von Scannern unterschieden. Im einfacheren Falle wird die Vorlage im Format 1:1 unmittelbar über ein **Photozellenarray** abgetastet, im anderen Falle wird - ähnlich einer Kamera - die Vorlage auf einer lichtempfindlichen Platte abgebildet und dort erst der Abtastvorgang durchgeführt. Beim zweiten Typ können im Prinzip die **CCD**-Sensoren der Fernsehkameratechnik übernommen werden und so auch farbige Vorlagen bei tragbarem Aufwand gescannt werden.

Scanner werden vor allem von Firmen angeboten, die auch in der Faksimiletechnik oder Videotechnik Produkte anbieten, die auf dem Grundgedanken des Scannens aufbauen. Da diese Produkte selten aus europäischer Produktion stammen, sind auch Scanner aus europäischer Fertigung und Entwicklung nur für wenige Sonderfälle bekannt (z.B. in der Kartographie). Insoweit ist die Scannertechnik ein weiteres Beispiel dafür, in welchem Maße die Produktionsmengen der Unterhaltungselektronik die Basis für eine Marktteilnahme bei kommerziellen Produkten schaffen. Fehlende Scannertechnologie ist z.B. eine von vielen Ursachen dafür, daß es ein rein europäisches Faxgerät zu akzeptablem Preis nicht gibt.

1.1.2.5   Tastaturen, Mäuse und Digitizer

Bei diesen Eingabegeräten sind Produkte aus europäischer Fertigung noch vertreten. Sie leiten sich meist aus der klassischen Büromaschinentechnik her und decken vornehmlich den hochwertigen Markt ab. Vor allem im Bereich der dialogorientierten Tastaturen und bei den Eingabedisplays - dies sind Bildschirmgeräte, bei denen man die Auswahl auf dem Bildschirm mit dem Finger oder einem **Lichtgriffel** bewirkt - sind einige englische, deutsche und auch französische Firmen durchaus potent vertreten. Das Massengeschäft zu geringen Preisen und hohen Stückzahlen wird allerdings aus dem pazifischen Raum beliefert.

1.1.3 Optische Informationstechnologien

1.1.3.1 Glasfasertechnik

In der Technik der Glasfaserherstellung und der Übermittlung von Nachrichten einschließlich der zugehörigen Sende- und Empfangsmittel bestehen in Europa und insbesondere in der Bundesrepublik gute technische Potentiale. Durch den frühen Einsatz der Lichtwellenleiter in den Fernmeldenetzen konnte der Industrie ein Anreiz gegeben werden, diese Technologie zu verbessern und so im weltweiten Wettbewerb mitzuhalten. Der Ausbau des Fernliniennetzes in den neuen Bundesländern einschließlich des dort vorhandenen Nachholbedarfs wird zu großen Teilen in Glasfasertechnik durchgeführt und fördert so zusätzlich den technischen Stand der deutschen Industrie auf diesem Sektor. Nach dem Jahresbericht 1990 des ZVEI-Fachverbandes "Drähte und isolierte Leitungen" verfügte die DBP Telekom zum Jahresende 1990 über rund eine Mio. Kilometer an installierten Glasfasern.

Kennzeichnend für den technischen Stand sind die Verstärkerfeldabstände[5] bei gegebenen Bitraten, die sowohl im Experiment als auch in der praktischen Anwendung erreicht werden, wobei als Renommierzahl gerne das Produkt aus Bitrate und Verstärkerfeldabstand benutzt wird. Hier hat die deutsche Fernmeldeindustrie und die Forschung in den letzten Jahren mehrfach Rekordwerte melden können. Durch diese technische Führung sind auch die Fertigungseinrichtungen für Glasfasern - vor allem für sog. **Monomode-Fasern** in Deutschland und Europa auf einem hohen Stand. Es werden große Mengen Kabel installiert. Ein deutlicher Substitutionsprozeß in Bezug auf Koaxialleitungen wird registriert.

Auch die Systemtechnik - also die Art, wie Nachrichten über Glasfasern übermittelt werden können - ist in Europa gut vertreten. Sowohl die reine **Basisband-Übermittlung**, bei der die Information enthaltenden Bits unmittelbar in die Glasfaser eingespeist werden, wird beherrscht, als auch andere Techniken, die noch höhere Informationskapazitäten über Glasfasern zu nutzen erlauben.

So ist z.B. die sog. **kohärente Übermittlung** in der Forschung sehr weit vorangetrieben. Ihre Bedeutung liegt darin, daß mit einer solchen Technik zum einen erhebliche Energieeinsparungen bei der Übermittlung von Informationen erreicht werden können, zum anderen aber auch Übertragungskapazitäten erreicht werden, die die Glasfasertechnik auch gegenüber der konkurrierenden Satellitenübermittlung wettbewerbsfähig machen können.

Hinsichtlich der reinen **Sende-(Laser-)Dioden** und **Empfangs-(Photo-) Dioden** sind ebenfalls erhebliche Kenntnisse vorhanden. Dies setzt sich aber im Bereich der elektronischen Ansteuerelemente nicht fort und es darf nicht übersehen werden, daß auch außerhalb Europas für die Herstellung von Glasfasern, Sende- und Empfangsdioden ein beträchtliches Know-how besteht. Der insgesamt knappe Vorsprung kann nur gehalten werden, wenn es gelingt, über eine Massenproduktion für optische Komponenten in eine Preiskategorie zu kommen, die es auch markttechnisch gestattet, die derzeit gegebene günstige Wettbewerbsposition zu halten.

1.1.3.2 Optische Informationsverarbeitung

Während in der optischen Nachrichtentechnik recht günstige technologische Voraussetzungen

---

[5] Der Verstärkerfeldabstand bezeichnet den Abstand zwischen zwei Verstärkern in einer Übertragungsstrecke
- er wird im wesentlichen durch die Leitungsdämpfung bestimmt.

dafür gegeben sind, daß die europäischen Länder mit den übrigen Industrieregionen mithalten können, zeigt sich bei der optischen Signal- und Datenverarbeitung ein beachtlicher Rückstand in der Forschung. Die hieraus resultierende Problematik ist allerdings für die in dieser Studie relevanten Anwendungen nicht sehr bedeutsam, sondern betrifft derzeit viel mehr die Groß-rechner-Technik.

1.1.4   Softwaretechnik

1.1.4.0   Vorbemerkung

Im Bereich der kommunikationsspezifischen **Software** - also derjenigen Software, die in Ver-bindung mit Fernmeldenetzen und Vermittlungen eingesetzt wird - nimmt Europa im interna-tionalen Vergleich eine akzeptable Position ein. Dies gilt insbesondere für die optimale Steue-rung von großen ausgedehnten Fernmeldenetzen, z.B. im ISDN. Nicht ganz so günstig ist die Position in der Endgerätetechnik zu bewerten. Hier ist durch den Verzicht auf eine nennens-werte Beteiligung im Kleincomputergeschäft (Stichwort: Personal Computer), bei den dienst-spezifischen Massenendgeräten, wie z.B. Telefax, und durch jahrelange restriktive Handhabun-gen bei der Zulassung von Datenendeinrichtungen (z.B. Modems) viel Boden verloren gegan-gen, der aber noch aufgeholt werden könnte.

Dieser detaillierten Darstellung sei noch das Ergebnis einer Analyse vorangestellt, die in Ver-bindung mit dem Aufwand für Softwarearbeiten diese besondere Form einer Produktion in Be-ziehung zu den Geräte-Marktumsätzen setzt (die Betriebseinnahmen z.B. bei Telekommunika-tion, datentechnischer Dienstleistung etc. sind nicht enthalten). Die nachfolgende Tabelle 1.1.4.1 zeigt, daß der Softwareaufwand in den verschiedenen informationstechnischen Diszipli-nen recht unterschiedlich ist.

Es fällt auf, daß der Softwareaufwand insgesamt mit rund 20 % am Gesamtumsatz recht gering ist, obwohl er im Rahmen der Entwicklungsarbeiten zum Hervorbringen einer Innovation einen erheblichen Anteil hat. Im übrigen ist dieser Anteil auch recht unterschiedlich, so ist er z.B. im Bereich der Unterhaltungselektronik mit nahezu Null anzusetzen, auch bei der kleinen EDV (Bereich der Personal-Computer u.ä.) und den Fernmeldeendgeräten ist er - bezogen auf die erzielbaren Stückzahlumsätze - gering[6]. Zu beachten ist, das in der Tabelle die sog. Service-Software, d.h. das kundenspezifische Anpassen von Anwendungsprogrammen nicht enthalten ist.

In den folgenden Unterabschnitten wird die Softwareentwicklung bis zum gegenwärtigen Stand im Hinblick auf die verwendete Technologie und deren Anwendungen im Bereich der Tele-kommunikation etwas ausführlicher dargestellt.

---

[6]   Siehe auch
John Diebold "The Statistics on US Computing" in: Nutzungsbilanz moderner Informations- und Kommunikationssysteme aus Anwendersicht", Springer Verlag, Band 13 Münchener Kreis oder HLT-Studie "Technologiebericht 1989, IuK-Techniken" , S. 48 und S. 58

	Produktgebiet	Marktvol.	Marktvol.	Anteil an Inf-Tech.	SW-Anteil	SW-Anteil	SW-Marktvol.	SW-Marktvol.
	Bezug	Welt	BRD	Gesamt	Prod.Geb.	Inf.-Tech.	Welt	BRD
	Bezugsgröße	Mia. DM	Mia.DM	%	%	%	Mia. DM	Mia. DM
1.	Datenverarbeitung	280	28	35,90	47,14	16,92	132,00	13,20
1.1	"Groß"-EDV	100	8	12,82	28,27	7,69	60,00	4,80
1.2	"K+M"-EDV *	180	20	23,08	18,87	9,23	72,00	8,00
2.	Telekommunikation	250	***36	32,05	9,48	3,04	23,70	3,41
2.1.	Netze	160	21	20,51	12	2,46	19,20	2,52
2.2.	Dienste u. Endgeräte	90	15	11,54	5	0,58	4,50	0,75
3.	Unterhaltungselektronik**	250	24	32,05	0	0,00	0,00	0,00
3.1.	Hörfunk	48	5	6,15	0	0,00	0,00	0,00
3.2.	Fernsehen	56	10	7,18	0	0,00	0,00	0,00
3.3.	Video	50	8	6,41	0	0,00	0,00	0,00
3.4.	Tonaufn. u. -wiederg.	6	2	0,77	0	0,00	0,00	0,00
	Summe	780	88	100,00	56,62	19,96	155,70	16,61

Tabelle 1.1.4.1:   Schätzung der Softwareanteile für verschiedene Produktbereiche
der Informationstechnik (Stand 1990)

* = In der kleinen und mittleren EDV wurde die Grauziffer illegal betriebener Software
und nicht offiziell gemeldeter (und gar nicht meldepflichtiger) Hardware mit einem
mittleren Faktor von zwei angenommen, in der Praxis dürfte er weltweit höher liegen.

** = In die Unterhaltungselektronik sind auch Kleingeräte und "Henkelware" einbezogen.

***= Sondereinfluß "neue Bundesländer" ist enthalten

1.1.4.1   Einsatz von Software in der Vermittlungstechnik

In der Vermittlungstechnik wurde bereits sehr früh mit speicherprogrammierten Steuerungssystemen experimentiert. So wurde um 1962 bei Bell Laboratories begonnen, ein Echtzeitbetriebssystem mit zugehörigem Sprachcompiler für den Einsatz in Vermittlungssteuerungen zu entwickeln. Nach einigen wenigen Vorläuferschritten wurden hieraus die frühen Versionen von UNIX und der Sprache C hergeleitet.

Wegen der zunächst vergleichsweise geringen Arbeitsgeschwindigkeiten früherer Steuerungen und wegen der geringen verfügbaren RAM-Speicherkapazität - damals noch als Magnetkernspeicher realisiert - mußten die Programmiertechniken sehr hardwarenah gewählt werden - eine entscheidende Ursache für die Konzeption der Ursprache B und dem Sprachnachfolger C. Außerdem wurde zunächst in erheblichem Umfange auf der Binärebene und in Assemblersprachen - also nahe dem Maschinencode gearbeitet. Häufig wurden besonders zeitkritische Abläufe fest verdrahtet und nur der Aufruf eines bestimmten Festprogramms aus einem speicherresidenten Programm hergeleitet.

Bis in die Gegenwart hinein werden die Betriebssysteme für Vermittlungen weitgehend in den Unternehmen selbst entwickelt, konfektionierte Betriebssysteme, wie sie z.B. in der übrigen Prozeßdatentechnik (beispielsweise RTOS mit PEARL) vielfach eingesetzt werden, sind in der Vermittlungstechnik wegen der hochspeziellen Peripherie (z.B. Koppler, große Zahlen von Eingangsschaltungen) und der hohen Arbeitsgeschwindigkeit (in digitalen Vermittlungen müssen Ausgabetreiber bis hin zu 50 Mbit/s verfügbar sein) kaum anzutreffen, wenn einmal von den kleinen Nebenstellen-Vermittlungen (bis ca. 200 Teilnehmer) abgesehen wird. Als Sprache zur Programmierung wird von **CCITT** eine aus einer Teilmenge von **PASCAL** hergeleitete Sprache mit der Bezeichnung **CHILL** favorisiert.

Bei verteilten Steuerungen mit hierarchischer Aufgabenverteilung wird häufig so vorgegangen, daß die peripherienahen Steuerungskomponenten in einer sehr maschinennahen Sprache ausgeführt werden, um Speicherkapazität einzusparen, die ohnehin vergleichsweise stark im gesamten Vermittlungssystem verteilt ist. Die Sprache wird umso leistungsfähiger gewählt, je komplexer die Aufgaben in den höheren Hierarchiestufen werden.

Es kann davon ausgegangen werden, daß gegenwärtig in weitem Umfang vorkonfektionierte **Prozessoren** - allen voran die Intel-Reihe 80x86 und die Motorola-Reihe 680x0 - eingesetzt werden, wobei die Motorola-Reihe den Vorteil hat, bei extremen Echtzeitforderungen leistungsfähiger zu sein und die Intel-Reihe durch die umfangreiche Softwareunterstützung aus der PC-Entwicklung profitiert. Um im Vermittlungsgeschäft - gleich ob in der öffentlichen Technik oder im Nebenstellenwesen - erfolgreich zu sein, sind in die Entwicklung derartiger rechnergesteuerter Systeme erhebliche Summen zu investieren, die es kleineren Firmen kaum ermöglichen, an diesem Geschäft zu partizipieren. Der Softwareaufwand für die vollständige Neuentwicklung von Vermittlungssystemen bewegt sich in aller Regel in der Größenordnung von mehreren hundert bis zu einigen tausend Mannjahren (so hat z.B. die Entwicklung des analogen Systems EWS1 die deutsche Fernmeldeindustrie und die Deutsche Bundespost einige Milliarden DM gekostet). Es kann davon ausgegangen werden, daß die Entwicklung eines universellen Vermittlungssystems mit allen Wartungs- und Betriebstools für heutige Bedürfnisse in der Nebenstellen-, Orts- und Fernvermittlungstechnik einschließlich der verschiedenen Zeichengabemodi weit über eine Milliarde Mark erfordert und daß weit über die Hälfte dieser Entwicklungsaufwendungen im Softwarebereich liegt. Auch die Beschränkung auf begrenzte Anwendungsfelder oder Ausbaubereiche kann die Kosten nur graduell verringern.

1.1.4.2   Kommunikationssoftware für Endgeräte

Es handelt sich hierbei um eine sehr spezielle Software, die weitgehend auf die Zeichengabeverfahren und die Handshakeprozeduren der unterschiedlichsten Übermittlungsverfahren abgestimmt sein muß. Es gehört eine erhebliche Erfahrung im Bereich der Telekommunikation und beim Interpretieren dieser Prozeduren dazu, derartige Software zu erstellen. Das jeweils nationale Know-how um derartige Softwarekonzepte ist umso geringer, je restriktiver die jeweilige Fernmeldeverwaltung den Zugang zu ihren Netzen handhabt. Es ist zwischen der Software für telekommunikationstypische Endgeräte wie z.B. den Telefonapparat und der Software für allgemeine Aufgaben in Verbindung mit kommunikationsfähigen Endgeräten (z.B. Personal Computer) zu unterscheiden. Als **telekommunikationstypische Software** werden nur Programme bezeichnet, die das Herstellen von Verbindungen (sog. Wahlhilfen) und deren Vollendung (sog. **Rerouter, z.B. Rufweiterschaltung** bei Nichtabheben) unterstützen oder die Nachrichten in eine Form umwandeln, die erst die Übermittlung der Nutzinformation über bestimmte Netze erlauben und steuern (z.B. **Modem-** und **ISDN-Software**, z.B. für Fax oder Btx). Als **diensttypische Software** werden hingegen jene Softwareteile eines Endgeräteprogramms verstanden, die Nachrichten formatieren bzw. so aus anderen Bausteinen zusammenfügen, daß z.B. im Computer gespeicherte Informationen in die zu übermittelnde Nachricht eingebunden werden z.B. Grafik, Datenbanken oder -teile.

In einfachen, hochspezialisierten Endgeräten wird vornehmlich telekommunikationstypische Software eingesetzt, die aus Kosten- und Energieverbrauchsgründen regelmäßig auf einfachen CMOS-Prozessorbausteinen abläuft und sehr maschinennah geschrieben ist. Bezogen auf die Entwicklungskosten ist ihr Anteil zwar wachsend, wegen der großen Stückzahlen der verkauften Geräte aber anteilig an den Endkosten vergleichsweise gering. Die Herstellung derartiger Software bleibt den Herstellern der Endgeräte - allen voran Telefonapparate mit Komfortmerkmalen - vorbehalten. Neben einigen sehr großen etablierten Unternehmen - wie z.B. Siemens, SEL-Alcatel oder Telenorma - sind etwa 35 mittelständische Unternehmen auf diesem Gebiet tätig.

Eine andere Gruppe kommunikationsspezifischer Software wird zum Herstellen von Verbindungen im Bereich des nichtsprachlichen Nachrichtenaustauschs eingesetzt. Hier ist meist ein ohnehin recht umfänglicher Prozessor aus anderen Gründen in das Endgerät integriert oder - wie beim Modem - an den Netzabschluß angeschaltet, der neben der Verbindungssteuerung auch den Nutzinformationsaustausch steuert und häufig außerdem noch zur Aufbereitung der Nachricht (Wandlung) eingesetzt wird. Da vor allem in den USA diese Form des Nachrichtenaustauschs sehr liberal gehandhabt wird, wurde dort in erheblichem Umfang derartige Software entwickelt, im Netz erprobt und als sog. **Public-Domain-Software** bzw. im **Shareware**-Geschäft vermarktet.

Vor allem in Verbindung mit Personal-Computern sind hervorragende Produkte entstanden. Erwähnt seien nur beispielhaft:

- KERMIT, der Senior dieser Programme, ist für MS-DOS, VMS und UNIX verfügbar,

- SMARTCOM, für den Betrieb hayes-kompatibler Modems mit Fernsteuerung,
  für MS-DOS,

- LAPLINK, vornehmlich zum Betreiben von mobil eingesetzten LapTop-Computern,
  für MS-DOS,

- CARBON-COPY, ein besonders leistungsfähiges Modem-Programm für MS-DOS,
  vor allem zum ferngesteuerten Betrieb von Computern;

- PC-LINK, ebenfalls weit verbreitet für MS-DOS.

Der Betrieb dieser Softwareprodukte ist in der Bundesrepublik in jüngster Zeit weitgehend liberalisiert worden. Damit kann inzwischen der Personal-Computer auch in der Bundesrepublik unter Beachtung der Funkentstörungsvorschriften und einiger Einschränkungen bei der Nutzung international üblicher Steuerprotokolle eingesetzt werden. Durch die langjährige restriktive Handhabung ist aber ein erheblicher Rückstand in der Verbreitung und Nutzung dieser Möglichkeiten eingetreten, der bei weitem noch nicht aufgeholt ist.

1.1.5 Zusammenfassende Feststellungen und Hypothesen

1. (Feststellung):

Die europäische informationstechnische Industrie hat in den letzten Jahrzehnten durch Verzicht auf die Herstellung von Massen-Endprodukten in der gesamten Breite - von der Mikroelektronik bis zu den Softwaretechniken - erheblich gegenüber den anderen Industrieregionen der Erde an Wettbewerbsfähigkeit verloren. Dies gilt in besonderem Maße im Vergleich zur pazifischen Industrieregion.

2. (Hypothese):

Im (Teil-) Bereich der Mikroelektronik ist bei Massenprodukten der Rückstand in überschaubaren Zeiträumen (von bis zu zehn Jahren) nicht aufzuholen. Lediglich bei Kommunikationsbauteilen und bei einigen Einzelkomponenten wie Sensoren, Laser- und Photodioden bestehen gewisse Chancen, im internationalen Vergleich mithalten zu können.

3. (Feststellung):

Im Bereich der Softwaretechniken bestimmen Betriebssysteme, Tools und Compiler aus den USA das Geschehen. Europa und besonders Deutschland haben trotz massiver staatlicher Subvention in den letzten zehn Jahren eher den Rückstand vergrößert. Dies gilt nicht für Softwareanwendungen.

4. (Feststellung):

Die Softwareanteile an der Wertschöpfung in der Telekommunikation und der Unterhaltungselektronik haben - bezogen auf die Warenumsätze - nur geringes Volumen. Sie sind im übrigen - auch bezogen auf die gesamte Informationstechnik - mit etwa 20 % geringer als vielfach angenommen.

5. (Hypothese):

Da Know-how und Ausbildung in den Schlüsseltechnologien in Europa vergleichsweise gut sind, ist der Rückstand möglicherweise in einem zu sehr betriebswirtschaftlich bestimmten Innovationsmanagement und fehlender Produktstrategie bei den Endprodukten zu suchen.

1.2   Einführung von ISDN

1.2.1   Rückblick

Das digitale Fernmeldenetz **ISDN** als eine Gruppe technischer Produkte der Vermittlungs- und Übertragungstechnik wurde zu entscheidenden Teilen seit 1972 international und kurz danach auch von der deutschen Fernmeldeindustrie konzipiert. Dabei darf die internationale Zusammenarbeit vor allem in der CCITT-Special-Group D (s. CCITT Frage 1/D für die Studienperiode 1972 bis 1976 vom 27.11.1972) nicht übersehen werden.

Die zugehörige Entwicklung ist eine stetige Produktevolution gewesen, die in der Bundesrepublik im Hintergrund - und neben der Produktentwicklung des seinerzeit geplanten analogen Vermittlungssystems EWS1-A - vonstatten ging.

Trotz der fortschreitenden Entwicklung in der Raumvielfachtechnik (z.B. der Systeme Nr. 1 ESS in USA und EWS1-A in Deutschland) für öffentliche Netze konnte die Zeitmultiplextechnik im Ausland schon früher - sowohl in USA (Nr. 4 ESS, vorher Nr. 101 ESS) als auch in Europa (System E10 von Alcatel, Frankreich) - z.T. noch vor der ISDN-Definition vorangetrieben werden. Hieraus resultiert u.a. auch der Vorsprung der USA in der Nutzung digitaler Netze bzw. Netzteile.

Der erste Schritt auf dem Wege zum ISDN war seit 1964 die Vorstellung, daß Vermittlungs- und Übertragungstechnik innerhalb der Netze untrennbar miteinander verflochten werden könnten. Erst in einem zweiten Schritt wurde dann die Nutzung derartiger Netze für unterschiedliche Dienste in die Überlegungen einbezogen. Um 1976 bis 1982 etablierten sich erste konkrete Überlegungen zu einem diensteintegrierenden digitalen Fernmeldenetz.

1.2.2   Das ISDN-Konzept

Das allgemeine Konzept diensteintegrierender Fernmeldenetze basiert nach dem gegenwärtigen Stande der Technik auf fünf Prinzipien:

a) gleiche Transportsignalform für unterschiedliche Nachrichtenformen,
b) vom Nutzsignal logisch getrennte Zeichengabesignale bis zum Endgerät,
c) Anschaltemöglichkeit von mehr als einem Endgerät an einen Anschluß,
d) unbegrenzte Erweiterbarkeit des Netzes durch hierarchische Gliederung in mehreren
   Netzebenen,
e) einheitlicher Verbindungsaufbau für unterschiedliche Dienste.

Dabei ist kein einziges dieser Prinzipien für sich allein kennzeichnend für ein diensteintegrierendes Fernmeldenetz, vielmehr müssen zumindest diese Kennzeichen in Kombination vorhanden sein, um ein Fernmeldenetz als diensteintegrierendes Fernmeldenetz bezeichnen zu können. Nicht zwingend ist hingegen, daß ein solches Netz unbedingt digital sein müsse, auch analoge diensteintegrierende Netze sind zumindest theoretisch vorstellbar (aber beim gegenwärtigen Stand der Technologie nicht zu gleich günstigen Kostenbedingungen produzierbar und betreibbar).

Als diensteintegrierendes Digitalnetz im engeren Sinne des ISDN wird eine Ausführung bezeichnet, bei der der Zugang zum Netz über einen Basisanschluß (BA = Basic Access) oder einen Zugang höherer digitaler Hierarchieebene (z.B. PRA = Primary Rate Access) ermöglicht wird. Dabei sollen die Nutzkanäle beim sog. "schmalbandigen ISDN" eine Transportkapazität von 64 kbit/s haben (hierüber besteht international trotz relevanter CCITT-Empfehlungen in der Praxis noch keine einheitliche Handhabung wegen der T1-Problematik in den USA, nur im Bereich der CEPT ist die Festlegung derzeit verbindlich).

Beim **Basisanschluß** sind zwei **Nutzkanäle** je Anschluß vorgesehen, die nicht gemeinsam transparent sein müssen. Basisanschlüsse zum öffentlichen Netz sind als passiver vieradriger Bus mit der sog. S_0-**Schnittstelle** ausgelegt. Auch in privaten Netzabschnitten muß der Zugang über einen gleichartigen Basisanschluß mit S_0-Schnittstelle möglich sein, aber es sind andere zusätzliche Zugangsarten (z.B. U_{P0}) erlaubt.

Beim **Primärmultiplex-Anschluß** (mit S_{2M}-Schnittstelle als Zugang) sind hingegen 32 Kanäle je 64 kbit/s - davon je einer für **Signalisierung** nach **CCS No. 7** und für **Synchronisation** - reserviert, oder - in einer Sonderausführung - ein Kanal transparent mit 2048 kbit/s.

Die **Zeichengabe** wird beim Basisanschluß mit S_0-Schnittstelle im **D-Kanal** mit einer Bitrate von 16 kbit/s abgewickelt. Dieser D-Kanal enthält s, p und t Segmente. Für die Zeichengabe ist s vorgesehen. p- und t-Abschnitte sollen für **Paketdatendienste** und **Telemetriedienste** nach einer ersten Einführungs- und Erprobungsphase des ISDN-Netzes freigegeben werden.

Die Zeichengabe wird über den D-Kanal der Teilnehmervermittlung zugeführt und dort auf Plausibilität geprüft. Dabei sind **Einzelziffer-** und **Blockwahl** vom Endgerät her möglich. Die Auswertung in der Teilnehmervermittlungsstelle für gehenden Verkehr führt zu einer Umsetzung der Zeichengabeinformation, die entweder sofort zu einer Verbindung mit dem anderen Teilnehmer führt (falls dieser an die gleiche Teilnehmervermittlungsstelle angeschaltet ist) oder die in Form einer Blockwahl mit einer Datenrate von 64 kbit/s über ein eigenes Zeichengabenetz die Verbindung über weitere Vermittlungsstellen herstellt. Die hohen Bitraten für die Zeichengabe führen dazu, daß nach Abschluß des Wahlvorganges beim Endgerät innerhalb einer Sekunde 98 % aller nationalen Verbindungen hergestellt sind, bei internationalen Verbindungen sollen 98 % aller Verbindungen in zwei Sekunden hergestellt sein. Dies hat zur Folge, daß die Nutzkanäle im Vergleich zu herkömmlichen Netzen wesentlich besser genutzt werden können und vor allem bei nichtsprachlichen Diensten die Abwicklung des Informationsaustauschs insgesamt wesentlich beschleunigt wird.

Das hierfür zwischen den Vermittlungen bereitgehaltene **Zeichengabenetz** (Basis CCS No. 7) mit seinen **zentralen Zeichengabekanälen** ist zugleich die eigentliche Grundlage für den Ausbau des Fernsprechnetzes und des ISDN zu einem sog. **intelligenten Fernmeldenetz**, da die verfügbaren Transportkapazitäten innerhalb des Zeichengabenetzes nur im Spitzenverkehr wirklich für Sekundenbruchteile ausgelastet sind, im übrigen aber oftmals vergleichsweise lange Zeiten nicht genutzt werden. Es kann angenommen werden, daß das Zeichengabenetz mit seinen Signalling- und Signal-Transfer-Points nur zu etwa 1 bis 3 % seiner ständig verfügbaren Kapazität für Verbindungsaufbau genutzt wird.

1.2.3   Einführungsstrategie und Stand der Einführung

ISDN in der vorstehend beschriebenen Form wird von CCITT zur weltweiten Einführung vorgeschlagen, wobei hinsichtlich der zeitlichen Abwicklung national große Unterschiede bestehen können. Innerhalb der EG soll ISDN langfristig Grundlage der technischen Kommunikation werden, es sind aber sehr unterschiedliche zeitliche Planungen angesetzt.

In der Bundesrepublik wird ISDN seit Ende 1988 schrittweise eingeführt, die offizielle Inbetriebnahme wurde anläßlich der Cebit 1989 angekündigt. Dabei verfolgt die DBP Telekom eine Mischstrategie, bei der das gesamte Telefonnetz in der Fernebene in digitaler Technik ausgebaut wird. Insoweit wird eine Strategie eingesetzt, bei der von den oberen Netzebenen des bestehenden Telefonnetzes ausgehend die Umstellung in digitale Technik durchgeführt wird. Jede dabei zum Einsatz kommende Komponente der Vermittlungs- und der Übertragungstechnik ist so ausgestattet, daß sie auch voll ISDN-tauglich ist. Es entsteht so ein Fernmeldenetz, das sowohl für herkömmlichen Telefonverkehr als auch für ISDN verwendet werden kann - das Fernsprechen ist eine Teilmenge von ISDN. In den alten Bundesländern ist jede Zentralvermittlungsstelle und jede Hauptvermittlungsstelle inzwischen mit Komponenten erweitert worden, die dieser Strategie genügen - es besteht praktisch ein insoweit flächendeckendes ISDN.

Parallel zu diesem Ausbau des Fernnetzes ist den Orten mit einer Zentral- oder Hauptvermittlungsstelle inzwischen zumindest eine Teilnehmervermittlungsstelle mit Anschaltemöglichkeit für ISDN-Teilnehmer installiert. So wurde erreicht, daß inzwischen auch eine weitgehend flächendeckende Anschaltemöglichkeit für ISDN-Teilnehmer in den Ballungsgebieten besteht - wenn auch teilweise unter Inkaufnahme einer im Zuge des weiteren Ausbaus zu ändernden Ortskennzahl für einzelne Teilnehmer. Bis etwa 1993 soll die vollständige Flächendeckung erreicht sein, etwa im Jahre 2000 soll auch ein normaler Fernsprech-Neuanschluß in ISDN-Technik ausgeführt sein, um 2020 soll es nur noch ISDN-Teilnehmervermittlungen geben.

In den neuen Bundesländern wurde mit dem 1. Juli 1991 ein komplettes Overlay-Fernnetz in ISDN-kompatibler Technik errichtet und in Betrieb genommen[7]. Hier steht aber - im Unterschied zu den alten Bundesländern - zunächst die Befriedigung des Bedarfs an Telefonanschlüssen im Teilnehmerbereich in der Dringlichkeit vor der Ausstattung mit ISDN-Anschlüssen. Obwohl die DBP Telekom eine Leistungserweiterung in Richtung ISDN erst ab etwa 1997 für diese Region offiziell in Aussicht stellt, ist damit zu rechnen, daß dieser Prozeß früher eingeleitet wird. In diesem Zusammenhang dürften vor allem auch weitere Liberalisierungstendenzen, Substitutionspotentiale durch neue Techniken der Nachrichtenübermittlung und der Einfluß der EG-Richtlinien und Zulassungsbestimmungen neue Aspekte in die Diskussion bringen.

Auch in England, Frankreich, Italien, USA, Japan und den Benelux-Staaten wurden erste ISDN-Installationen in Betrieb genommen. Dabei haben die Nationen sehr unterschiedliche Strategien eingeschlagen. Teilweise wurden die ISDN-Techniken in Verbindung mit Teleports realisiert (Amsterdam, London), teilweise wurden sie als Prestigeobjekte für innereuropäischen Fernmeldeverkehr errichtet (Frankreich). In den USA und in Japan werden vor allem eigene Anschaltetechniken erprobt, wobei vor allem die S_0-Schnittstelle bzw. der vorgelagerte U-Anschaltepunkt durchaus noch gewisse Modifizierungen erfahren dürften (z.B. die ·80 kBd-Übertragung auf der Teilnehmeranschlußleitung), ohne aber das Gesamtkonzept zu beeinträchtigen. Es ist davon auszugehen, daß diese Variationen mit der CCITT-Generalversammlung

---

[7] Siehe Tenzer, G.; Uhlig H.
     Telekom 2000, Moderne Telekommunikation für die neuen Bundesländer, Decker's Verlag 1991

1992 als CCITT-Standard festgeschrieben werden und dann eine internationale Klärung herbeigeführt wird.

Die DBP Telekom hat darüber hinaus verbindlich erklärt (1. Standardisierungs-Konferenz am 1. und 2.10.91 in Bonn), daß neben der (vorläufigen) **Schnittstelle nach 1TR6** auch eine S_0-Schnittstelle nach **EURO-ISDN**-Spezifikation von der DBP Telekom bedient werden wird - in Sonderfällen sogar auf Antrag am gleichen Basisanschluß. Damit wird die - immer wieder in Laienkreisen angesprochene "Schnittstellenunsicherheit" - überwunden, alle Geräte für ISDN, die bereits beschafft sind, können im sog. "Euro-ISDN" weiter benutzt werden.

1.2.4 Zusammenfassende Feststellungen und Bewertungen

6. (Feststellung):

ISDN wird weltweit mit unterschiedlichen Zeithorizonten und Detailvorstellungen eingeführt. In diesem Rahmen werden die Anschaltestandards für Teilnehmer nochmals überarbeitet, ohne jedoch zwingend in dieser (endgültigen) Form in den nationalen Netzen realisiert werden zu müssen. Die DBP Telekom hat erklärt, daß sie das EURO-ISDN-Protokoll ebenfalls bedienen wird, so daß die Schnittstellenfrage gelöst ist.

7. (Bewertung):

Die Bundesrepublik hat beim Ausbau des ISDN (nicht der Digitalisierung) eine weltweit führende Position.

1.3 Lokale Netze

1.3.1 Konzepte für Lokale Netze

Die Struktur lokaler Netze ist in der Regel so gewählt, daß zu einer Zeit nur eine Nachricht auf einem Bus oder Ring übermittelt wird (sog. **one at a time**-Prinzip). Innerhalb eines lokalen Netzes können mehrere Busse oder Ringe betrieben werden. Bei Mehrfachzugriff können **Wartezeiten** und **Wartewahrscheinlichkeiten** entstehen, die die Zahl der an ein solches Netz anschaltbaren Teilnehmer begrenzen. Diese Zahl kann - wenn die **Transportkapazität** hoch und die **Nachrichtenmenge** je **Nachrichtenquelle** vergleichsweise klein ist - sehr groß werden, sie ist aber begrenzt. Dies führt auch dazu, daß ein echter **Dialogbetrieb** mit einer nennenswerten Teilnehmerzahl nicht unter allen Lastbedingungen ohne Wartezeiten möglich ist.

Dem steht als Vorteil gegenüber, daß einem Teilnehmer, wenn er "an der Reihe ist", die gesamte Transportkapazität des Netzes zur Verfügung steht. Um größere Wartezeiten für die anderen Teilnehmer zu vermeiden, muß die Zeit - und damit die Nachrichtenmenge - begrenzt werden, die einem Teilnehmer zugeordnet wird.

Lokale Netze werden nicht im herkömmlichen Sinne hierarchisch gegliedert, sie sind vielmehr meist homogen nach Format und Zeitlagen nur mit einer einzigen Ebene darstellbar. Die **Gateways, Router** und **Bridges** zwischen lokalen Netzen als **WAN**-Elemente schalten jeweils für bestimmte Zeitabschnitte und/oder für unterschiedliche Protokolle die über sie verbundenen Netze zusammen (z.B. bei **FDDI, DQDB** u.ä.). Die Entwicklung ist stark im Fluß, es werden viele neue Vorschläge unterbreitet und erprobt[8].

Bezogen auf die **Transportkapazität** kann davon ausgegangen werden, daß bei üblichen **Meldungslängen** nur etwa 20 % der gegebenen Transportkapazität als Übermittlungskapazität faktisch genutzt werden kann, wenn Wartezeiten unterschritten werden sollen, die den Ablauf der Datenbearbeitung nicht stören. Die maximale Auslastung kann zwar weit über 20 % hinaus gesteigert werden, es treten dann aber erhebliche Wartezeiten auf. Die durchschnittliche Auslastung liegt in der Regel unter 5 %. Dieser relativ kleine Wert resultiert u.a. auch daraus, daß bei lokalen Netzen die Vermittlungsfunktion durch eine **logische Adressierung** bewirkt wird. Bei manchen Netztypen und Netzformaten wird für das Verbindungsmanagement nahezu die gleiche Kapazität beansprucht, wie für die Nutzinformation. Es sind auch Verfahren bekannt, bei denen dieser Wert unter 10 % liegt.

Mit der Nutzung von Glasfasern als Transportmedium wurde die Nutzkapazität eines einzelnen Bus- oder Ringsystems inzwischen auf über 100 MBit/s erhöht und die Reichweite bis in den Bereich um 100 km erweitert. Bei derart ausgedehnten Netzen können dann wegen der Laufzeitdifferenzen auch mehrere Nachrichtenpakete gleichzeitig auf einem Transportmedium an unterschiedlichen Orten auftreten - das One-at-a-time-Prinzip ist scheinbar durchbrochen.

Insgesamt wird über den technischen Stand ausführlich in Band 12 der Reihe TELETECH NRW berichtet.

1.3.2   Stand der Einführung

Lokale Netze sind zur Vernetzung von Arbeitsplatzcomputern sehr verbreitet eingesetzt. Sie existieren meist neben Fernsprechnetzen innerhalb der Unternehmen und nutzen auch eigene Wege zu den Datennetzen. Sie verursachen insoweit einen Zusatzaufwand, der von den Betreibern noch nicht hinreichend ökonomisch durchleuchtet wird. Vor allem Netze, in denen die verschiedenen Arbeitsplatzcomputersysteme mit unterschiedlichen Betriebssystemen kombiniert werden können, werden häufig eingesetzt. Dabei spielt das **Ethernet**-Konzept entsprechend IEEE 802.3 eine herausragende Rolle. Die Übermittlungskapazität von nur 10 Mbit/s wird aber mit wachsendem Ausbau solcher LAN in wachsendem Umfang zu einer Beschränkung. Vor dem Hintergrund wachsenden Transportkapazitätsbedarfs je Terminal und gleichzeitig wachsender Terminalzahl in einem Unternehmen ist auch bei den derzeit als "FASTLAN" oder "HSLAN" (HS für HighSpeed) bezeichneten Netzwerkkonzepten auf Glasfaserbasis mit hundert und mehr Mbit/s Transportkapazität nur für einige Jahre mit einer Bedarfsdeckung zu rechnen. Auch der Ausbau zu **MAN** und **WAN** kann diese prinzipiellen Mängel längerfristig nur in Grenzen mindern.

---

[8]   Siehe Kaderali, F.
      Technologische Evolution der Kommunikationsnetze, Online 93, Kongreßband III/2.

1.3.3   Zusammenfassende Feststellungen

8. (Feststellung):

Lokale Netze können bei gleicher Kanalkapazität der Verbindungswege wegen der paketorientierten Nachrichtenübermittlung weniger Nutzinformation transportieren, als die klassischen leitungsvermittelnden Fernmeldenetze. Insbesondere gegenüber modernen Netzkonzepten wie ISDN und besonders B-ISDN sind sie insoweit in einem technischen Nachteil. Ihr wesentlicher Vorteil besteht hingegen darin, daß sie die gesamte Kanalkapazität des Netzes kurzfristig einem Teilnehmer verfügbar machen.

9. (Feststellung):

LAN haben eine weite Verbreitung gefunden, sie werden neben herkömmlichen Fernmeldenetzen im nichtöffentlichen Bereich eingesetzt. Eine Entwicklung zu HSLANs ist derzeit stark im Fluß.

1.4   Optische Informationstechnik

1.4.1   Optische Übermittlung

Der Stand der optischen Informationstechnik ist hinsichtlich Nachrichtenübermittlung sehr viel weiter fortgeschritten als in der optischen Datenverarbeitung. Die Realisierung optischer Verstärker und logischer Schaltungen ist derzeit Gegenstand der Forschung, wobei sich möglicherweise die Neodym- und/oder Erbium-Dotierung als erster Einstieg in die optische Logik ergeben könnte. Die in der Nachrichtentechnik anfallenden Verstärker-Aufgaben werden nach dem gegenwärtigen Stand der Technik auf der elektrischen Ebene bewirkt, mit der Folge, daß zwischen elektrischer und optischer Repräsentation der Nutzsignale umgeschaltet werden muß.

In der Nachrichtenübertragung werden optische Mittel seit vielen Jahren im echten Betrieb eingesetzt. Die hohe Bandbreite der Glasfaser, ihre weitgehende Immunität gegen elektromagnetische Störstrahlung und die inzwischen erreichte geringe Leitungsdämpfung machen sie nicht nur zu einem wichtigen Konkurrenten der Satellitentechnik, sondern substituieren in wachsendem Umfang auch Koaxial- und Richtfunkstrecken.

Die Übergänge zwischen den elektrischen und optischen Komponenten sind gegenwärtig unumgänglicher Bestandteil der Nachrichtenübermittlungssysteme, da eine optische Datenverarbeitung nicht verfügbar ist. Sie verteuern diese Technik vor allem im Teilnehmeranschlußbereich.

Projekte wie **OPAL** haben reinen Pilotcharakter, zumal noch kein Massendienst im politischen Rahmen diskutiert wird, der die in der Glasfasertechnik verfügbaren Übermittlungskapazitäten bis zum Teilnehmeranschlußbereich nutzen könnte. Das derzeit feststellbare Beharren auf überkommenen Dienstestrategien im anwendungsorientierten Bereich ist als "Klima" der Einführung eines höchstmodernen Breitband-(Glasfaser-) Netzes nicht förderlich. Andererseits kann nur über futuristisch anmutende Strategien auf breiter Basis der Versuch unternommen werden, verlorenes Marktterrain in der Informationstechnik für die europäische Region zurückzuerobern. Zusammen mit den Überlegungen zur Verbesserung der Technologiebasis, dem Ausbau der Unterhaltungselektronik - beide von der EG als bedeutsame Zielsetzungen apostrophiert - könnte ein Ansatz für einen europäischen Neubeginn entstehen. Versuche, die Glasfasern durch Mehrfrequenzübertragung (Heterodyn-Verfahren) mit noch höheren Nutzkapazitäten zu betreiben, sind im Prinzip aussichtsreich. Es fehlen aber die - zuvor erwähnten - Nutzungsmöglichkeiten, die die so schaffbaren Kapazitäten rechtfertigen würden. Insoweit sind die wesentlichen technischen Entwicklungen gegenwärtig darauf ausgerichtet, bei Monomode-Betrieb die erreichbaren Verstärkerfeldlängen zu vergrößern.

1.4.2 Stand der Glasfasertechnik

In der Fernleitungstechnik hat die Glasfaser bereits die über mehrere Jahrzehnte benutzte Koaxialkabeltechnik weitgehend verdrängt. Auch gegenüber dem Richtfunk ist wegen der größeren Übermittlungskapazität bei der Glasfasertechnik ein erhebliches Substitutionspotential festzustellen, das auch realisiert wird. In der Bundesrepublik werden gegenwärtig jährlich weit mehr als 100.000 Kabelkilometer Glasfasern im Regelausbau des Fernnetzes installiert. Durch den vorgezogenen Ausbau in den neuen Bundesländern, der außerhalb des Regelprogramms durchgeführt wird, erhöht sich dieser Wert nochmals nachhaltig, wobei verläßliche Zahlen wegen der Kürze der Zeit nur schwer zu erhalten sind. In Flächenregionen wie den USA sind zwar die absoluten Zahlen an verlegten Glasfasern höher, bezogen auf Flächeneinheit oder Bevölkerungszahlen aber geringer. (Siehe auch 1.1.3)

In der Ortsnetzebene werden Glasfasern in speziellen Projekten wie BERKOM oder OPAL erprobt. Eine konkrete Massenanwendung von Glasfasern als Basis für ein breitbandiges Teilnehmeranschlußnetz ist derzeit noch nicht erkennbar.

1.4.3 Zusammenfassende Feststellungen

<u>**10. (Feststellung):**</u>

Im Fernnetzbereich hat die Glasfaser bei Neuinstallationen im Liniennetz andere Übertragungsmittel weitgehend substituiert. Deutschland hat in der Anwendung eine Spitzenstellung, wenn man die landestypischen Entfernungen in die Betrachtung einbezieht (also nicht reine Verlegungs-km betrachtet).

<u>**11. (Feststellung):**</u>

Im Teilnehmeranschlußbereich ist die Anschaltung über Glasfasern derzeit noch nicht etabliert, da der Bedarf an Breitbanddiensten im großen Umfang sich bisher nicht abzeichnet.

1.5   Satellitenfunk[9]

1.5.1   Rückblick

Die **Satellitenfunktechnik** gehört zu den sehr jungen Disziplinen der Fernmeldetechnik, die sich erst in den letzten drei Jahrzehnten entwickelt hat. Im interkontinentalen Nachrichten-weitverkehr hat sie die **Seekabeltechnik** weitgehend substituiert. Die Seekabeltechnik wird im wesentlichen nur noch aus Sicherheitsgründen installiert, da mögliche Störeinflüsse (z.B. Sonneneruptionen oder vergleichbare Störungen) den Satellitenfunk u.U. unterbrechen oder zumindest beeinträchtigen können. In diesem Sinne sind auch die Verlegungen von Seekabel-Glasfaserstrecken lediglich ein Sicherheitselement der Fernmeldetechnik. Die Satellitenfunk-technik hat eine Reihe wichtiger Nutzungen eröffnet, die durch unterschiedliche Eigenschaften der Abstrahlung von Satelliten zur Erde möglich gemacht wurden.

Für den Empfang von Satellitenfunk mit einfachen Antennensystemen ist zunächst bedeutsam, daß ein **geostationärer Satellit** als Antenne aufgefaßt werden kann, die in großer Höhe (bei geostationären Satelliten rund 36.000 km) installiert sind und senkrecht auf den Äquatorgürtel der Erde strahlt. Der Einfallswinkel ist auch in den gemäßigten Breitenbereichen der Erde noch so groß, daß Strahlungshindernisse wie Berge und Hochhäuser, die bei kurzwelliger Abstrahlung wie Abschirmungen wirken können, kaum beachtet werden müssen. Außerdem kann mit einem einzigen solchen Satelliten ein Gebiet versorgt werden, das mehr als ein Viertel der Erdoberfläche abdeckt. Durch entsprechende Gestaltung der Sende-Antenne des Satelliten kann aber auch erreicht werden, daß nur ein Bruchteil dieser Fläche bestrahlt wird, so daß die benutzten Frequenzen für unterschiedliche Erdregionen erneut verwendet werden können. Der für Satellitenfunk nutzbare Frequenzbereich ist größer, als der bei terrestrischer Funkab-strahlung im gleichen Frequenzbereich, weil beispielsweise die **Regendämpfung** geringer ist (Wolken sind in der Fläche ausgedehnter als in der Höhe, so daß ein Satelliten-Funkstrahl nur durch die geringere Höhe zu dringen braucht, ein terrestrischer Funkstrahl hingegen durch die Fläche). Es kann davon ausgegangen werden, daß dieser Vorteil der Satellitentechnik eine zusätzliche Kapazität von mindestens 5 GHz (optimistische Schätzungen nennen bis zu 30 GHz) Bandbreite erschließt und damit mehr Kapazitäten schafft, als etwa um 1950 insgesamt für die Funktechnik weltweit zur Verfügung standen. Diesen Vorteilen steht entgegen, daß die große Höhe und die dadurch bedingten langen Funkwege **Laufzeiten** um 0,2 s verursachen, die bei manchen Kombinationen (z.B. ATM und geostationärer Satellit beim Bildfernsprechen) den Kommunikationsablauf beeinträchtigen können.

Während für **Beobachtungssatelliten** eine niedrige Umlaufbahn aus vielerlei Gründen bevor-zugt wird, werden für Nachrichtenzwecke bis jetzt vornehmlich geostationäre Satelliten eingesetzt. Sie laufen synchron mit der Erddrehung, das bedeutet, daß sie stets über dem gleichen Punkt stehen und von stationären, einmal eingestellten Empfangsantennen empfangen werden können, eine Antennennachführung ist nicht erforderlich.

Wegen der langen Funklaufzeiten wird neuerdings auch der Einsatz von sog. **LEO-Satelliten** (LEO = Low Earth Orbit) für dialogorientierte zeitkritische Kommunikationsformen erwogen (Projekte **Iridium** von Motorola und **Globesat** von einigen Fernmeldenetzbetreibern).

---

9   Band 10 der Reihe "Landesinitiative TELETECH NRW mit dem Titel "Satelliten- und Mobilfunk" gibt
    einen umfassenden Überblick über den Stand dieser Techniken. Es werden daher in dieser Studie nur
    wenige Anmerkungen gemacht und fallweise allerneueste Entwicklungen nachgetragen.

Hinsichtlich der Betriebsweise werden **Fernmeldesatelliten** und direkt strahlende **Rundfunk-Satelliten** unterschieden. Der Fernmeldesatellit hat eine vergleichsweise geringe **Sendeleistung** von wenigen Watt je Transponder. Es werden entsprechend leistungsfähige Empfangsantennen auf der Erdseite benötigt (große Satellitenschüsseln, wie z.B. in den **Erdfunkstellen** der DBP Telekom in Raisting oder Usingen). Rundfunk-Satelliten sind hingegen mit relativ hoher Sendeleistung ausgestattet, so daß vergleichsweise kleine und einfache Antennenkonstruktionen zum Empfang ausreichen, die allerorten installiert werden können. Gerade für diese Rundfunksatelliten ist auch die Erhöhung des Wirkungsgrades von **Solarzellen** von herausragender wirtschaftlicher Bedeutung, da hierdurch eine Gewichtsersparnis bei den (Satelliten-) Transportsystemen mit wachsender Sendeleistung und damit besseren Ausbreitungseigenschaften der Transponder kombiniert werden können.

Durch Fokussierung des Strahls kann weiterhin erreicht werden, daß nur eine relativ kleine Fläche der Erde mit dem Funkstrahl versorgt wird, es wird dann von der **VSAT**-Technik (VSAT für **V**ery **S**mall **A**perture Technique) gesprochen. Die Grenzen zwischen diesen Typen von Funksatelliten sind nicht klar definiert, technischer Fortschritt erweitert die einander überlappenden Bereiche ständig.

1.5.2 Stand der Satellitentechnik

Satelliten werden im interkontinentalen Verkehr in ständig wachsendem Umfang genutzt. Dabei steht im zivilen Bereich die private Nutzung, weltweit betrachtet, im Vordergrund, d.h. die Mehrzahl der Satelliten werden von Gesellschaften betrieben, die keine öffentlichen Netze betreiben. Insbesondere in den USA ist diese Betriebsform weit verbreitet, während in Europa - allen voran Frankreich und die Bundesrepublik - die Netzbetreiber noch in nennenswertem Umfang Satelliten installieren und betreiben. So wird z.B. in Deutschland auch die satellitengestützte Fernsehverteilung der öffentlich-rechtlichen Rundfunkanstalten weitgehend über Telekom-eigene Satelliten durchgeführt (inzwischen werden die "Dritten Programme" auch Sendungen über **ASTRA-Satelliten**, einer privaten Betreibergesellschaft, durchführen). Die privat betriebenen Satelliten für die Rundfunkverteilung werden allerdings - trotz der Konkurrenz der öffentlichen Netzbetreiber - auch in Europa von den Teilnehmern bei weitem bevorzugt (mehr als 90 % aller Satellitenempfangsanlagen sind 1991 auf ASTRA-Satelliten ausgerichtet).

In den einschlägigen Richtlinien der Europäischen Gemeinschaft wird gefordert, daß die **Satellitennutzung** durch Private bis 1993 auch für Individualverbindungen nachhaltig erleichtert werden soll und privaten Betreibern keine Hindernisse mehr in den Weg gelegt werden dürfen. Die Bundesrepublik folgt bereits in etwa dieser Regelung, allerdings sind die Betriebslizenzen für die große Mehrzahl der Interessenten bei Nutzung Telekom-eigener Satelliten so teuer, daß vor allem nur Großanwender diese sinnvoll nutzen können. Weiterhin werden Lizenzen für private VSAT-Netze für Datenverkehr erteilt. Der Zwang zur Nutzung bestimmter Satelliten soll nach einer Ankündigung aus dem BMPT gelockert werden. Damit könnte die VSAT-Technik eine breitere Nutzungsbasis erhalten.

Ein Hemmnis für die Nutzung der Satellitennetze durch Private als Netzbetreiber besteht darin, daß bei Mitverwendung öffentlicher Fernmeldenetze die Gebühren für jeden Zugang zum und jeden Abgang aus dem privaten VSAT-Netz gebührentechnisch als eigene Verbindung behandelt werden. Eine Verbindung kann unter Zuhilfenahme öffentlicher Netzabschnitte im Wählverkehr mehr als doppelt so teuer werden wie eine Verbindung über das öffentliche Fernmelde-netz. Häufig sind VSAT-Netze nur für Betreiber wirtschaftlich, die Zu- und Abgangsantenne auf eigenem Grund und Boden betreiben und den vollständigen Nachrichtenpfad ohne Zuschalten öffentlicher Wählverbindungen herstellen können. Da dieser Zustand keine Dis-kriminierung im Sinne der EG-Verordnung darstellt, ist davon auszugehen, daß Satellitennetze als private Einrichtungen auch zukünftig Großanwendern vorbehalten bleiben. Selbst die Ver-breitung, die solche Netze in den neuen Bundesländern gefunden haben, dürfte nur vorüberge-hender Natur sein. Wenn erst die öffentlichen Netze mit voller Leistungsfähigkeit auch dort verfügbar sind, ist davon auszugehen, daß die Zahl der Satellitenverbindungen in den neuen Bundesländern stagniert.

Im Bereich der **breitbandigen Nachrichtenübermittlung** wird vor allem im Fernsehen auch beim Sammeln von Nachrichten (**News-Gathering**) schon umfassend von Satellitenverbindun-gen Gebrauch gemacht. Die Mobilität von kraftfahrzeuggestützten Satelliten-Bodenstationen ist bereits sehr groß. Es ist möglich, eine solche Station innerhalb einer halben Stunde in Betrieb zu nehmen und wieder abzubauen.

Gegenwärtig wird eine gebührentechnische Besonderheit wenig genutzt, die daraus entsteht, daß viele Satelliten vor allem für den Nord-Süd-Verkehr installiert wurden. Da dieser Verkehr ausgeprägte **Hauptverkehrsstunden** zu der Zeit hat, zu der an Quell- und Zielpunkt Ar-beitszeit ist, sind andere Zeiten oft recht kostengünstig erhältlich.

1.5.3   Zusammenfassende Feststellungen

<u>**12. (Feststellung):**</u>

Satelliten werden sowohl für Fernmeldezwecke als auch für die Rundfunk-verteilung genutzt. In beiden Fällen ist der Einsatz weit verbreitet.

<u>**13. (Feststellung):**</u>

Die zulassungstechnischen Voraussetzungen für privaten Satellitenbetrieb sind im Rahmen der heute üblichen Abgrenzungen zum Netz- und Fernsprechmono-pol als liberal zu bezeichnen, sie behindern den Aufbau privater Satellitennetze für nicht sprachlichen Nachrichtenverkehr nicht. Behindernd sind vielmehr die hohen Kosten der Technik - insbesondere bei europäischen Satelliten.

1.6 Mobilfunk[10]

1.6.1 Rückblick

Alle klassischen Anwendungsfelder für **Mobilfunk** waren und sind derzeit noch in Verbindung mit dem Verkehr gegeben, also vor allem in der Schiffahrt, der Luftfahrt (dort derzeit fast ausschließlich als nichtöffentlicher Mobilfunk) und im Straßenverkehr. Die weiteste Verbreitung hat der Mobilfunk derzeit in Verbindung mit dem Autoverkehr. Das **Autotelefon** läßt auch in Zukunft noch erhebliche Zuwachsraten erwarten. Neben dem Autotelefon sind im strengen Sinne auch die **drahtlosen Sprechstellen** an Haupt- oder Nebenanschlüssen von klassischen Fernmeldenetzen als Mobilfunkgeräte zu betrachten. Ihr Sendebereich ist aber sehr stark durch technische Maßnahmen begrenzt, ein echter Mobilfunk über sie ist nicht möglich.

Ein **Mobilfunknetz** besteht aus Mobilteilen, die die **Fahrzeugfunkgeräte** und deren Verbindungen zur nächstgelegenen **Überleitstelle** umfassen und einem terrestrischen Teil, der **Überleiteinrichtungen** für den Verkehr zu anderen Fernmeldenetzen, für Verbindungen untereinander und für Verbindungen mit anderen Überleiteinrichtungen einschließt. Der Mobilteil wickelt im wesentlichen den Verkehr zwischen mobilem Endgerät und einer nahegelegenen Feststation ab, er endet mit der Übergabe an den terrestrischen Teil des Mobilfunknetzes. Je Überleitstelle sind mehrere **Funkverbindungen** zu mehreren Mobilteilnehmern auf verschiedenen Frequenzen gleichzeitig möglich. Der terrestrische Teil des Mobilfunknetzes ist stationär, er wickelt den Verkehr mit dem stationären Fernmeldenetz - also dem ortsfesten Teilnehmer - oder zwischen zwei Überleitstellen ab.

1.6.2 Stand der Technik

Im Bereich des <u>Autotelefons</u> sind die sog. **B-**, **C-** und **D-Netze** in der Bundesrepublik bereits eingeführt (D-Netz formal seit 01.07.1991, der Netzbetrieb wurde am 01.07.1992 aufgenommen). B- und C-Netz sind analoge Fernmeldenetze. Das analoge Nutzsignal wird mit geeigneten Modulationsverfahren in den Frequenzbereich des jeweiligen **Funknetzes** umgesetzt und zwischen Fahrzeug und Überleitstelle übertragen. Das D-Netz ist als digitales Netz konzipiert worden. Den Frequenzbereichen entsprechend, die für diese Netze freigegeben wurden, sind sehr unterschiedliche Teilnehmerzahlen an das jeweilige Netz anschaltbar. Es handelt sich beim B-Netz um einige zehntausend Mobil-Teilnehmer, beim C-Netz um etwa 500.000 Mobilteilnehmer und beim D-Netz um eine im Verhältnis zur Zahl der Kraftfahrzeuge zunächst unbegrenzt erscheinende Teilnehmerzahl. Beim C-Netz wird der mobile Teilnehmer im Falle eines Anrufs bundesweit gesucht (soweit das Netz ausgebaut ist, in einigen Regionen der Bundesrepublik gilt dies nur für einen Bereich von 25 km links und rechts der Autobahnen), für das D-Netz ist eine europaweite Suche im Endzustand des Netzausbaus vorgesehen. Die hierfür notwendigen Verfahren werden in Teil 2 behandelt, ebenso das **E-Netz** im 1,8 GHz-Funkbereich.

---

[10] Band 10 der Reihe "Landesinitiative TELETECH NRW mit dem Titel "Satelliten- und Mobilfunk gibt einen umfassenden Überblick über den Stand dieser Techniken. Es werden daher in dieser Studie nur wenige Anmerkungen gemacht und fallweise allerneueste Entwicklungen nachgetragen.

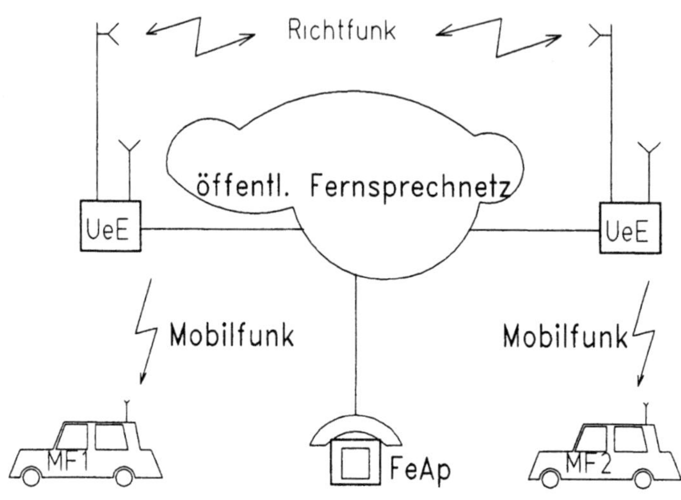

Bild 1.6.2.1: Eingliederung der mobilen Fernmeldenetze in das
Gesamtnetzkonzept.

Das D-Netz (Bild 1.6.2.1) wird als erstes Kommunikationssystem für Sprache betriebstech-
nisch zweigeteilt, d.h. neben der DBP Telekom hat ein privates Unternehmen (Mannesmann
Mobilfunk) vom Bundesministerium für Post und Telekommunikation die Lizenz zum Betrieb
eines vollständigen Mobilfunknetzes (Mobilteil und terrestrische Einrichtungen) erhalten.
Allerdings fordert die DBP Telekom aufgrund ihres **Netzmonopols**, daß die Verbindungslinien
zwischen den Vermittlungen bzw. ortsfesten Übergabepunkten von ihr mietweise zu beziehen
seien und hat hierfür zunächst Mietpreise angesetzt, wie sie jeder Benutzer von gemieteten
Leitungen zu zahlen hat.

Über die Frage, ob insoweit ein **Monopolmißbrauch** vorliege, wurde lange zwischen dem
Ministerium, Mannesmann Mobilfunk und der DBP Telekom sehr kontrovers diskutiert.
Durch Ministerentscheidung vom 24. September 1991 hat Mannesmann nun für gemietete
Leitungen einen Nachlaß von 54 % gegenüber den regulären Gebühren erhalten, darüber hin-
aus darf Mannesmann eigene **Richtfunklinien** zwischen den Überleitstellen betreiben. Durch
das Recht, eigene Richtfunkstrecken zwischen Überleiteinrichtungen betreiben zu dürfen , ist
dem **privaten Netzbetreiber** ein zusätzlicher Einbruch in das **Netzmonopol** der DBP
Telekom gelungen, der rechtlich mittelfristig dazu führen kann, daß das Netzmonopol keinen
Bestand hat.

Im Bereich der <u>Seeschiffahrt</u> ist der Mobilfunk in weiten Bereichen satellitengestützt. Hier ist
vor allem das Satellitennetz **INMARSAT** von Bedeutung, über das ein großer Anteil des
Seefunks abgewickelt wird und der den **Kurzwellenverkehr** zu den Schiffen erweitert und
ergänzt hat.

Im Ausland werden verstärkt **drahtlose Fernmeldenetze** diskutiert, die sich im wesentlichen aus Konzepten entwickelt haben, bei denen die Eigenschaften drahtloser Telefone und von Mobiltelefonsystemen kombiniert werden. Diese PCN sind aber in einem sehr frühen Entwicklungsstadium, sie werden in dieser Studie im Teil 2 behandelt.

Die **drahtlosen Telefone** können technisch als Mobilfunkgeräte gesehen werden, bei denen eine Überleiteinrichtung entfällt, weil jedes Telefon seine eigene Überleitstelle hat, die als Haupt- oder Nebenanschluß an ein öffentliches Fernmeldenetz angeschaltet ist.

Seit Beginn der Zulassung in der Bundesrepublik sind weit über eine Million dieser drahtlosen Telefone offiziell verkauft worden, die Dunkelziffer der ohne Postzulassung betriebenen Stationen dürfte sich bei etwa weiteren zwei Millionen Geräten bewegen, da die sog. Exportgeräte meist nur die Hälfte kosten oder bei Mitbringen aus den pazifischen Regionen noch billiger beschaffbar sind.

Neben diesen Formen des Mobilfunks treten neuerdings in wachsendem Umfang Systeme, bei denen die Abwicklung des Verkehrs auf die speziellen Bedürfnisse einer **Nutzergruppe** abgestimmt ist. In diese Kategorie gehören u.a. die

Paging-Systeme,
bei denen der Kommunikationswunsch je nach System in unterschiedlich vielfältiger Weise artikuliert werden kann. Dies kann von der Übermittlung eines Rückrufwunsches bis hin zur Übermittlung einer kompletten Rufnummer, an die zurückgerufen werden soll, reichen;

Bündelfunk-Systeme,
die die sprachliche Übermittlung kurzer Mitteilungen an mobile Stationen ermöglichen, z.B. Taxifunk, Chekker-Netze etc;

nichtöffentliche Funksprechsysteme,
z.B. Funkfernsprechen für Gefahrenhilfe, Polizei, Feuerwehr etc.

Daneben entwickeln sich zahllose Varianten unter sehr unterschiedlichen Bezeichnungen, die in die eine oder andere dieser Gruppen gehören, erwähnt seien beispielhaft **Modacom, Telepoint, Chekker** und **EuroSignal.**

1.6.3   Zusammenfassende Feststellungen

> **14. (Feststellung):**
>
> Der Mobilfunk in seiner klassischen Form ist derzeit der wachstumsträchtigste Teil der Kommunikationstechnik, der auch ein erhebliches wirtschaftliches Potential darstellt.

---

15. (Feststellung):

Der Mobilfunk wird in der nahen Zukunft weitere Felder (z.B. PCN, Bündelfunk) besetzen. Die physikalisch bedingten Restriktionen mangelnder Frequenzbereiche aus der Vergangenheit können als überwunden bezeichnet werden, die technische und vor allem verwaltungsmäßige Umsetzung der neuen Möglichkeiten steht aber noch aus.

16. (Feststellung):

Monopole für drahtlose Funktechniken können technisch nicht mehr gerechtfertigt werden, da der klassische Frequenzmangel wegen technischer Fortschritte nicht mehr besteht (Gedanke des "natürlichen Monopols"). Es genügt der hoheitliche Eingriff der Koordination bei der Frequenzzuteilung.

1.7 Intelligente Netze

1.7.1 Rückblick

Die **klassischen Fernmeldenetze** - wie z.B. das **Fernsprechnetz** - wurden meist mit direkt gesteuerten elektromechanisch arbeitenden Steuereinrichtungen - den **Vermittlungen** - für den **Verbindungsauf- und -abbau** errichtet. Nach dem Zweiten Weltkrieg kamen auch **indirekt gesteuerte Vermittlungen** hinzu, die zunächst ebenfalls elektromechanische, später auch elektronische Baugruppen enthielten. Mit wachsender Intelligenz der mehr oder minder zentralisierten Steuerwerke derartiger indirekt gesteuerter Vermittlungen konnte diese Intelligenz auch dazu genutzt werden, zentrale Managementaufgaben wahrzunehmen, die bisher gar nicht oder nur in extrem einfacher Form darstellbar waren. Eine der ersten derartigen Aufgaben war die **Umweglenkung** in den Telefon-Fernnetzen, wenn bestimmte Gassen belegt waren, auf Umwegen aber die gewünschte Verbindung dennoch hergestellt werden konnte (auch **Leitweglenkung** genannt). Ebenso wurden dann seit etwa 1970 in den USA die (inzwischen elektronischen) Steuerungen der Systeme Nr. 1 ESS und Nr. 4 ESS dazu genutzt, Gebührenanpassungen an verschiedene Netzbetriebszustände durchzuführen oder Gebührenbelastungen vom A-Teilnehmer auf andere Teilnehmer weiterzuleiten (z.B. **R-Gespräche** u.ä.).

Mit Hinzunahme der sog. **Zentralkanalsignalisierung** (z.B. **CCS Nr. 5 und 6**) konnte der Leistungsumfang solcher Steuerverfahren dann nochmals erweitert werden, da nun auch der **Datentransport** im Netz erleichtert wurde. Konnten bei **Einzelkanalsignalisierung** nur vor oder nach dem Gespräch **Steuerdaten** übermittelt werden, da während der Gesprächszeit hierfür kein Kanal zur Verfügung stand, so konnten mit Einführen von **CCS (Zentralkanal-Zeichengabe)** nun jederzeit Steuerzeichen übermittelt werden. Berücksichtigt man, daß ein herkömmliches Fernmeldenetz rund 25% **Blindlast** für Verbindungsauf- und -abbau benötigt, die durch geeignete Managementmethoden zum großen Teil vermieden werden können, so wird die wirtschaftliche Bedeutung klar.

Mit der zusätzlichen Nutzung der Rechnerleistung der zentralen Steuerwerke der indirekt gesteuerten Vermittlungen und vor allem mit der Möglichkeit, netzinterne Datentransporte kostengünstig über den **zentralen Zeichengabekanal** durchzuführen, erhielten die Fernmeldeverwaltungen die Chance, ihre Netze weit besser auszulasten und darüber hinaus den Benutzern zusätzliche Dienstleistungen anzubieten[11].

Diese, seit knapp zwei Jahrzehnten bekannten Möglichkeiten werden nunmehr unter dem Terminus des **"Intelligenten Netzes** (IN)" in erweiterter Form vermarktet. Um die akquisitorischen Effekte derartiger Angebote weiter zu erhöhen, werden von Hersteller- und Betreiberseite zusätzlich auch die Aspekte der **Dienste-Verflechtung** in den Begriff des Intelligenten Netzes einbezogen, obwohl dort die relevanten Aufgaben nicht im Netz (also zwischen den Netzknoten) sondern vornehmlich in einer gesonderten Einrichtung (Rechner mit **Server-Software**) erbracht werden und keinesfalls dem Netzmonopol zugeordnet werden sollten.

Für die Würdigung des Standes der Technik ist eine solche differenzierte Betrachtung und Abgrenzung zwischen IN und Diensteverflechtung allerdings noch gegenstandslos, da gegenwärtig eine Diensteverflechtung nur in Sonderfällen wie dem des Telex-Teletex-Übergangs realisiert ist. Im übrigen wird der Verflechtung nur geringe Beachtung gewidmet, da sie im Betrieb zwischen Netzen weniger bedeutsam ist, als im Zuge der Abwicklung vieler Dienste über einen Anschluß.

1.7.2   Stand der Entwicklung

Die Entwicklung des **ISDN** und die Umstellung des Fernsprechnetzes auf digitale Signalübermittlung wurde im **Netzbereich** - d.h. zwischen Vermittlungen, nicht aber zwischen Teilnehmern und Vermittlungen - in der Bundesrepublik hinsichtlich der Zeichengabe von Anfang der Digitalisierung an gemeinsam auf einen zentralen Zeichengabekanal abgestellt. Dies entspricht auch den Empfehlungen der internationalen Gremien wie CCITT und CEPT.

Derartige Empfehlungen - und dies sei an dieser Stelle eingefügt - sind völkerrechtlich nur insoweit verbindlich, als sie in zweiseitigen Abmachungen zwischen Staaten ausdrücklich anerkannt bzw. zugrundegelegt werden. Diese Rechtssituation wird in der allgemeinen Diskussion sehr häufig übersehen oder nicht erwähnt, hat aber auf die Entwicklung der Fernmeldesysteme erhebliche Rückwirkungen. Insbesondere außerhalb Europas werden die resultierenden Variationsmöglichkeiten ausgiebig genutzt.

Für ISDN ist mit dem Zeichengabeprotokoll nach CCS No.7 ein Konzept eingeführt worden, das im Unterschied zu seinen Vorläufern im zentralen Zeichengabekanal Freiräume für neue Eigenschaften und Leistungsmerkmale beim Verbindungsaufbau und beim Netzmanagement schafft. Da die neuen digitalen Vermittlungen grundsätzlich neben dem ISDN auch für das Telefonnetz genutzt werden können, ergibt sich, daß Dienste und Dienstleistungen eines Intelligenten Netzes von Anfang an für alle ISDN-Teilnehmer verfügbar sind. Im Zuge des Ausbaus des Telefonnetzes mit ISDN-fähigen digitalen Vermittlungen können diese Dienste und Dienstleistungen auch bedingt für analoge Anschlüsse nutzbar gemacht werden.

---

[11] Krusch, W.
Neue Dienste im intelligenten Telefonnetz, Decker's Verlag, 1993.

Da gegenwärtig vor allem in den oberen (Fernnetz-) Ebenen die Umstellung auf digitale Netztechnik ohne Differenzierung nach analoger oder digitaler Anschaltetechnik beim Teilnehmer vorgenommen wird, werden zunächst die Vorteile der Zentralkanal-Zeichengabe vornehmlich den Netzbetreibern zugute kommen. Mit einer ausgedehnten Anwendung der (Dienstleistungs-) Vorteile für die Benutzer ist erst dann zu rechnen, wenn digitale Technik auch in weiten Bereichen der Ortsnetze und für Telefonanschlüsse eingesetzt wird. Dies könnte in den neuen Bundesländern wegen der besonderen Ausbaumaßnahmen eher der Fall sein als in den alten Bundesländern.

Die Zentralkanal-Zeichengabe nach CCS No.7 ist in den C- und D-Mobilfunknetzen von Anfang an vorgesehen (das C-Netz war der weltweit erste Einsatzfall dieses Zeichengabesystems). Sie wird hier z.B. auch für die Suche nach dem mobilen Teilnehmer über größere geographische Flächen (C-Netz in der Bundesrepublik realisiert, beim D-Netz europaweit vorgesehen) genutzt. Hier ist eine erste Möglichkeit gegeben, die Vorteile eines IN z.B. bei der flächenübergreifenden Teilnehmersuche auch dem Dienstenutzer zugute kommen zulassen.

Es wird häufig argumentiert, daß das Intelligente Netz mit seinen Eigenschaften nicht dem Netzmonopol unterliege - diese Feststellung ist unbestritten, zeigt aber eine wichtige Problematik auf:

Wesentliche Funktionen des IN sind an die technische Realisierung der im Netz und den Netzausläufern implementierten Signalisierungsverfahren gebunden, die vom Netzbetreiber in ihren Freiräumen im Rahmen internationaler Empfehlungen (z.B. CCITT oder CEPT) festgelegt werden. Dies kann der Betreiber im Rahmen des Netzmonopols ungehindert tun und damit de facto bestimmen, welche IN-Eigenschaften realisiert werden. Die theoretische Wettbewerbssituation kann so konterkariert werden. Es ist zur Stunde kein solcher Eingriff in der Bundesrepublik bekannt. Dies schützt aber nicht davor, daß dies bei gegebenem Anlaß geschehen könnte. Es sollte daher - soweit technisch sinnvoll - dafür Sorge getragen werden, daß der Fall eines Mißbrauchs z.B. aus technischer Opportunität erst gar nicht eintreten kann. Die Gefahr für einen solchen Mißbrauch kann man bei IN in besonderer Weise fürchten.

1.7.3   Zusammenfassende Feststellungen

__17. (Feststellung):__

Indirekt gesteuerte Vermittlungen und Zentralkanal-Zeichengabe erlauben es, die Verbindungswege innerhalb des Netzes besser zu nutzen, als in herkömmlichen Netzen.

__18. (Feststellung):__

Die zusätzlich verfügbaren Steuerkapazitäten können zur Ausweitung des Dienstleistungsangebots der Netzbetreiber genutzt werden.

19. (Feststellung):

Der klassische Begriff des Intelligenten Netzes kann durch Einbeziehen der Dienste-Verflechtung mehrdeutig interpretiert werden. Die Definition kann so gewählt werden, daß ein technisch begründeter Monopolmißbrauch erzielt werden kann.

1.8   Breitbandige Netze

1.8.1   Rückblick

Als **breitbandige Fernmeldenetze** wurden ursprünglich alle Netze bezeichnet, deren Übertragungsbandbreite die des normalen Telefondienstes von 300 bis 3400 Hz überschritt. Mit dem kommen der Digitaltechnik wurden auch die Netze mit Transportkapazitäten oberhalb von 64 kbit/s dieser Gruppe zugerechnet - obwohl im strengen Sinne diese Netze nicht "breitbandig" sein müssen. In neuerer Zeit wird der Begriff etwas enger ausgelegt, es wird nunmehr von breitbandigen Netzen erst gesprochen, wenn **Übermittlungssysteme** mit **Nutzbandbreiten** ab einem MHz oder Transportkapazitäten ab einem Mbit/s angesprochen werden sollen, wobei im Zusammenhang mit der Hierarchie der Übertragungssysteme im Digitalbereich in den angloamerikanischen Regionen der Breitbandbereich bei etwa 1,5 Mbit/s (24 Kanal **T1-Carrier**) und im europäischen Bereich bei 1,92/2,048 Mbit/s (**30/32-Kanal-PCM-Multiplex**) beginnend angenommen wird.

Historisch betrachtet sind auch die **Fernnetze** des Telefondienstes als breitbandige Netze aufzufassen, soweit dort durch **Trägerfrequenzen** oder **Zeitmultiplex**bildung mehrere Kanäle zusammengefaßt werden. Diese Systeme wurden auch schon frühzeitig für die Übermittlung von Hörfunk- oder Fernsehsignalen benutzt (z.B. im Deutschen Reich 1936 bei der Fernseh-Übertragung der olympischen Spiele und nachfolgend für die Fernsehprogrammverteilung bis zum Beginn des Zweiten Weltkrieges). Ganz allgemein und weltweit entstanden die breitbandigen Netze zunächst ausschließlich für die Verteilung von **Rundfunkprogrammen**. Hieraus entwickelte sich später der **Kabelrundfunk**. Das Schweizerische Rundspruchprogramm, das dort die Versorgung der Bevölkerung mit Hörfunk schon sehr früh bis in die Teilnehmerebene hinein aus geographischen Gründen (Abschattung der Funkwellen durch die Gebirgslandschaft) übernahm, kann insoweit als Ahnherr aller Kabelrundfunknetze gesehen werden. Aus diesem Rundspruchnetz entwickelten sich technisch gesehen in Deutschland und Großbritannien während des Zweiten Weltkrieges die Frühwarnnetze des Luftschutzes und der Luftabwehr, die - genau wie das Rundspruchnetz - im Langwellenbereich arbeiteten und über das doppeladrige Fernsprechnetz bis in die Hauptanschlußebene verbreitet wurden.

1.8.2   Stand der Technik

In den oberen Netzebenen (Fernnetz) der Fernmeldenetze für Individual- und Verteilkommunikation werden **Glasfasern** und Glasfasernetze als Substitut für **Richtfunk** und **Koaxialkabel**- (Trägerfrequenz- und Zeitmultiplex-)Systeme in großem Umfang eingesetzt. Sie werden lediglich von Satellitenstrecken in der Wirtschaftlichkeit erreicht bzw. übertroffen.

Im teilnehmernahen Netzbereich werden **Breitbandnetze** derzeit vornehmlich als **Verteilnetze** mit Koaxialkabeln konzipiert. Typisch hierfür sind die Kabelrundfunknetze mit Bandbreiten von bis zu 500 MHz, wobei eine Erweiterung bis 800 MHz bei den verlegten Kabeln bei Verkürzung der Verstärkerfeldlänge theoretisch denkbar ist. Diese Verteilnetze sind in der Lage, etwa 40 (nach Erweiterung der Bandbreite über 80) Fernsehprogramme heutiger Qualität zu übermitteln. Da bei ihnen dem Teilnehmer alle verfügbaren (eingespeisten) Programme gleichzeitig zur Verfügung stehen, ist auf sie das allgemeine **Rundfunkrecht** anwendbar. Es wird häufig argumentiert, daß sie damit auch dem **Datenschutz** in besonderer Weise entgegenkommen, da man die Hör- und Sehgewohnheiten der Benutzer nicht unmittelbar ermitteln könne.

Zu berücksichtigen ist bei Innovationen, daß die übermittelbaren Fernsehkanal-Zahlen dann beträchtlich sinken, wenn auf ihnen Fernsehprogramme mit erhöhter Qualität (z.B. **D2-MAC**, **HD-MAC** oder gar digitales **HDTV**) ohne Qualitätsverlust im Anschlußbereich abgewickelt werden sollen. Verfahren der **Redundanz-** und **Irrelevanzreduktion** könnten eine Alternative darstellen, aber nach aller Erfahrung bringt jede solche Reduktion auch **Qualitätseinbußen,** die mehr oder minder stark bemerkbar sind.

Die **Glasfasertechnik** ist gegenwärtig im Teilnehmerbereich weltweit nur in Form von Pilotprojekten bedeutsam. Man möchte mit diesen Projekten (in Deutschland beginnend mit **BIGFON**, über **BERKOM**, **VBN** bis hin zu **OPAL**) ausloten, ob langfristig eine wirtschaftliche Realisierung eines kombinierten Verteil- und Individualdienst-Netzes möglich wird. Gerade die Begrenzung in der Fernsehkanalzahl bei Koaxialkabelnetzen läßt solche Aspekte attraktiv erscheinen. Im Teil 2 werden hierzu weitere Überlegungen angestellt[12].

Generell weisen alle Untersuchungen[13] derzeit aus, daß zwar noch erhebliche Verbesserungen in der Kosten-Nutzen-Relation erreicht werden können, daß aber ein universelles Glasfaser-Breitbandnetz als Ersatz für die bestehenden Kupferdoppeladernetze im Endbereich bei den gegenwärtig gegebenen Nutzungsabsichten und Nutzungsmöglichkeiten nicht wirtschaftlich ist. Erst mit breitem Einsatz hochaufgelösten Fernsehens mit einem breiten Programmangebot, mit der Möglichkeit des **Fernsehabruf**-Angebots anstelle des verteilenden Angebots zu festen Zeiten und mit dem Zufügen eines qualitativ hochwertigen **Bildtelefon**dienstes kann davon ausgegangen werden, daß Teilnehmer-Glasfasernetze bis zum Teilnehmeranschluß (nicht Fiber to the Curbe) die vorhandenen Koaxialkabel-Verteilnetze in großem Umfang ablösen können.

Bei völligen Neuinstallationen von Fernmeldeliniennetzen im Ortsbereich, wie sie derzeit in den neuen Bundesländern massenhaft durchgeführt werden, kann der Einsatz der Glasfaser bis zum Teilnehmer eine richtige und zukunftsweisende Maßnahme sein, wenn die klare Absicht besteht, mittelfristig auf diesen Netzen erweiterte Anwendungen anzubieten.

Vor allem wirtschaftliche Großanwender von Kommunikationsdiensten für extensive **Datenübertragungsnutzungen** sollten bei Neuinvestitionen bereits gegenwärtig **private Breitbandnetze** innerhalb ihrer Organisationen in die Wirtschaftlichkeitsanalysen einbeziehen und bei Bedarf errichten und über Glasfaser- und Satellitenverbindungen untereinander vermaschen. Sowohl bei Netzausbauten in dem Umfang, wie sie in den neuen Bundesländern erforderlich werden als auch bei privaten Netzausbauten können Glasfaser-Breitbandnetze in Verbindung

---

[12] Siehe Band 16 der Reihe TELETECH NRW, Standards und Technologien der verteilten Breitbandkommunikation

[13] Siehe hierzu z.B. Tagung des Münchner Kreises und zugehörige Dokumentation zum Thema Fiber to the Home, Nov. 1990, Springer Verlag.

mit Funk- und Satelliteninstallationen sehr sinnvolle Lösungen sein. Da bei diesen Anwendungen meist der Einsatz hochratiger Datenübermittlung systembestimmend ist und Bewegtbilddienste nur eingeschränkte Bedeutung haben, sind diese Anwendungen in der Menge begrenzt.

1.8.3　　Zusammenfassende Feststellungen

<u>**20. (Feststellung)**</u>**:**

Breitbandnetze für Verteilkommunikation sind - vor allem als Kabelfernsehnetze - in Koaxialtechnik in den Industrienationen weit verbreitet.

<u>**21. (Feststellung)**</u>**:**

Glasfasernetze im Teilnehmerbereich können weder die etablierten Kupferdoppeladernetze noch die Koaxialkabelnetze allein zu wirtschaftlich vertretbaren Kosten substituieren. Sie können allenfalls unter Auswertung des Verbundvorteils und neuer Diensteangebote unter wirtschaftlichen Aspekten akzeptiert werden.

<u>**22. (Feststellung)**</u>**:**

Der Einsatz von breitbandigen Netzelementen beschränkt sich gegenwärtig vor allem auf den Netzbereich der Fernmeldenetze. Im teilnehmernahen Bereich ist ein Breitbandnetz allein beim <u>bestehenden</u> Massen-Diensteangebot nicht wirtschaftlich.

1.9　　Dienste und Endgeräte

1.9.1　　Rückblick

1.9.1.0　　Vorbemerkung

Die klassische und im wesentlichen dem derzeitigen Stand der Technik entsprechende Betrachtung geht von dienstspezifischen Netzen und Endgeräten aus. Im Bereich der Telekommunikation ist der Übergang zu diensteintegrierenden Fernmeldenetzen und Mehrdienstendgeräten in vollem Gange, verzögert sich aber in der Bundesrepublik aus zwei Gründen gegenüber den ursprünglichen Planungen:

1.　<u>Neue Bundesländer</u>
　　Der Ausbau in den neuen Bundesländern erzwingt zunächst die Konzentration der verfügbaren Kräfte in Industrie und Verwaltung auf einen Ausbau ohne die gleichzeitige Einführung neuer Dienste;

2.   <u>Diensteintegrierende Endgeräte</u>
      Es fehlen augenfällige Vorteile für den Einsatz von Endgeräten an dienste-
      integrierenden Fernmeldenetzen; im Bereich der analogen Anschlüsse werden auf
      den ersten Blick nahezu gleichwertig erscheinende Endgeräte vermehrt angeboten.

Im Bereich der (Rundfunk-)Verteildienste[14] fehlt gegenwärtig eine allgemein anerkannte und
überzeugende Konzeption. Es bestehen im Prinzip drei voneinander unabhängige Netze für die
Informationsverteilung, nämlich das terrestrische Sendernetz, das Kabelrundfunknetz und das
Satellitennetz. Alle drei Netze sind auf die derzeitigen Übertragungsstandards abgestimmt, ihr
Ausbau für neue Standards hängt stark von der zukünftigen Akzeptanz und der über sie
erreichbaren Übermittlungsqualität ab.

Die Zusammenfassung der Individual- und Rundfunkdienste in einem Netz ist gegenwärtig
nicht gegeben, wird aber bei der zukünftigen Netzgestaltung möglicherweise eine
Schlüsselfunktion erhalten. Die technischen Möglichkeiten bestehen im Zusammenhang mit
Glasfasernetzen, die bis zum Teilnehmer geführt werden.

1.9.1.1   Individualdienste

Die Entwicklung der Fernmeldedienste war im ersten Jahrhundert weitgehend an die
Entwicklung der zugehörigen **dienstespezifischen Fernmeldenetze** gekoppelt. Weltweit
entstanden so das **Telefon-**, das **Fernschreib-** und eine Reihe von **Datennetz**en. Durch sog.
Mehrwertdienste[15] konnten diese Netze dann auch für andere Dienste benutzt werden, wobei
vor allem monopolbeherrschte Fernmeldeverwaltungen diese Art der Mehrwertdienste
zunächst überaus restriktiv handhaben. Lange nachdem die technische Realisierbarkeit in
anderen Ländern bewiesen war, entstanden so in der Bundesrepublik der Bildschirmtext-, der
Faksimile- und der Datendienst über Modems im Fernsprechnetz als Mehrwertdienste.

Die dienstspezifischen Netze für Telefonie und Fernschreiben sind weltweit verbreitet. An sie
sind derzeit über 800 Mio. Teilnehmer direkt oder über **Nebenstellenanlagen** angeschaltet.
Daneben bestehen zahlreiche andere Netze für Individualdienste, z.B. Paketdatennetze, in der
Bundesrepublik das IDN, VSAT-Netze und viele andere. An das (analoge) Telefonnetz sind
weltweit über 98 % aller Endgeräte angeschaltet. Die Leistungsfähigkeit dieser analogen
Fernmeldenetze wird immer weiter ausgebaut.

Die Forderung, Netze für immer mehr Dienste nutzbar zu machen, hat seit Mitte der Siebziger
Jahre zur konkreten Arbeit an **diensteintegrierenden Fernmeldenetzen** geführt. Genau
genommen, sagt dieser Terminus nur aus, daß ein Fernmeldenetz in seiner Dimensionierung
nicht für einen einzigen Dienst optimiert wird und stets nur an die Anforderungen dieses
Dienstes angepaßt wird, sondern daß stattdessen die Übermittlungsparameter festgeschrieben,

---

[14] Vom BMPT werden auch Dienste als Verteildienste bezeichnet, die nicht Rundfunk sind, z.B. die
      Bildfunkdienste.
[15] Der Terminus Mehrwertdienst wurde ursprünglich in dem Sinne benutzt, daß in einem dienstspezifischen
      Fernmeldenetz zusätzlich eine andere Nachrichtenform - beispielsweise Telefax im Fernsprechnetz -
      eingesetzt wurde. Neuerdings wird Mehrwertdienst auch im Sinne zusätzlicher Dienstleistungen innerhalb
      eines Dienstes benutzt. Hierdurch hat dieser Terminus eine erhebliche Ambiguität erhalten.

optimiert und beibehalten werden und daß sich die Dienste an diese Parameter anzupassen haben. In diesem Sinne ist das ISDN als diensteintegrierendes Fernmeldenetz mit digitaler Übermittlung der Nutzinformation zu verstehen.

Während bei den einfachen diensteintegrierenden Fernmeldenetzen stillschweigend immer angenommen wird, daß eine Verbindung über einen physikalisch ständig existenten **Nachrichtenpfad** abgewickelt wird **(leitungsvermittelndes Fernmeldenetz)**, hat sich in den letzten Jahrzehnten als weiterer Netztyp ein Konzept etabliert, bei dem die Verbindungen nur logisch hergestellt werden **(paketvermittelndes Fernmeldenetz)**. Hierzu werden die Nachrichten in sogenannte **Pakete** aufgeteilt, jedes Paket wird mit einem Header versehen und in das paketvermittelnde Netz gesendet.

Im Prinzip ist auch der ATM (Asynchronous Transfer Mode) ein solches schnelles paketvermittelndes Verfahren mit virtuellen Verbindungen. Bei ihm sind die Transportkapazitäten sehr hoch angelegt, da die verwendeten physikalischen Übertragungsmittel eine extrem hohe Kanalkapazität haben, und die Pakete sehr klein (53 Byte) gehalten werden.

Für alle modernen Netze gilt gemeinsam, daß das **Endgerät** außerhalb des Netzes (und vor allem des Netzmonopols) liegt, während bei dienstspezifischen Fernmeldenetzen das Endgerät lange Zeit als inhärenter Teil des Netzes gesehen wurde. Im Bereich einiger Netzbetreiber - darunter auch im Bereich der DBP Telekom - werden in den früher klassisch dienstspezifischen Netzen die **Endgeräte** nicht mehr als inhärenter Bestandteil des Netzes gesehen. Dies geht soweit, daß auch Nebenstellenanlagen zulassungsrechtlich als Endgeräte behandelt werden, obwohl zumindest die Vermittlungseinrichtungen funktional Teil des Fernmeldenetzes sind. Aus dieser (neueren) Betrachtungsweise resultiert, daß die rechtlich errichteten Monopolbereiche (in der Bundesrepublik vor allem also Sprachdienst- und Netzmonopol) immer wieder erneuten Interpretationen der Grenzen dieser Bereiche ausgeliefert sind, und daß langfristig davon auszugehen ist, daß die **Monopolbereiche** fallen werden.

Wichtige technische Festlegungen für den Verkehr zwischen den Ländern und Weltregionen werden vom **CCITT** verhandelt und verabschiedet. In der Europäischen Gemeinschaft werden die von **CEPT** bzw. neuerdings dem **ETSI** festgelegten Vereinbarungen von der **GD Wirtschaft** der **EG** mehr und mehr als in der **Europäischen Gemeinschaft** gültiges Recht interpretiert. Dieser Betrachtungsweise entspricht auch, daß ursprünglich dienstspezifisch gestaltete Fernmeldenetze de facto mehr und mehr als diensteintegrierende Netze betrieben werden. So sind im Fernsprechnetz Datenübermittlung, Bildschirmtext und Telefax neben dem Fernsprechen als international definierte Dienste eingeführt, das IDN-L hat das klassische Fernschreibnetz abgelöst.

1.9.1.2   Rundfunkdienste

Seit etwa 1920 wurde mit dem **Hörfunk** eine neue Form der Nachrichtenübermittlung eingeführt, bei der akustische Nachrichten zunächst über drahtlose Sender (später auch Telefonleitungen - der sog. **Drahtfunk** oder in der Schweiz **Rundspruch** - und seit etwa 1960 über Koaxialkabel - der sog. **Kabelrundfunk**) verteilt wurden. Um 1935 wurden die akustischen Nachrichten um visuelle **Bewegtbildübermittlung** ergänzt und das so entstandene Hörfunk- und **Fernsehsystem** weltweit ausgebaut.

Gegenwärtig werden weltweit Hörfunksendungen im sog. **Lang-, Mittel-, Kurz-** und **Ultrakurzwellenbereich** flächendeckend über die ganze Erde verteilt. Ebenso ist mit der Abstrahlung über **Rundfunksatelliten** die weltweite Fernsehversorgung erreicht. Während beim Hörfunk die Dienste weltweit weitgehend einheitlich geregelt sind (Stichwort Modulationsverfahren), sind beim **Fernsehen** recht unterschiedliche Arten der Codierung im Einsatz. Dies gilt sowohl hinsichtlich der Anzahl der **Zeilen je Bild** als auch hinsichtlich der Zahl der **Bilder je Sekunde** und schließlich für die Art, mit der die Farbe übermittelt wird.

Wichtige - weltweit angewendete technische Festlegungen werden im **CCIR** verabschiedet. Für die EG hat die Rolle des Standardisierungsgremiums wiederum ETSI übernommen.

1.9.2   Diensteklassen und ihre Bedeutung

Die Vielfalt möglicher Dienste zwingt zu Klassifizierungen. Je nach Betrachtungsart können Dienste

>   nach der Art ihrer Verbreitung (z.B. **Individual-** oder **Verteildienste**),

>   nach der Art der **Abwicklung (monolog-** oder **dialogorientierte Dienste)**,

>   nach der Art der **Nachrichtenform (akustische, visuelle, alphanumerische, grafische, bildhafte** usw. **Dienste)**,

>   nach der Art der Verwaltungsabwicklung in Monopol-, Pflicht- und freie Dienste bzw. Dienstleistungen

sortiert werden. Schließlich ist - vor allem in diensteintegrierenden Fernmeldenetzen - ein weiteres Klassifizierungskriterium, ob die Art der Umwandlung einer Nachricht in transportfähige Signale

>   nach einem allgemein veröffentlichten Verfahren durchgeführt wird, so daß jeder mit jedem kommunizieren kann (sog. **Teilnehmerdienst**, englisch: Teleservice),

>   oder

>   ob ein Umwandlungsverfahren nur einer geschlossenen Nutzergruppe bekannt gemacht wird, so daß auch der Netzbetreiber die ursprüngliche Nachrichtenform nicht rekonstruieren kann (sog. **Transportdienst**, englisch: **Bearer-service**).

Im Hinblick auf die **Datenschutz**problematik bietet mithin die Nutzung der bearer-services hervorragende Möglichkeiten, bestimmte Daten sogar vor dem Zugriff der Netzbetreiber zu schützen.

Sehr bedeutsam für die Gestaltung von Endgeräten sind die Definitionen und Festlegungen, nach denen Dienste abgewickelt werden. Die Gesamtproblematik wird dadurch zusätzlich kompliziert, daß Dienste sowohl als Leistungsangebot als auch als Produkte (als deren gegenständliche Realisierung) verstanden werden und beide bisher nicht in allen Fällen klar voneinander getrennt sind. Hinzu tritt, daß Dienste, aber auch Dienstleistungen als sog. Mehrwertdienste interpretiert werden, so daß fallweise sehr kontrovers diskutiert werden kann, obwohl der Unterschied zwischen einem Dienst und einer Dienstleistung relativ klar definierbar ist.

Als akustische Dienste haben vor allem **Hörfunk** und **Telefon** weiteste Verbreitung gefunden und beherrschen die Kommunikation. Im visuellen Bereich tritt das **Fernsehen** hinzu.

Gegenüber diesen drei Diensten sind alle anderen Formen trotz teilweise erheblicher Zuwachsraten in der Menge und im Umsatz von eher vernachlässigbarer Bedeutung. Dabei muß besonders beachtet werden, daß in der Vergangenheit das Telefon die Individual-kommunikation nahezu ausschließlich beherrschte.

Der Erfolg dieser Dienste ist vor allem darin begründet, daß sie extrem leicht handhabbar und im Vergleich zu anderen Diensten im kommunikationstechnischen Wirkungsgrad besonders kostengünstig sind. Vergleichbar einfach in Handhabung und Verbreitung können vor allem Nachrichtenformen werden, die vom Menschen leicht interpretierbar sind, z.B. im visuellen Bereich das Bewegtbild (**Bildtelefon** als Individualdienst) und die Übermittlung bildnaher Grafik (**Faksimile**). In beiden Fällen visueller Dienste werden aber an die Übermitt-lungssysteme bedeutend höhere technische Anforderungen als bei akustischen oder alphanume-rischen Diensten gestellt, wenn eine akzeptierbare Dienstgüte angeboten werden soll.

Sehr häufig wird auch von non-voice-Diensten und von Datendiensten gesprochen. Eine sinnvolle Abgrenzung zwischen diesen Nachrichtenformen - sie wird in dieser Arbeit angewendet - kann dadurch geschaffen werden, daß als Oberbegriff für alle nichtsprachlichen und nicht an die Sprache gekoppelten Bewegtbilddienste der non-voice-Dienst verwendet wird, der dann auch Festbildanwendungen einschließlich Faksimile-Anwendungen, daneben die alphanumerischen (Text-) Dienste und die reinen Datendienste als weitere Klassen einschließt.

Die komplexeren Dienste - wie z.B. **Bildschirmtext** oder gar die reinen **Datendienste** - sind gegenwärtig hinsichtlich ihrer Akzeptanz schon deshalb nur bedingt in der Breite zur Anwendung zu bringen, weil ihre Nutzung spezielle Geschicklichkeiten voraussetzt, die erst allmählich von den Menschen in den technisch höher entwickelten Regionen der Erde erlernt werden. Außerdem setzen sie den Einsatz von Endgeräten voraus, die vergleichsweise ko-stenaufwendig sind und erst mit dem Kommen kleinerer und dennoch leistungsfähiger **Computer (PC)** zu wirtschaftlich vertretbaren Konditionen angeboten werden können.

Die Klassifizierung der Fernmeldedienste (akustisch, visuell, grafisch, alphanumerisch oder bit-orientiert) ist weitgehend unabhängig davon, ob sie als Rundfunkdienst oder Individualdienst angeboten werden. Allerdings werden Rundfunkdienste (auch Verteildienste genannt) nur als monologorientierte Dienste angeboten.

1.9.3   Einführung und Stand von Fernmeldediensten

1.9.3.1   Individualdienste

Gegenwärtig sind von den Individualdiensten nur der Telefon-, der Telex- und der Telefaxdienst wirklich weltweit verbreitet in Betrieb. Bei aller Zurückhaltung gegenüber den veröffentlichten Statistiken kann davon ausgegangen werden, daß nahezu jeder achte Mensch auf der Erde über einen Telefonanschluß verfügt. Dabei gibt es - trotz verstärktem Ausbau der

Netze in den industriell weniger entwickelten Regionen der Erde - noch immer krasse Ungleichgewichte zwischen den Regionen.

Auch die Lebensweise der Menschen spielt bei der Nutzung des Telefons eine bedeutsame Rolle. So ist es beispielsweise recht schwer, ohne ein funktionsfähiges Mobilfunknetz nomadisierend lebenden Menschen den Zugang zu Fernmeldenetzen technisch zu ermöglichen.

Noch viel deutlicher werden solche Einführungs- und Ausbauhemmnisse bei Diensten, für deren Anwendung besondere Geschicklichkeiten trainiert werden müssen - als Beispiel seien die alphanumerischen Diensteformen genannt, bei denen zumindest über die Alphabetisierung des Nutzers hinaus auch das Handhaben einer **Tastatur** erlernt werden muß, bevor der Dienst genutzt werden kann (von den unterschiedlichen **Schriftzeichen** und Formen der **Schriftkommunikation** erst gar nicht zu reden). Wer die Einführung der **Schreibmaschine** in der Breite vor etwa sechs bis sieben Jahrzehnten verfolgt hat und die heutigen Schwierigkeiten in Sprachräumen mit nichtalphabetischen Schriftformen verfolgt, wird diese Problematik verstehen, die bei der Einführung neuer Kommunikationsformen allzu oft übersehen wird.

Die breite Einführung des Computers in den höher entwickelten Regionen der Erde war nur möglich, weil mit dem Kommen der kleinen Computereinheiten und der Durchsetzung eines weitgehend standardisierten **Betriebssystems** (MS-DOS) eine Umwelt geschaffen wurde, die es auch durchschnittlich qualifizierten Menschen ermöglichte, mit diesem Gerät nach zusätzlicher Schulung in seiner (Berufs-)Welt umzugehen. Aber schon dort, wo Spezialinteressen sich mit breiter Publikumsanwendung treffen, gibt es erhebliche Schwierigkeiten.

Betrachtet man demgegenüber die Entwicklung des **Telefaxdienstes**, so ist leicht zu erkennen, daß dieser Dienst nutzergerecht ausgelegt ist und mit der Verkürzung der Übertragungsdauer durch Fortschritte in der Modemtechnik mehr und mehr angenommen wird. Da zugleich wegen der größeren Fertigungsstückzahlen die Preise für die Endgeräte sinken und durch die funktionale Integration des Faksimileprozesses in Computer der Dienst für Computerbesitzer zu geringsten Zusatzkosten realisierbar ist (Preisklasse wenige hundert DM, wenn auf formale Postzulassung verzichtet wird, Dienstekategorie B), ist die weitere Verbreitung nahezu vorprogrammiert. Es ist abzusehen, daß Faksimile-Geräte bei weiterer Leistungssteigerung auch in den privaten Haushalten verstärkt eingesetzt werden und damit zum zweiten Standard-Dienst neben dem Telefon werden.

Datendienste sind - teils über das Fernsprechnetz (inklusive HfD), teils über spezielle **Datennetze** (z.B. **IDN**) - verbreitet. Hier ist aber eine hohe Spezialisierung eingetreten, die die Abwicklung nicht über alle sieben Ebenen des OSI-Schichtenmodells nach einheitlichen Verfahren - wie ursprünglich beabsichtigt - erlauben.

Anmerkung:
Allein die Zahl der OSI- Protokolle in der Ebene 7 umfaßt (Stand Juni 1991) nach OSI, ECMA etc. 62 unterschiedliche Verfahren, in der Ebene 6 sind es 21 weitere Verfahren. Alle diese Protokolle sind von einem entsprechend autorisierten Gremium (CCITT, ECMA, ETSI, IEC, ISO etc.) verabschiedet. Nicht jedes dieser Protokolle ist mit jedem darunter liegenden kompatibel gehalten. Es ist leicht einzusehen, daß theoretisch allein durch Interpretation dieser beiden oberen Ebenen 1302 unterschiedliche - im Detail exakt einzuhaltende - Datenübermittlungsroutinen denkbar sind. Ein nennenswerter Teil davon wird auch tatsächlich genutzt. Dabei ist noch zu berücksichtigen, daß die in dieser Betrachtung unterstellte Annahme, daß nur zwei Ebenen die Ausprägung eines Dienstes bestimme, sehr günstig gewählt ist. Berücksichtigt man noch, daß die Anteile sich auf vier unterschiedliche Netze (Fernsprechnetz, IDN-L, IDN-P und - beginnend - ISDN) verteilen und daß insgesamt sogar sieben statt zwei **OSI-Ebenen** einen Teledienst charakterisieren, so können wegen der

daraus resultierenden unterschiedlichen Steuerungstechniken in den Ebenen eins bis drei im Netzbereich und in den Ebenen fünf bis sieben im Anwendungsbereich die real vorstellbaren Diensteformen noch höher angesetzt werden.

Im Sinne des Datenschutzes sind die gleichen Aspekte einer Vielfalt geradezu wünschenswert, da damit der unerlaubte Einblick in die Datenwelt eines anderen nachhaltig erschwert wird. Hier zeigt sich sehr deutlich ein Zielkonflikt zwischen **Anwenderfreundlichkeit** und Datenschutz. Diese Diskrepanz der Vorstellungen kann möglicherweise dadurch einer Lösung näher gebracht werden, daß schutzwürdige Nachrichtentransporte als Transportdienst mit End-zu-End-Verschlüsselung abgewickelt werden, wobei die Bedienoberfläche eines Standard-Dienstes (z.B. Telefax oder File-Transfer) für den Bediener erhalten bleiben kann.

Die Vielfalt führt auch dazu, daß Dienste erhalten bleiben, die sich genaugenommen bereits überlebt haben, da eine Kostendeckung auch über Jahre nicht erreicht werden kann, d.h. daß sie zu wenig genutzt werden und entweder zu höheren Kosten angeboten oder eingestellt werden müssen. So ist beispielsweise das IDN-P als paketvermittelndes Datennetz in seiner Gebührenstruktur nicht kostendeckend, nach Meinung einiger Experten soll der Verlust beim IDN-P in gleicher Größenordnung liegen, wie der des Kabelrundfunks. Allerdings wird dies nicht in der Literatur belegt, ein indirekter Hinweis sind aber (bis einschließlich Geschäfts-bericht 1989 der Deutschen Bundespost) die fast schon exponentiell wachsenden Zuschüsse zu den "übrigen Fernmeldediensten" (siehe. auch Teil 3, Tabelle 3.0.2.1 dieser Studie).

Auffällig ist allerdings, daß im Ausland der **Paket-Datendienst** bei niedrigeren Gebühren ertragreich betrieben wird, weil dort zeitweilig freie Leitungen der leitungsvermittelnden Fernmeldenetze genutzt werden, während die Deutsche Bundespost eigene Leitungen für IDN-P fest schaltet und damit aus dem leitungsvermittelnden Betrieb für diese Leitungen in den Hauptverkehrsstunden z.B. beim Telefonbetrieb keine zusätzlichen Erlöse erzielt. Hier dürfte u.a. die - über Jahrzehnte geübte laufbahnmäßige - Trennung in Telefonie und Telegrafie noch immer Einfluß ausüben.

1.9.3.2   Rundfunkdienste

Es wurde bereits im Abschnitt 1.9.1.2 darauf hingewiesen, daß mit wachsender <u>technischer</u> Qualität der Darbietungen die Zahl unterschiedlicher Standards, nach denen übermittelt wird, wächst. So gab es für den amplitudenmodulierten Hörfunk nur einen Codierungsstandard, für das Schwarz-Weiß-Fernsehen nur zwei Zeilen- und Bildwechselstandards, die sich wirklich durchgesetzt haben, für das Einbeziehen der Farbe werden weltweit drei (Grund-) Verfahren und etliche Varianten angewendet.

Dennoch war im Rundfunk von Anfang an Sorge dafür getragen, daß die Verfahren unter keinen Umständen die Konkurrenz auf dem Endgerätemarkt behindern (Ausnahme: die **Farbfernsehtechniken** PAL und SECAM mit ihren Varianten). Hier wurde die Trennung des Netzes von den Endgeräten bereits mit den ersten Definitionen vollzogen - dies gilt sowohl für die Sende- wie auch die Empfangseinrichtungen.

Gegenwärtig ist die Definition von Diensten vor allem

    bei digitalem Hörfunk und
    beim Fernsehen mit erhöhter Wiedergabequalität

im Gange.

Bei digitalem **Hörfunk** besteht die Sorge, daß mit seiner Einführung in erweitertem Maße mit der dann stark erhöhten Wiedergabequalität und wegen der - bei digitaler Darstellung unbegrenzt ohne Qualitätsverlust möglichen - Kopierfähigkeit der Sendung das **Urheberrecht** unterlaufen werden kann. Diese Diskussion war schon mit der **digitalen Bandaufzeichnung** in Verbindung mit der **Compact Disc** aufgekommen, wiederholt sich aber verstärkt beim digitalen Hörfunk als Quelle für Musikdarbietungen.

Beim Fernsehen ist der technische Stand als Grundlage für neue verbesserte Standards weltweit sehr unterschiedlich. Hier bestimmen die Einzelschritte und deren zeitliche Folge die Diskussion nahezu stärker als das technisch Machbare.

1.9.4   Endgeräte

1.9.4.1   Endgeräte für Individualdienste

Endgeräte für Individualdienste bestehen im Kern aus Baugruppen,

> die zum Aussenden und Empfang von Steuersignalen für den Verbindungsaufbau im Netz und zwischen Netz und Endgerät dienen

und anderen

> für das Umwandeln der ursprünglichen Nachrichtenform in vom Netz übermittelbare Signale und deren Rückumwandlung in die ursprüngliche Signalform.

Die Umwandlung schließt die Ein- und Ausgabe der ursprünglichen Signalform ein, auch ein Mikrofon wandelt Schallwellen in elektrische Signale um. Ebenso wandelt eine Tastatur Schrift in Code um. Fernhörer und Drucker können als die komplementären Rückwandler bzw. Teile davon aufgefaßt werden. Beide Baugruppen können durchaus unterschiedlich komfortabel ausgelegt werden, typisch für solche Komfortmerkmale beim Telefon sind beispielsweise im Bereich der Steuerung im Netz:

> Speicher für **Teilnehmerrufnummern**,
>
> Einrichtungen zur **Wiederholung der Wahl**,
>
> Einrichtungen, bei denen der Teilnehmer den Namen des Ziels angibt und das Endgerät oder die nachgeschaltete Vermittlung daraus die Rufnummer ableitet und wählt,
>
> Einrichtungen, um das Klingeln des Weckers in eine angenehmer empfundene Melodie umzusetzen.

Für die Nutzinformation sind andere Komfortmerkmale bekannt, z.B.

> Einrichtungen, um bei Abwesenheit eine Bandaufnahme durchzuführen,
>
> Einrichtungen, um anstelle des **Handapparates** eine **Freisprecheinrichtung** zu betreiben,

Einrichtungen, um den Handapparat ohne Handapparateschnur mit dem stationären Teil zu verbinden,

Einrichtungen, um analoge Signale in digitale Signale umzusetzen.

Ähnliche mehr oder weniger komfortable - und teilweise für den Betrieb unumgängliche - **Leistungsmerkmale** werden auch für andere Dienste eingeführt, das Spektrum und die Vielfalt sind nahezu unbegrenzt.

Die Endgeräte wurden bis in die jüngere Vergangenheit als Teil des **Dienstangebots** gesehen und nicht vom Netz getrennt. Sie unterlagen mithin sehr strengen **Zulassungsvorschriften**, die denen glichen, die der Netzbetreiber für die von ihm zu beschaffenden Komponenten zum Bau eines Fernmeldenetzes vorgab - z.B. im Hinblick auf Betriebsbereitschaft und Lebensdauer. Selbst wenn der Netzbetreiber aus Kostengründen die Beschaffung dem Benutzer überließ (z.B. bei Fernschreibmaschinen), mußten die Geräte vom Netzbetreiber (nicht einer neutralen Stelle wie inzwischen dem ZZF oder neuerdings dem BAPT) zugelassen werden. Der Netzbetreiber konnte die Zulassung nicht nur aus technischen Gründen verweigern, sondern z.B. auch aus Gründen der Logistik und damit de facto eine Herstellerauslese vornehmen.

Da die Deutsche Bundespost bis zum 01.07.1990 darauf bestand, zumindest die erste Sprechstelle an einem Hauptanschluß mit einem - sog. posteigenen - Apparat zu bestücken, waren die zugelassenen Hersteller zugleich auch die Postlieferanten, sie brauchten sich nicht an einem freien Markt zu etablieren.

In USA wurde die Trennung von Netz und Endgerät in Netzen für **Individualverkehr** mit der berühmt gewordenen Carterphone-Decision in 1968 (Lit: Use of the Carterphone Device, Decision: 13 F.C.C. 2d 430 (1967) und 14 F.C.C. 2d 571 (1968)) eingeleitet und hat sich dann über die ganze Welt verbreitet (Lit: Telecommunication in Transition: The Status of Competition in the Telecommunications Industry - Kongreßbericht - , Nov.3.1981, US Government Printing Office, Washington 1981; Sciberras & Payne: Technical Change and International Competitiveness, Telecommunications Industry, 1986 Longmann, ISBN 0-582-90208-8). Der gleiche Gedanke ist auch Grundlage der Regulierungspolitik in der EG (Lit: Grünbuch Normalization, 86-EG-361).

Die so erzielte Freizügigkeit hat zu zahlreichen Erleichterungen bei der Zulassung und beim Betrieb geführt. Erwähnt seien beispielhaft:

Mit der Kategorie B dürfen Endgeräte am Netz der Deutschen Bundespost betrieben werden, die nicht jederzeit sende- und/oder empfangsbereit sind;

es dürfen Endgeräte an einem Hauptanschluß betrieben werden, die für mehrere Dienste eingerichtet sind (sog. Mehrdienst-Endeinrichtung).

1.9.4.2   Endgeräte für Rundfunkdienste

Die strikte Trennung von Dienst und Endgerät hat neben dem Vorteil der Freizügigkeit der Be-schaffung inzwischen auch dazu geführt, daß vor allem Geräte aus dem pazifischen Raum in USA und Europa verkauft werden und die inländische Industrie in der Produktion solcher Geräte einen nahezu vernachlässigbaren Anteil hat, am Export sind sie praktisch nicht mehr beteiligt. Auf die negativen Auswirkungen dieser Situation wurde bereits unter 1.1 mehrfach hingewiesen, sie wird im Teil 3 vertiefend behandelt.

1.9.5   Zusammenfassende Feststellungen

<u>**23. (Feststellung):**</u>

Sowohl für Individualdienste als auch für Rundfunkdienste unterliegen die Endgeräte nicht dem Monopol.

<u>**24. (Feststellung):**</u>

Nur besonders einfach handhabbare Dienste mit einer extrem einfachen Schnittstelle zum Menschen konnten Massendienste werden. Die zugehörigen Endgeräte werden weltweit in Millionen-Stückzahlen eingesetzt.

<u>**25. (Feststellung):**</u>

Fernmeldedienste werden - insbesondere wenn sie von internationalen Gremien festgelegt werden - häufig viel zu nutzungsfern definiert.

<u>**26. (Feststellung):**</u>

Die verfügbaren Normen und Empfehlungen der verschiedenen Gremien lassen eine derartige Vielzahl von Dienste-Definitionen zu, daß die verschiedenen technisch sinnvollen Kombinationen kaum alle eine größere Verbreitung finden können.

1.10   Dienste-Verflechtung

1.10.1   Rückblick

Unter Dienste-Verflechtung wird im Rahmen dieses Abschnitts die Verbindung unter-schiedlicher dienstspezifischer und diensteintegrierender Fernmeldenetze - ganz besonders öffentlicher, dem Netzmonopol unterworfener Fernmeldenetze untereinander und in den privaten Kommunikations-Bereich hinein - und die Übergabemöglichkeit von einem Dienst zu einem anderen - also das Verzahnen von Diensten - verstanden. Die Diensteverflechtung unterscheidet sich von **Mehrwertdiensten** und -dienstleistungen dadurch, daß keine neuen Prozeduren, Protokolle und Verfahren geschaffen werden, sondern nur vorhandene Formen der Nachrichtenübermittlung ineinander umgewandelt oder in der Abwicklung vereinheitlicht werden. Insoweit wird die Dienste-Verflechtung in manchen Betrachtungen - vor allem aus akquisitorischer Sicht - als Untermenge der Intelligenten Netze gesehen.

Nach einigen Diskussionen haben sich die Autoren entschieden, dieser Übung nicht zu folgen, um damit darzutun, daß das Intelligente Netz Teil des Netzbegriffs und damit des **Netz-Monopols** im Sinne des EG-Grünbuchs ist, während die Dienste-Verflechtung viel mehr in den Bereich der Endgeräte, der - außerhalb des Netzmonopols angesiedelten - Dienstleistung und damit der - regelmäßig - privaten **Diensteanbieter** fällt, also nur im Sonderfall (möglicherweise bei Sprachdienstleistungen) irgendwelchen hoheitlichen Einflüssen unterliegen darf. Dies gilt umso mehr, als bereits die **Vermittlungstechnik** (mit Ausnahme der Sprache) nicht irgendeinem Monopol unterliegt, die **Zentralkanal-Zeichengabe** aber sehr wohl die Steueranreize für den monopolbeherrschten **Netzbereich** trägt.

Da derzeit nicht dem Netzmonopol unterliegende Fernmeldenetze noch keine nennenswerte Ausbreitung gefunden haben, kann deren Betrachtung bei der Würdigung des Standes der Technik entfallen.

Bei den klassischen dienstspezifischen Netzen stellte sich die Frage der Dienst- und Netzübergänge zunächst gar nicht. Sollte z.B. ein Telegramm oder Telebrief weitergeleitet werden, so wurde (und wird) es am Telefon von der Mitarbeiterin entgegengenommen und via Fernschreiben an das Zielpostamt übermittelt. Dort wird es dann wieder dem B-Teilnehmer zugesprochen und häufig erst am nächsten Tage mit der Regelpost ausgetragen. Dienst- und Netzübergang wurden vom Menschen manuell erledigt.

1.10.2   Stand der Entwicklung

Die Vielfalt neuer Dienste, die klassischen Mehrwertdienste in dienstspezifischen Netzen und die Dienste-Integration in den modernen diensteintegrierenden Fernmeldenetzen zwingen mehr und mehr dazu, die Möglichkeit der Dienstübergänge zu automatisieren. Mit wachsender Zahl verfügbarer oder theoretisch realisierbarer Dienste ist es kaum noch möglich, an allen oder fast allen Netzzugängen Endgeräte für viele praktisch eingesetzte Dienste bereitzuhalten. Vielmehr wird erst mit wachsender Zahl unterschiedlicher Kommunikationsformen mehr und mehr die Notwendigkeit resultieren, Diensteübergänge zu schaffen, die auch zugleich als **Netzüber-gänge** wirken können. Die Dienste-Verflechtung kann Nachrichten in ein dienstspezifisches Netz führen oder aus einem solchen kommende Nachrichten in ein anderes Netz weiterführen. Sie kann auch einen reinen **Dienstübergang** bewirken, wenn sich die Notwendigkeit eines Netzwechsels nicht ergibt.

Die resultierende besondere Art einer Verflechtung zwischen Fernmeldenetzen einerseits und Fernmeldediensten andererseits wird gegenwärtig in der breiteren Öffentlichkeit und teils auch in Fachkreisen noch nicht einmal diskutiert. Es kann daher nicht verwundern, daß auch in der Praxis nur sehr rudimentäre Ansätze für solche Verflechtungsstrategien verfolgt werden.

Gegenwärtig sind nur relativ wenig Diensteübergänge effektiv realisiert. Der erste Übergang entstand mit der Einführung des **Teletex**-Dienstes, als Übergang zwischen Teletex und **Telex** geschaffen wurden, um in der Einführungsphase des Teletex-Dienstes auch das Potential der Fernschreibmaschinen für Teletex-Teilnehmer nutzbar und damit den Teletex-Dienst attraktiver zu machen.

Genau genommen ist auch der Übergang aus dem ISDN in das klassische Telefonnetz ein solcher Dienstübergang, wenn er auch nicht als solcher empfunden wird. Die gesamte a/b-, X.25-, X.21-Schnittstellentechnik des ISDN ist ein Teil eines Dienste-Verflechtungskonzepts, mit dem in der Startphase des ISDN mit seinen wenigen Teilnehmern die Möglichkeit eröffnet wird, mit vergleichbaren Teilnehmern in anderen Netzen Nachrichten in der gewünschten **Nachrichtenform** austauschen zu können. Die Bedeutung dieser Verflechtungen wird stetig wachsen.

Ganz eindeutig Pilotfunktionen nehmen insoweit der **Bildschirmtext**-Dienst und der **Telebox**-Dienst wahr. Hier werden gezielt Möglichkeiten geboten, über die **Mailbox**funktion an anderen Diensten teilzunehmen, beispielsweise am Fernschreib-, Teletex- und Faksimile-Dienst, aber auch an Btx-Diensten von privaten Anbietern.

1.10.3   Zusammenfassende Feststellungen

27. (Feststellung):

Der Notwendigkeit und Bedeutung der Dienst- und Netzübergänge insbesondere für die Anwender wird gegenwärtig die ihr zukommende Aufmerksamkeit noch nicht zuteil.

2. Alternative Entwicklungsmöglichkeiten der IuK-Techniken

2.0 Allgemeine Vorbemerkungen

2.0.1 Ausgangssituation

Der Teil "Alternative Entwicklungsmöglichkeiten" soll aus einer gegebenen technischen Situation Rückschlüsse auf zukünftige Entwicklungen ableiten. Hierzu gibt es im Prinzip zwei unterschiedliche Wege:

1. Die **Extrapolation** in die Zukunft auf der Basis der Entwicklung der Vergangenheit und getroffener Vereinbarungen.

   Dieser Weg kann unterschiedliche Extrapolationsmodelle nutzen, ist aber, wenn er wissenschaftlich sauber durchgeführt wird, mathematischen Abhängigkeiten unterworfen, wobei die zugrunde gelegten Modelle zwar recht unterschiedlich sein können, die Ergebnisse aber jedenfalls berechenbar und mit mathematischen Mitteln nachvollziehbar sind. Dabei spielt es keine Rolle, wie komplex die **Extrapolationsmodelle** angelegt sind, solange hinreichende Rechnerkapazität bereitgestellt werden kann. Der Versuch, Evolutionen mit solchen Modellen vorherzusagen, ist aber häufig nicht erfolgreich, da Kreativität und neue Erkenntnisse nicht exakt extrapolierbar sind, sondern aus statistisch vorhersagbaren Zusammenhängen herausfallen. Allenfalls ist mit solchen Methoden die Wahrscheinlichkeit für das Eintreten eines nicht extrapolierbaren Ereignisses vorhersagbar, nicht aber die Art des Ereignisses selbst. Deshalb muß die Extrapolation durch eine Akzeptanzanalyse ergänzt werden.

2. Die **Akzeptanzanalyse.**

   Im Bereich der Technik ist es oft nützlicher, anstelle der Extrapolation, die ihre Unzulänglichkeit in der Vergangenheit durch zahlreiche Fehlvorhersagen erwiesen hat, von den meist empirisch gewonnenen Akzeptanzannahmen eines technischen Produkts auszugehen. Hierbei ist die Akzeptanzschwelle umso niedriger, je besser ein Produkt an die Verhaltensweisen und erlernten Fähigkeiten des Menschen adaptiert wird und je höher der unmittelbar erkennbare Nutzen für den Menschen ist.

Der Versuch der Extrapolation als Vorhersagemittel ist zwar der rationellen Denkweise zugänglicher als der zweite Weg der Akzeptanzannahme, dennoch werden auf der Extrapolation aufbauende Entwicklungen häufig zu Flops. Hierfür gibt es vor allem zwei Gründe:

   Zum einen vernachlässigt diese Methode, wie bereits erwähnt, den Einfluß kreativen Denkens, der ja häufig zu nicht extrapolierbaren Ergebnissen führt,

   zum anderen können diese Modelle von Mitbewerbern allzu leicht nachvollzogen werden; somit entfällt im Wettbewerb das Überraschungsmoment vor allem dort, wo Innovation nicht primär von Kreativität abhängt.

Durch falsches Vorgehen werden leicht wertvolle Ressourcen vertan und Entwicklungskapazitäten unnötig gebunden. Dies gilt im übrigen auch für die Vergabemethoden bei Forschungssubventionen.[16] Bei ihnen wird angestrebt, den Erfolg der **Subvention** im Wege der extrapolativen Vorhersage schon bei der Vergabe zu sichern, um so eine politische Rückendeckung für den Verbrauch öffentlicher Mittel zu erreichen. Der wissenschaftliche - und in der Folge wirtschaftliche - Erfolg bleibt bei solchen Vorgehensweisen vor allem in denjenigen Regionen vergleichsweise gering, die hoch entwickelt sind.

Im Bereich der IuK-Techniken hat sich die Forschung und Entwicklung in Europa vor allem deshalb besonders subventionierungsbedürftig herausgestellt, weil hier die fehlende Möglichkeit der Kostenaufteilung der **Technologieentwicklung** auf mehrere Produktsparten stärker als z.B. in der asiatischen Region wirksam wird. Es werden z.B. in der Informationstechnik nur die - hinsichtlich der Stückzahl - schmalen Bereiche der **Telekommunikation** belastet. Die **Unterhaltungselektronik** (mit ihren großen Stückzahlen je Produkt) und die **Datenverarbeitung** tragen praktisch nicht zur **Kostendeckung** für Technologieaufwendungen bei. Der (mögliche) Synergieeffekt wird in Europa und teilweise auch in USA kaum oder gar nicht genutzt.

Wichtige Ursachen für diese Situation in der europäischen Region sind nach Meinung der Verfasser:

> zu große Abhängigkeit der staatlichen Förderungsmaßnahmen von industriellem Einfluß in der Entscheidungsphase;

> zu große Abhängigkeit der (unabhängigen) Forschung an Hochschulen und Großforschungseinrichtungen von externen Geldgebern infolge des Drucks auf die Wissenschaftler, sich **Drittmittel** zu beschaffen;

> zu geringe **Risikobereitschaft** der öffentlichen Hand, **Forschungsmittel** auch für weniger sichere - bedingt spekulative (häufig besonders kreative) - Vorhaben zu gewähren;

> zu sehr formalisiertes Vorgehen nach **verwaltungstechnischen Vorgaben** an der Forschung an den wissenschaftlichen Hochschulen und - vor allem - den **Großforschungseinrichtungen**, als deren Folge z. B. oft die "Betriebszugehörigkeit" höher bewertet wird als echte wissenschaftliche Pionierleistung;

> Versuch der Abwälzung von durch die Industrie zu erbringende Entwicklungsleistungen z.B. in der Halbleitertechnologie, der Unterhaltungselektronik etc. auf irgendwelche subventionierten Vorhaben- vor allem auch über die **EG**.

Es ist nur natürlich, daß man in der Industrie Arbeiten, die im Grenzbereich zwischen Forschung und Entwicklung liegen, lieber durch staatlich subventionierte Vorhaben finanzieren läßt, als durch Eigenmittel. Dabei besteht dann aber die latente Gefahr, daß auch Vorhaben vom Steuerzahler subventioniert werden, deren Ergebnisse eindeutig vorhersehbar sind, weil sie in anderen Regionen schon gelöst sind oder kurz vor der Lösung stehen. Ein typisches Beispiel hierfür ist die Förderung der DRAM-Speicher oder die Subventionierung von **D2-MAC** und **HD-MAC**, obwohl vergleichbare bzw. sogar technisch ausgereiftere Verfahren

---

[16] Die finanzielle Forschungssubvention wird hier als Teil des größeren Komplexes der Forschungsförderung verstanden.

andernorts bereits in der Praxis erprobt werden.

Bei der folgenden Behandlung der alternativen Entwicklungsmöglichkeiten zum **ISDN** und damit indirekt der gesamten Informationstechnik werden beide Verfahren (Extrapolation und Akzeptanzanalyse) angewendet, um eine gute und chancenreiche Vorhersage zu erreichen. Dabei wird auch darauf hingewiesen, wenn im Ausland Projekte bereits in einem fortgeschrittenen Zustand sind, die dann in Europa oder Deutschland nicht noch einmal in Angriff genommen werden sollten. Umgekehrt wird aber auch aufgezeigt, wo die eine oder andere Vorhersagemethode neue Felder eröffnet, die Erfolgsaussichten bieten könnten.

2.1   Schlüsseltechnologien für die IuK-Techniken

2.1.1   Mikroelektronik

Bereits bei der Würdigung des Standes der Technik wurde auf die Bedeutung der Mikroelektronik als eine der wesentlichen Schlüsseltechnologien für die Informationstechnik und deren mißlicher Wettbewerbsposition im Vergleich zu den pazifischen Ländern hingewiesen.

Ansätze einer (im Prinzip notwendigen) Forschungsförderung im Mikroelektronikbereich müssen davon ausgehen, daß mit ihnen eine Schlüsselposition gestärkt wird, ohne Konkurrenzüberlegungen zu fördern. Es ist förderlich, Strategien auszuarbeiten, die in alternative - kreativ beherrschte - Richtungen gehen. Dabei sollte z.B. eine Extrapolation der erreichbaren **Integrationsgrade** über der Zeit - wie sie in vielen Publikationen dargestellt wird (z.B. HighTech 9/1991) - nur als Ergänzung und Ausgangsmaterial in den Entscheidungsprozeß einbezogen werden.

Unter solchen Prämissen könnten zukunftsweisende F&E-Aktivitäten für den Halbleiterbereich sein:

a)   Systematische Analyse von **Marktsegmenten** (oder -nischen), die von den Wettbewerbern noch nicht oder unzureichend besetzt sind;

b)   Suche nach **Technologien**, die das Herstellen von **Mikroelektronikbauteilen** verbilligen, vereinfachen oder ökologischer gestalten;

c)   Entwickeln neuer **Verfahren**, um entscheidend höhere Integrationsdichten oder **Arbeitsgeschwindigkeiten** bzw. kleinere **Energieaufwendungen** je Zelle zu erreichen, als sie durch Extrapolation aus bestehenden Technologien und Verfahren herleitbar sind[17].

    zu a)
    Die **Halbleitertechnik** in Europa und USA hat ein erhebliches Know-how in der rationellen Herstellung von Bauteilen, deren Integration nicht durch vielfaches Wiederholen der gleichen Baugruppe (RAM, Register o.ä.) bestimmt wird, sondern bei denen

---

[17] In diesem Zusammenhang sind in letzter Zeit (Mitte 1992) erfolgversprechende Ansätze für räumliche Halbleiteranordnungen von IBM, aber auch vom MPI für Festkörperelektronik in Stuttgart bekannt geworden.

unterschiedliche Technologien miteinander verbunden werden müssen, um das erstrebte Verhalten zu erreichen. Eine aus diesem Know-how resultierende Nische sind beispielsweise IC´s für die Nachrichtentechnik einschließlich der Unterhaltungselektronik, außerdem und sehr ausgeprägt der Bereich der **Halbleitersensoren**. Hier liegen aussichtsreiche Arbeitsfelder für die Wissenschaft und die herstellende Industrie. Werden solche Gebiete als **Schlüsseltechnologien** verstanden, so kann man mit ihnen auch den konkurrierenden Hersteller von Massenprodukten zur Kooperation zwingen, da seine Position angreifbar wird. Er ist dann nämlich auf entsprechende Gegenlieferungen angewiesen.

zu b):
Der Energieverbrauch für die Herstellung von Halbleitern ist - über den gesamten Herstellprozeß gesehen - sehr hoch. Da gerade bei der Herstellung von Silizium-Einkristallen - aus denen dann die Scheiben zum Herstellen der **Chips** geschnitten werden - die deutsche chemische Industrie eine gute Position hat, wäre es sinnvoll, neue Verfahren der Einkristallherstellung zu erarbeiten oder z.B. Wege zu suchen, die Ausbeute bei **Gallium-Arsenid**-Einkristallen zu erhöhen.

Schließlich werden immer wieder **amorphe Halbleiterstrukturen** als energiesparende Technologien für das Herstellen von (einfacheren) Halbleiterbauteilen erwähnt. Ob und inwieweit solche Arbeiten aussichtsreich erscheinen, sollte von unabhängigen Experten beurteilt werden; hinsichtlich der photovoltaischen Elemente scheinen derartige Strukturen sehr beachtliche Verbesserungen gebracht zu haben. Seit neuestem werden auch molekulare Strukturen in der Literatur wieder stärker beachtet.

Auch der Einsatz an Chemikalien während des gesamten Herstellprozesses von Halbleitern kann wahrscheinlich noch verbessert werden (Stichwort: **Umweltbelastung**). Schließlich sei auf die große Erfahrung in der **Reinstraumtechnik** verwiesen, die einige mittelständische Unternehmen im Zusammenhang mit der Entwicklung von hochempfindlichen Umweltanalysegeräten oder in der **Kerntechnik** gewonnen haben.

zu c):
Sinkender Energiebedarf beim Einsatz und wachsende Arbeitsgeschwindigkeit sind zwei beherrschende Eckpfeiler der modernen Halbleiterentwicklung und der zugehörigen Forschung. Hier sind aussichtsreiche Arbeitsfelder für die Grundlagenforschung gegeben, beispielsweise bei der dreidimensionalen Anordnung von Halbleiterschichten anstelle der Planartechnik, bei Technologien der Wärmeabfuhr und Wärmeverhinderung in dicht gepackten Halbleiterstrukturen oder im Bereich der elektromagnetischen Störverhinderung innerhalb des Bauteils u.s.w..

Würde man Fördergelder der EG verstärkt in derartige Arbeiten investieren, statt einen Wettlauf um die größte Speicherkapazität je Chip einzuläuten, der ohnehin wegen des pazifischen Vorsprungs in diesem (und wahrscheinlich auch im nächsten) Jahrzehnt nicht einzuholen ist, so wäre es wahrscheinlicher, daß europäische Halbleiterbauteile im pazifischen Raum ebenso unverzichtbar eingesetzt werden müßten, wie wir auf pazifische Bauteile angewiesen bleiben werden.

Diese Beispiele sollen zeigen, daß erfolgversprechende Ansätze für eine Teilnahme am Halbleitermarkt durchaus vorhanden sind, aber in aller Regel nicht verfolgt werden.

2.1.2 Ein- und Ausgabetechniken

2.1.2.0 Vorbemerkung

Im ersten Teil der Studie wurde bereits darauf verwiesen, daß neben der Halbleitertechnik vor allem die Displaytechnik und die vornehmlich feinwerktechnisch bestimmten elektromechanischen Baugruppen in der Informationstechnik hohe Wertschöpfungsanteile haben und - soweit erkennbar - behalten werden. Werden die Massenspeicher - bezogen auf die Verarbeitungseinheiten - den I/O-Techniken zugeordnet, so ergeben sich in diesem Bereich besonders große Möglichkeiten, zu bestehenden Entwicklungstrends neue alternative Wege einzuschlagen, die dann die Möglichkeit eröffnen, auch neue Produkte auf den Markt zu bringen und die Position der Informationstechnik in Europa zu stärken.

2.1.2.1 Displays für die flüchtige Darstellung

Bei den **Displays** für die flüchtige Darstellung wurde schon bei der Würdigung des Standes der Technik darauf verwiesen, daß hier vor allem Regionen im Vorteil sind, die auch den Markt der Fernsehtechnik bedienen und daß die **Bewegtbilddarstellung** entscheidend diesen Technikbereich beeinflußt.

Bei sehr langfristigen Ansätzen, die die höchstauflösende und die räumliche Darstellung (3D-Bild) einschließen, könnte gegenwärtig noch ein Feld für die Forschung im Rahmen der bildhaften Darstellung ohne Sehhilfen (z.B. Farbbrillen) gegeben sein. Hier hat das Heinrich Hertz Institut in Berlin bereits anläßlich der Funkausstellung 1986 - also vor nunmehr sechs Jahren - erste Standbilddarstellungen mit geriffelten Projektionsschirmoberflächen gezeigt[18]. Außerdem könnten Abbildungen in semilichtdurchlässigen Kammern oder nach dem Prinzip der **archimedischen Spirale** weitere Ansatzpunkte für Forschungsarbeiten in der Displaytechnik sein.

Schließlich sind in Verbindung mit Flachdisplays Arbeiten aussichtsreich, anstelle der bildpunktartigen Auflösung bei der Wiedergabe die Ganzbilddarstellung zu wählen und so die Flackereffekte zu verringern. In diesem Zusammenhang könnte z.B. der Bildspeicher auf der Rückseite des Flachdisplays aufgedampft werden und dann das gesamte Display auf einmal aktiviert werden. Dies entspräche in der optischen Wirkung dann etwa der Darstellungsart, die wir von der Filmwiedergabe gewohnt sind.

Solche Arbeiten sind aber nur dann auch wirtschaftlich erfolgversprechend, wenn sie synchron mit Anstrengungen gekoppelt werden, entsprechende **Fernsehtechniken** bis zur Marktnähe zu entwickeln und damit einen bedeutenden informationstechnischen Marktsektor mit Massenfertigung zurückzuerobern. Insoweit setzen technologische Untersuchungen auch voraus, daß nachfolgend eine sinnvolle Anwendung gleichermaßen forciert wird.

2.1.2.2 Massenspeichersyteme

Im Bereich der Massenspeichersysteme ist seit der Einstellung der Fertigung von Fest-

---

[18] die nunmehr in Asien weiterentwickelt werden

plattenlaufwerken bei BASF in Europa keine nennenswerte Aktivität mehr vorhanden. Es erscheint auch wenig ratsam, auf den bekannten und angewendeten Prinzipien der Massenspeichertechniken eine eigenständige Fertigung aufbauen zu wollen - der Know-how-Vorsprung der pazifischen Region (und der amerikanischen Westküste) ist wohl kaum einzuholen.

In Europa ist ein weltmarktfähiges und genutztes Potential bei der Magnetbeschichtung von Datenträgern vorhanden. Bei der Produktion von zugehörigen Schreib-/Lesegeräten wird aber der feinwerktechnische Rückstand deutlich.

Die erkennbare Entwicklung in der Informationsverarbeitung und auch ihrer Anwendungen in der Telekommunikation wird aber dazu führen, daß in Zukunft Massenspeichersysteme benötigt werden, deren Zugriffszeiten drastisch niedriger als die der derzeit bekannten Systeme liegen, die darüber hinaus noch größere Speicherkapazitäten und höhere Zuverlässigkeit haben, als die derzeitigen Systeme. Hier bieten sich einige alternative Ansätze in Bereichen, die gegenwärtig weltweit kaum bearbeitet werden.

Bei den Massenspeichersystemen wurde im Forschungsinstitut der AEG in Ulm bereits vor vielen Jahren (vor und um 1975) an einem holographischen Massenspeicher mit Niob-Legierungen und Laserein- und -ausgabe (**holographischer Speicher**) gearbeitet. Soweit bekannt, wurden die Arbeiten inzwischen eingestellt. Es erscheint sinnvoll, die Arbeiten an diesem oder ähnlichen Forschungsobjekten wieder aufzunehmen bzw. fortzuführen.

Offensichtlich entwickelt sich allerorten eine Wiederbelebung der dreidimensionalen Technologien, die längerfristig auch die **Planartechniken** im Halbleiterbereich ablösen könnten. Dies gilt auch für die Bilddarstellung.

Soweit bekannt, wird dieses aussichtsreiche Gebiet von den größeren ausländischen Unternehmen derzeit nicht bearbeitet. Auch über entsprechende intensivere projektbezogene Hochschulforschungen in Europa liegen den Verfassern keine Erkenntnisse vor.

2.1.2.3   Schreibende Ausgabegeräte

Bei den schreibenden Ausgabegeräten ist im Bereich der Drucker in Europa derzeit keine nennenswerte Forschungsaktivität zu erkennen. Der technische Vorsprung bei den Matrix- und Ganzseitendruckern ist auch so groß, daß ein Versuch, hier erfolgreich in den Wettbewerb einzutreten, wenig Erfolgsaussichten bietet.

Hingegen könnten **Plotter** mit elektronischer Belichtung (Stichwort: Vektordrucker) durchaus auch in Verbindung mit **Faksimile-** bzw. **Standbildübermittlung** eine Alternative zu den recht umfangreichen **Laser-** und **Inkjet-Drucktechniken** eröffnen. Solche Geräte könnten sich beispielsweise an den **Laserbelichtungsgeräten** des grafischen Gewerbes orientieren (z.B. Agfa Compugraphic oder Linotype), bei denen die Bundesrepublik noch eine beachtliche Weltmarktposition hält. Schließlich sei darauf verwiesen, daß die schreibenden Ausgabegeräte in wachsendem Umfang durch Software modifizierbar werden (s. z.B. der Übergang von der HP-LaserJet-Emulation zu **Postscript**).

Es könnte möglich sein, daß eine geschickte Kombination von Hard- und Software hier zu neuen, kleineren und leistungsfähigeren Produkten führt. Da in Nordrhein-Westfalen in

Belecke ein Zentrum für das Herstellen optischer semipermanenter Halbleiterspeicher (z.B. Selenwalzen für Kopiergeräte und Laserbelichter) bestand, könnte die Aufnahme neuer Forschungsvorhaben gerade in NRW erwogen werden.

Da die etwas komplexeren Telekommunikationsendgeräte vielfach mit schreibenden Ausgabeeinrichtungen ausgestattet sind (z.B. Telefax), besteht die Gefahr, daß der bisher fühlbare Verlust an Marktanteilen auf diesem Gebiet langfristig und schleichend zum Verlust des gesamten Telekommunikationsendgerätemarktes führt und damit eine weitere Säule der Informationstechnik wegfällt. Für diese These könnte im übrigen auch sprechen, daß neuerdings außereuropäische Anbieter den Endgerätemarkt für Mobilfunk als potentielles Geschäftsfeld erkannt haben,(siehe Teil 3).

Wie schnell sich hier Entwicklungen vollziehen, möge daraus hergeleitet werden, daß bei der ersten Fassung dieser Arbeit noch der Vorschlag unterbreitet wurde, ein Kombinationsgerät von Laserdrucker, Scanner, Faksimile- und Kopiergerät zu entwickeln. Inzwischen wird ein derartigen Vorstellungen nahekommendes Gerät von asiatischen Anbietern am Markt angekündigt.

2.1.2.4   Lesende Eingabegeräte

Die lesenden Eingabegeräte bieten derzeit aus Sicht der Verfasser keinen erkennbaren Ansatzpunkt für weitergehende Arbeiten. Hier hat, ähnlich wie bei der pixelorientierten Grafikausgabe vor allem Japan durch den Zwang, keine zeichenorientierte Schrift für seine Dokumente verwenden zu können, einen eindeutigen Marktvorteil. Dieser Marktvorteil führt in der Folge auch zu einem kaum aufzuholenden Vorsprung in der Video-, Kamera- und Faksimiletechnik, die ja ebenfalls vielfältige Synergien mit diesen Geräten haben. Allenfalls die sog. OCR-Technik[19] kann durch neue Software verbessert werden.

2.1.2.5   Tastaturen, Mäuse und Digitizer

Bei diesen Eingabemitteln sind für die Verfasser keine spektakulären Entwicklungen oder Entwicklungsmöglichkeiten erkennbar. Da auch die Wertschöpfung hier vergleichsweise gering ist, können keine erfolgversprechenden Alternativen unterbreitet werden.

In Verbindung mit den neueren Lap- bzw. Palmtop-Computern wird die sog. Pen-Eingabe, bei der Handschrift anstelle einer Tastatur als Eingabemittel angewendet werden kann, favorisiert. Hier könnte - vor allem für den ungeübten Schreibmaschinen-Schreiber - eine interessante Alternative entstehen, es darf aber angenommen werden, daß die Tastatureingabe und das automatische Dokumentenlesen über optische Eingabemedien für die professionelle Computernutzung die beherrschenden Eingabeverfahren bleiben.

---

[19] OCR = Optical Character Recognition

2.1.3   Optische Informationstechnologien

2.1.3.1   Glasfasertechnik

Bei den optischen **Informationstechnologien** besteht vor allem im Bereich der optischen **Nachrichtenübermittlung** - d.h. bei den **Glasfasern**, den **Sendelasern** und **Empfangs-detektoren** und den **Übermittlungsverfahren** - derzeit eine befriedigende technisch-wirtschaftliche Position der deutschen Forschung und der Industrie. Dieser Zustand ist dadurch bedingt, daß deutsche Forschungsinstitute sowohl auf Seiten der Industrie (z.B. das DB-Forschungsinstitut in Ulm) als auch der staatlichen Institutionen sehr frühzeitig mit Forschung und Entwicklung begonnen haben. Neuere weitreichende Arbeiten (z.B. **optische Heterodyne-Übermittlung,** kohärente Verfahren, optoelektronische Verstärker) müssen die erworbene Position für die nächsten Jahre weiter absichern, möglicherweise können diese Arbeiten sogar noch intensiviert werden.

Es ist zusätzlich notwendig, frühzeitig Überlegungen und Konzeptionen zu erarbeiten, wie der Einsatz der Glasfaser-Informationsübermittlung in weit verzweigten Teilnehmernetzen initialisiert werden kann, wobei wiederum mehrere Technologieaufgaben zu einer bis zum Endprodukt reichenden Zielsetzung zusammengefaßt werden müssen, um erfolgreich operieren zu können. Hierzu werden im dritten Teil der Arbeit die technisch-wirtschaftlichen Zusammenhänge und die vorstellbaren Alternativen und möglichen Folgen dargestellt.

2.1.3.2   Optische Informationsverarbeitung

Im Gegensatz zur optischen Informationsübermittlung sind die Aktivitäten im Bereich der optischen Informationsverarbeitung in Europa wenig ausgeprägt. Die optische Informationsübermittlung führt bereits mit einem Minimum an optischer Informationsverarbeitung zu wesentlich kostengünstigeren Lösungen. Hieraus resultiert die primäre Bedeutung der optischen Informationsverarbeitung, die schnell wirtschaftlich wirksam werden kann, sobald ein technologischer Durchbruch erreicht ist. Demgegenüber bleibt der optische Computer als Anwendung der optischen Informationsverarbeitung wohl auf absehbare Zeit ein Fernziel.

Nach Jahren eines relativen Stillstandes sind in den letzten Jahren einige Entdeckungen im Bereich der optischen Informationsverarbeitung - zu guten Teilen mit Niob- und Erbium-Verbindungen, aber auch anderen Elementen - gemacht worden, die sowohl das Herstellen einfacher logischer Verknüpfungen als auch analoger und digitaler Signalverstärker auf optoelektronischer Basis in den Bereich technischer Machbarkeit rücken. Hier besteht - im Bereich strategischer Forschung - ein erheblicher Aufholbedarf, zumal sich aus USA und Japan die Erfolgsmeldungen häufen - ein Indiz für die Intensität, mit der auch dort gearbeitet wird. Bedeutsam ist in diesem Zusammenhang auch, daß zwischen der optischen Informationsverarbeitung und der optischen Nachrichtenübermittlung beträchtliche Synergiefelder bestehen, erwähnt seien beispielhaft die Anwendungen der kohärenten Optik und - an den Übergangsstellen zur Elektrik - der Optoelektronik.

Es sei an dieser Stelle darauf verwiesen, daß entsprechende Ausbildungsmöglichkeiten außerhalb der Industrie in Deutschland noch weitgehend fehlen.

2.1.4 Softwaretechnik

2.1.4.0 Vorbemerkung

Im Bereich klassischer Programmiertechniken ebenso wie bei den kommunikationsspezifischen Programmiertechniken ist der Ausbildungsstand in der Praxis in Deutschland zufriedenstellend. Dies gilt allerdings nur soweit, wie außerhalb Deutschlands entwickelte Programmiersprachen und Softwaretools eingesetzt werden.

Die schulische Ausbildung ist hingegen ungenügend. So sollte jeder Absolvent mit einem höheren Abschluß als dem der Hauptschule Grundkenntnisse in der Bedienung von Computern während der Schulausbildung vermittelt bekommen. Ein Abiturient sollte zumindest die logisch bedingten Abläufe innerhalb eines Computers kennen und verstehen - selbst wenn er anschließend eine nicht-technische Ausbildung anstrebt. Abiturienten mit Weiterbildungsabsichten im naturwissenschaftlich-technischen Bereich (einschließlich Biologie und Medizin) sollten darüber hinaus zumindest vertiefte Kenntnisse in einer Programmiersprache als Voraussetzung zur Zulassung zum Hochschulstudium (vergleichbar dem Latinum für andere Studienrichtungen) nachweisen. Es ist - im internationalen Vergleich - bedrückend, daß Ingenieurstudenten an Hochschulen selbst gängige Programmiersprachen wie FORTRAN oder PASCAL noch kursmäßig lernen müssen.

Bei der Entwicklung von neuen effizienteren Programmiersprachen (z.B. bei selbststrukturierenden Sprachen und in der sog. Assoziativ-Ebene der **"Künstlichen Intelligenz"**) und bei fortgeschritteneren Programmierhilfen (z.B. Tools) besteht hingegen erheblicher Software-Werkzeug-Bedarf, wenn die wachsenden Anforderungen an Softwareprodukte mit näherungsweise konstantem Personalaufwand befriedigt werden sollen. Ebenso besteht - und dies vor allem auch in Verbindung mit der Telekommunikation - keine verläßliche Technik der **Softwareverifikation**. Viele Ausfälle zentraler Netzknoten sind beispielsweise auf nicht ausreichend verifizierte - d.h. gegen Fehlverhalten in unerwarteten Situationen überprüfte - Software zurückzuführen. Aber auch in der Verkehrsführung, bei der Steuerung kritischer Prozesse z.B. in der Chemie, der Luftfahrt oder der Kerntechnik werden derartige - gegenüber dem gegenwärtigen Stand erweiterte - Verifizierungsmöglichkeiten dringend benötigt.

Mit dem Herauskommen von **Windows** 3.0/3.1 und **MS-DOS** 5.0, UNIX-X-Windows, Motif etc. wurde mit **SAA** eine betriebssystemübergreifende einheitliche Bedienoberfläche für Computer geschaffen, die weit über die von (Basic-) UNIX und im Telekombereich gebotenen Möglichkeiten in Bezug auf Einfachheit der Bedienung hinausgeht und dem **Personal Computer** neue Einsatzgebiete öffnet, die bisher nur speziell geschultem Personal vorbehalten blieben. Die hieraus resultierende geschäftliche Basiserweiterung beim Einsatz von dezentralen Kleincomputern und der Ausbau des ISDN werden dazu führen, daß aus der Kombination ein erheblicher Zusatzmarkt entsteht, der dann aber auch auf der deutschen Sprache[20] aufbauen muß, um wirklich vielen Berufstätigen den Computer als Werkzeug und nicht als Spezialmaschine anzudienen. Hier fehlen noch weitgehend Aktivitäten, die von kleinen und mittleren Unternehmen erbracht werden können.

---

[20] Dies bedeutet nicht, daß eigene Computersprachen zu entwickeln sind, sondern daß die SAA-Oberfläche mit sinnvollen deutschen Texten zu gestalten ist.

2.1.4.1   Einsatz von Software in der Vermittlungstechnik

In Verbindung mit dem Ausbau der rechnergesteuerten Vermittlungssysteme, dem Aufbau von Netzknoten in Intelligenten Netzen und der möglichen Gestaltung von Personal Communication Networks[21], bei der Steuerung von Nutzpfaden über virtuelle Verbindungen (z.B. in Verbindung mit ATM) wird der Softwareaufwand in der Vermittlungstechnik bzw. deren Nachfolgesystemen erheblich anwachsen. Dabei ist die intelligente Datenbankverwaltung (Stichwort Artifical Intelligence) über im Netz verteilte Datenbanken ebenso bedeutsam wie die schnelle Handhabung von Verbindungen für sog. Datenbursts, wie sie in breitbandigen Netzen vor allem von Rechner zu Rechner bzw. von Terminal zu Zentralrechner zu übermitteln sind. Derartige Software- und Hardwareanforderungen werden dann besonders aufwendig, wenn im Falle des Mobilfunks auch noch die Probleme des Wechsels von Funkfeldbereichen oder gar des Wechsels von einem Netz in ein anderes in die Suche einzubeziehen ist. Für derartige Aufgaben sind derzeit noch nicht einmal befriedigende hard- und softwaretechnische Grundkonzepte zur Realisierung der einschlägigen Spezifikationen bei Masseneinsatz entwickelt, es könnte durchaus sein, daß ihre Lösung zeitweilig am Fehlen solcher Prinzipien scheitert.

Die Mittel der objektorientierten Programmierung genügen nach gegenwärtigem Allgemeinstand für Massenanforderungen dieser Art bei weitem nicht. Erste Ansätze sind in den Assoziativ-Techniken zu vermuten, die beispielsweise in den fortgeschrittenen Varianten der automatischen Sprachübersetzer wie z.B. SYSTRAN eingesetzt werden.

2.1.4.2   Kommunikationssoftware für Endgeräte

Im Bereich der Mensch-Maschine-Schnittstelle ist bei der Mehrzahl der computerorientierten Fernmeldedienste ein weiterer signifikanter Mangel der Softwareentwicklung feststellbar. Fast alle Datenbanken - beispielsweise die Telebox 400 (nach CCITT-Protokoll X.400) oder der Bildschirmtext - sind hinsichtlich der Bedienerführung mehr als spärlich ausgestattet. Da die Akzeptanz derartiger Abrufdienste entscheidend von der Bedienerführung abhängt, kann es nicht verwundern, daß in Deutschland der Btx-Dienst nur etwas über 300.000 Teilnehmer hat, während in Frankreich fünf Millionen Benutzer an diesem Dienst teilnehmen.

Es ist dringend erforderlich, anwendergerechte Schnittstellen - z.B. SAA-Bedienoberflächen - derart zu nutzen, daß sich ihrer sowohl die verarbeitenden als auch die übermittelnden Zweige der Informationstechnik bedienen können. Dabei sollten vor allem die allgemein zugänglichen Dienste sowie einige Grundfunktionen der Datentechnik - also Textverarbeitung, einfache (Adreß-) Datenbanken und einfache Tabellenkalkulationen - aus integrierten Softwarepaketen nach dieser Schnittstelle harmonisiert konzipiert sein, um die Akzeptanz dieser Dienste wie auch die Unterweisung während der Berufsausbildung zu erleichtern. Im Bereich der Datenverarbeitung beginnt sich diese Vorgehensweise mehr und mehr zu etablieren (z.B. Works for Windows von Microsoft), in der Telekommunikation besteht in der Dienstegestaltung ein erheblicher Nachholbedarf.

---

[21] Der Terminus Personal Communication Network (PCN) wird in dieser Arbeit im weiten Sinne interpretiert. Er ist nicht nur an Mobilfunk geknüpft, sondern umfaßt auch mögliche technische Entwicklungen, die es gestatten, drahtgebundene Netzzugänge zu "personifizieren", beispielsweise durch eine Karte, die dem Netz mitteilt, wo sich die gesuchte Person gerade aufhält und somit den Aufbau von Verbindungen zu ihm ermöglicht.

Verglichen mit der Dringlichkeit, solche hinsichtlich der Bedienroutinen einheitliche Abläufe über die gesamte Informationstechnik zu schaffen, sind andere Arbeiten z.B. bei der Umwandlung von pixelorientierten Darstellungen in vektororientierte Grafiken und weiter in eine zeichenorientierte Darstellung (**OCR-Technik**) erneut aus Sicht der Telekommunikation anzugehen, wie dies vielerorts versucht wird. Mit Programmen wie Corel Draw, Omnipage etc. ist hierfür eine Basis für die derzeit erreichte Leistungsklasse von Kleincomputern erreicht, die nur schwer ohne Erweiterung im Bereich der Hardwarekomponenten überboten werden kann, wenn man nicht auf extrem langsame Verarbeitungsgeschwindigkeiten kommen will.

Dies darf aber umgekehrt nicht durch übertriebene Gründlichkeit dazu führen, daß als Folge einer solchen Entwicklung bei institutionellen Anwendern nur noch Softwarepakete nach einem solchen Konzept beschafft werden dürfen, sondern die Oberfläche sollte aus ihrer Einfachheit und Übersichtlichkeit heraus dazu führen, daß jedermann sorgfältig prüft, ob ein Abweichen sinnvoll ist und ab wann neue technische Möglichkeiten dies geraten erscheinen lassen. Allzu formales Beharren auf einer einmal gefundenen Lösung kann auch die Fortentwicklung behindern.

2.1.5 Synergienutzung

Die Bearbeitung des Feldes "Alternative Entwicklungsmöglichkeiten" hat den Verfassern bei der Detailarbeit erneut gezeigt, in welch starkem Umfang die Feinwerktechnik in ihren verschiedenen Technologievarianten das kostengerechte Hervorbringen informationstechnischer Geräte beeinflußt. Dabei hat die Feinwerktechnik bestimmenden Charakter bei fast allen Technologiefeldern, die vorstehend behandelt wurden. Ohne die Beherrschung der Feinwerktechnik können weder Maschinen zum Herstellen von Halbleiterbauteilen noch die Halbleiterbauteile selber produziert werden. Stepper- und Belichtungseinrichtungen, Kontaktierautomaten als Werkzeuge sind ebenso wenig darstellbar wie die Bauteile selber, die mit feinwerktechnischer Präzision im Mikronbereich und weit darunter positioniert, beschichtet, belichtet und geätzt werden müssen. Auch die Sputtertechnik - einst Domäne schweizer Feinstwerktechnik - gehört zu diesen Disziplinen.

Noch bedeutsamer sind die feinwerktechnisch dominierten Präzisionsantriebe - beginnend bei den elektromechanischen Wandlern über die Verzahnungstechniken bis hin zu den Bremseinrichtungen. Das Beherrschen dieser Techniken bestimmt die Qualität von Videorecordern, Camcordern, Druckern, Faksimilegeräten, optischen und magnetischen Massenspeichern und Geräten der Regeltechnik.

Die Beispiele zeigen die Bedeutung der synergetischen Arbeitstechniken, wie sie insbesondere im pazifischen Raum gepflegt werden, in Europa hingegen weitgehend mißachtet werden.

2.1.6   Zusammenfassende Hypothesen und Bewertungen

---

28.   (Hypothese):

Die Erhaltung von Arbeitsplätzen kann in einer auf internationalem Handel und Warenaustausch basierenden Wirtschaft nicht durch Subventionierung bereits andernorts etablierter Technologien erreicht werden.

Vielmehr muß eine breite Endproduktebasis und eine Spitzenposition in ausgewählten Technologiebereichen angestrebt werden, die nur durch Kreativität, wissenschaftliche Pionierleistungen und unternehmerischen Mut - weniger durch politisch motivierte Subventionen - erreicht werden kann.

---

29. (Bewertung):

Im Vergleich zur Halbleitertechnik werden die übrigen für die Informationstechnik zumindest ebenso bedeutsamen Technologien - insbesondere die Diplay- und Feinwerktechnik - in der Technologiediskussion weit untergewichtet repräsentiert. Dennoch können in diesen Bereichen - vor allem auch durch Synergienutzung - erhebliche Wertschöpfungspotentiale aktiviert werden.

---

30. (Bewertung):

Bei den Schlüsseltechnologien sind nur wenige bedeutungsarme Bereiche nicht so weitgehend von anderen Industrieregionen besetzt, daß ein erfolgreicher Wieder-Eintritt kurzfristig ohne eine zugehörige Endproduktepolitik möglich erschiene. Die Bundesrepublik ist nur noch in wenigen für die Informationstechnik bedeutsamen Technologiebereichen in starker Position vertreten.

Auch die Positionierung des EG-Raumes ist diesbezüglich als schwach zu bewerten. Die noch vor fünfundzwanzig Jahren herausragende Technologieposition Europas im Bereich der Informationstechniken ist weitgehend verloren gegangen.

---

31. (Bewertung):

Die Software-Entwicklungstechniken (z.B. Computer Aided Software Engineering, assoziative KI-Techniken) sollten noch nachhaltiger in der Lehre und der Praxis gefördert werden. Es besteht sowohl in der Lehre als auch in der mittelständischen Industrie ein beachtliches Know-how-Potential, das eine gute Grundlage bietet.

32. (Bewertung):

Die in Europa vorhandenen Erfahrungen in der Reinstraumtechnik, der Analyse-technik, der Präzisionsoptik und ähnlicher Arbeitsgebiete in der Anwendung beim Umweltschutz, der Kerntechnik etc. sollten auf synergetische Anwendungsfelder bei der Herstellung von Halbleiterbauteilen und deren Vor-produkten analysiert werden. Resultierende Produkte sollten am Weltmarkt angeboten werden.

33. (Bewertung):

Forschung und Entwicklung auf dem Gebiet räumlicher Massenspeicher - mög-lichst ohne mechanisch bewegte Teile (z.B. mit Lasertechnik und holographisch beschriebenen und gelesenen Kristallen) - bietet wegen des absehbaren Bedarfs z.B. in verteilten Datenbanken eine Chance, ein eigenständiges Technologiefeld zu eröffnen.

34. (Bewertung):

In der Displaytechnik kann im Bereich der Flachbildschirme die flächenhafte Darstellung anstelle der punktweisen Bildwiedergabe zu neuen Technologien für die Bildwiedergabe führen.

35. (Bewertung):

Im Bereich der optischen Informationsverarbeitung kann das bei der optischen Nachrichtenübermittlung erworbene Know-how dazu führen, daß in der For-schung verstärkte Anstrengungen unternommen werden, den - noch einholbaren - Rückstand auszugleichen und ein neues Technologiefeld zu erschließen.

2.2 Alternativen zum und innerhalb des ISDN

2.2.0 Vorbemerkung

Eine vollständige Analyse von möglichen Alternativen muß sowohl die Alternativen zum als auch die alternativen Entwicklungsmöglichkeiten innerhalb des ISDN betrachten. Dabei wird in diesem Abschnitt nur das **Transportsystem** ISDN betrachtet, nicht aber die auf diesem Trans-portsystem abwickelbaren Leistungen. Dies ist etwa dem Konzept der Autobahn- und Straßenplanung vergleichbar, ohne daß schon konkrete Aussagen über die dort fahrenden Transportmittel getroffen werden. Die Berücksichtigung der Transportmittel kann nur insoweit einbezogen werden, als Transportkapazitäten und deren physikalische Erscheinungsformen festgelegt werden, für die das jeweilige Transportsystem ausgelegt sein soll. Darüber hinaus ist es nötig, nicht nur die unmittelbar definierbaren Transportkapazitäten zu bedienen, sondern auch die absehbaren zukünftigen Entwicklungen angemessen zu berücksichtigen. Insoweit besteht eine enge Wechselwirkung dieses Abschnitts zum Abschnitt 2.9 und zu den bereits behandelten Abschnitten 1.2 und 1.9 Schließlich ist auch zu berücksichtigen, daß sich Substitutionspotentiale ergeben, die ihrerseits erst in Teil 3 behandelt werden.

Da über das ISDN sowohl Sprache (als Monopoldienst) als auch andere (nichtsprachliche) Dienste abgewickelt werden, die Verbindungsleitungen andererseits dem Netzmonopol unterliegen, ist das gesamte Netz in der Praxis quasi als Monopolnetz zu sehen, da die nicht dem Monopol unterliegenden Komponenten technisch kaum vom Monopolbereich zu trennen sind. Das Thema der Monopol- und Wettbewerbsdienstleistungen wird unter 2.9 behandelt.

2.2.1   Alternativen zum gewählten ISDN-Konzept

Bereits im Abschnitt 1.2 wurde die Richtigkeit des ISDN-Konzepts festgestellt insoweit die Integration unterschiedlicher Dienste in einem einzigen Fernmeldenetz betroffen ist. Deshalb ist das Konzept der ersten beiden Buchstaben (IS) von ISDN als richtig einzustufen. Der Ausbau **dienstspezifischer Fernmeldenetze** kann im Zeitalter wachsender Anforderung an die unterschiedlichen **Nachrichtenformen**, die übermittelt werden sollen, nicht mehr begründet werden. Die Möglichkeit der **Dienste-Integration** ist eine essentielle und unverzichtbare Voraussetzung für die Planung und Konzipierung zukunftsweisender Nachrichten-Transportsysteme. Einzige Beschränkung sollte allenfalls die dem Transportpfad zugrunde gelegte Transportkapazität sein. Die Zulassung und Einführung der klassischen **Mehrwertdienste** (z.B. Telefax, Datenfernübertragung mit Modems, Bildschirmtext) im **Fernsprechnetz** hat die Richtigkeit dieser Annahme bereits im Vorfeld der ISDN-Planung bestätigt.

Während also die Frage der Dienste-Integration uneingeschränkt zu bejahen ist, ist die Frage der **Digitalisierung** nicht unter allen Aspekten gleichermaßen uneingeschränkt zu beantworten. Die Meinungen - auch der Fachwissenschaftler - sind hierzu geteilt. Wer z.B. die Fortschritte in der Modementwicklung verfolgt, wird leicht erkennen, daß - zumindest im Prinzip - für den Benutzer rein **analoge Fernmeldekanäle** bei vorgegebener Bandbreite unter bestimmten Randbedingungen gleiche oder gar höhere Transportkapazitäten als eine digitale Verbindung bieten können, wenn keine digitalen Netzabschnitte zwischengeschaltet sind und das verfügbare Signal-Rauschleistungsverhältnis von der Quellcodierung des Analog-Digital-Umsetzers nicht voll genutzt wird.

Bei allen unterschiedlichen theorieorientierten Betrachtungen von analogen und digitalen Techniken als Basis der Übermittlungs- und Speichertechniken ist andererseits zu beachten, daß digitale Schaltungstechniken derzeit bei gegebener Halbleitertechnik besonders kostengünstig herstellbar sind. Insoweit ist die **digitale Übermittlungstechnik** - vor allem auch im Hinblick auf die Verzahnung der (vermittlungstechnischen) Steuerungsmittel mit der Übertragungstechnik - derzeit die wirtschaftlichste Möglichkeit, Fernmeldenetze mit definierten Transportkapazitäten technisch zu realisieren. Digitale Speichertechniken erlauben darüber hinaus das Verarbeiten von Information mit besonders kostengünstigen Verfahren.

Derzeit steht die **Bandbreitenökonomie** nur in wenigen Randbereichen der Nachrichtentechnik im Vordergrund von Entscheidungen, da mit den Glasfasern und Satelliten hinreichende **Transportkapazitäten** bezogen auf den Bedarf bereitgestellt und erst zu einem kaum bezifferbar kleinen Bruchteil genutzt werden können (die derzeit wichtigste Ausnahme ist der

Mobilfunk). Sollte aber mit neuen Nachrichtenformen - vor allem im Bereich der höchstwertigen **Bewegtbildkommunikation** und deren Individualisierung - der Bedarf an Transportkapazität für Nachrichten überstark ansteigen, so könnte der Aspekt der Bandbreitenökonomie (vor allem in den oberen Netzebenen) erneut an Bedeutung gewinnen, so wie dies nach dem Zweiten Weltkrieg ein bedeutender Gesichtspunkt bei der Definition der Fernsehnormen für die terrestrische Funkverteilung schon einmal der Fall war.

Solange also das Transportkapazitäts-Angebot für Nachrichten bei leitergebundenen Fernmeldenetzen - wie gegenwärtig - den Bedarf bei weitem überschreitet, ist die digitale Nachrichtenform als Grundform der Nachrichtenübermittlung aus wirtschaftlichen Gründen zu bevorzugen, da die Schlüsseltechnologien - allen voran die Halbleitertechnik - in digitaler Ausführung kostengünstiger herzustellen sind, als in analoger Technik, bei der ja bekanntlich neben der Bandbreite (Arbeitsgeschwindigkeit) auch die **Linearität** hohen Ansprüchen genügen muß (dies gilt im übrigen neben den Halbleiterbauteilen auch für Glasfaserleitungen). Die übrigen technischen Eigenschaften der **Digitaltechnik** - z.B. einfache Regenerierbarkeit, weitgehende Unabhängigkeit von Leitungsdämpfungen, Störspannungssicherheit - verstärken beim gegenwärtigen Stand der Technik diese Argumente weiter.

Die klassischen Fernmeldenetze - und dies gilt auch für ISDN - sind dialogorientiert aufgebaut, d.h. jede Verbindung besteht zumindest aus einem Hin- und einem Rückkanal. Bei der Sprachübermittlung wird in aller Regel nur die Kapazität eines dieser beiden Kanäle genutzt, da der hörende Partner nur selten dem sprechenden Partner ins Wort fällt. Außerdem entstehen bei Sprache erhebliche Sprachpausen, die allerdings abhängig von der gewählten Landessprache sehr unterschiedlich sein können. **Digitale Sprachinterpolation (DSI)** erlaubt mit sehr einfachen Mitteln, je nach Größe eines Leitungsbündels dieses gegenüber seiner Leitungszahl bis zum Dreifachen mit Verbindungen zu belegen - eine Reserve, die derzeit völlig ungenutzt ist.

Um die installierten Transportkapazitäten des ISDN optimal zu nutzen, ist auch auf die anzuwendende Technik für Verbindungsaufbau und **Netzmanagement** zu achten. Insoweit ist es wirtschaftlich sinnvoll, die vorhandenen Netzkapazitäten für Nutzinformation (im ISDN derzeit also die **Grundkanäle** von 64 kbit/s) so stark wie möglich mit **Nutzinformation** auszulasten, bevor weitere Kanäle hinzugefügt werden. Daher sollten die Steuermöglichkeiten der **zentralen Zeichengabekanäle** vordringlich dahingehend genutzt werden, daß eine **weitspannende Verbindungssteuerung** planungstechnisch vorgesehen wird. Nach Meinung der Verfasser gehört der reine (auch weitspannende) Verbindungsauf- und -abbau als Zeichengabe (und damit Teilmenge der Signalisierung) zu den Grundaufgaben der Steuerung eines Fernmeldenetzes, von **Intelligenz** sollte erst bei weitergehenden Steuerungsvorgängen - wie z.B. der intelligenten (auch zeit- und verkehrsabhängigen) **Leitweglenkung**, der erweiterten Gebührenerfassung (Service 130, Service 190, **Gebührenumlenkung** mit Kreditkarten u.ä., **R-Gespräch** etc.) und der **Rufweiterschaltung** über das gesamte Netz (erweiterter **GEDAN**) gesprochen werden (siehe auch Abschnitt 2.7). Ordnet man den weitspannenden Verbindungsaufbau noch den Grundaufgaben zu, so wird hiermit auch der resultierende Nutzungszuwachs dem normalen Netzbetrieb zugeteilt. Zum weitspannenden Verbindungsaufbau zählt im Bereich der DBP Telekom im Zusammenhang mit der **Zentralkanal-Zeichengabe** das Prüfen im Steuernetz, ob eine Verbindung vom **A-Teilnehmer** bis zum **B-Teilnehmer** ohne die Gefahr eines **Gassenbesetztfalles** hergestellt werden kann und die Meldung, ob der B-Teilnehmer frei ist. Sinnvoll - im Sinne einer Optimierung der Nutzungszeit der Nutzkanäle - wäre es darüber hinaus, zu prüfen, ob und wann der **B-Teilnehmer** aushängt und erst dann die Verbindung effektiv zu schalten, um so auch die **Blindzeit** der Verbindung während der

Rufzeit zu eliminieren. Dies ist aber derzeit noch nicht vorgesehen, obwohl es technisch machbar ist, da im **Teilnehmeranschlußbereich** ohnehin das **Aushängen** überwacht wird.

Folgendes Modell kann die erzielbare Effektivitätssteigerung durch Zentralkanal-Zeichengabe in etwa verdeutlichen:

> Geht man davon aus, daß 18 % aller **Belegungszeiten** in einem klassischen Fernmeldenetz mit Nummernschalterwahl Blindzeiten in dem Sinne sind, daß Verbindungsabschnitte belegt werden, ohne daß hierfür **Gebühren** erzielt werden, so wird bei der vorgesehenen Betriebsweise der Zentralkanal-Zeichengabe etwa ein Drittel dieser Verlustzeiten durch die **Blockwahl** im Zentralkanal-Bereich, ein weiteres Drittel durch die **Freiprüfung** vor dem Herstellen der **Nutzverbindung** eliminiert. Nicht eliminiert wird hingegen die **Rufzeit**, die mit etwa einem weiteren Drittel zu veranschlagen ist. Dennoch werden die **Blindzeiten** nicht vollständig kompensiert, da ja ein geringer Rest verbleibt, der daraus entsteht, daß sich möglicherweise inzwischen der **Netzbelegungszustand** verändert hat und sich zwischen dem Prüfen der Verbindungsmöglichkeit und der tatsächlichen Herstellung der Verbindung ein Gassenbesetztfall durch Belegungen Dritter ergeben kann. Dieser verbleibende Anteil kann mit etwa 1 % aller Blindzeiten angenommen werden.

Vor allem mit der Nutzung des ISDN für Verbindungen zwischen automatisch reagierenden Endgeräten - z.B. Faxgeräte, Computer etc. - wird die Blindzeit infolge Rufdauern reduziert, da ja nach Anlegen des Rufs beim B-Teilnehmer bei diesen Diensten sofort die Verbindung hergestellt wird. Da derartig automatisch ablaufende Dienste regelmäßig mit Blockwahl von Endgerät zu Endgerät durchgeführt werden und weiterhin die **Verbindungsdauer** regelmäßig weit kürzer ist als bei Verbindungen zwischen Menschen, sind die Verhältnisse hinsichtlich der Steuerungsbelastung je erfolgreicher Verbindung sehr unterschiedlich im Vergleich zu dienstspezifischen Fernmeldenetzen.

Auch hierzu sei eine Betrachtung angestellt:

> Es kann sehr allgemein davon ausgegangen werden, daß eine Verbindung mit Blockwahl bei Zentralkanal-Zeichengabe von Endstelle zu Endstelle mit 99 % Wahrscheinlichkeit national in weniger als einer Sekunde und international in weniger als zwei Sekunden hergestellt ist, wobei eventuelle Zusatzlaufzeiten über Satellitenstrecken nicht berücksichtigt sind (Grundlage der Dimensionierung des Zentralkanalzeichengabesystems CCS No.7). Die mittlere **Verbindungsdauer** je Gespräch liegt derzeit weltweit bei etwa 100 Sekunden, sie dürfte bei automatischen Verbindungen und guter Nutzung der verfügbaren Transportkapazitäten für nichtsprachliche Kommunikation auf eine Größenordnung von 10 Sekunden sinken. Derzeit sind nur etwa 3 % der an das ISDN angeschalteten Endgeräte für automatischen ISDN-Verkehr ausgelegt, die Zahl wächst aber überproportional zum Wachstum der Teilnehmerzahlen. Es kann davon ausgegangen werden, daß mit dem Bereitstellen eines 64 kbit/s-Faxgeräts zu tragbaren Kosten, des verbreiteten File- und Message-Transfer über ISDN mit 64 kbit/s und einem Teletex-Nachfolger mehr als 50 % aller ISDN-Endgeräte für automatischen Verbindungsauf- und -abbau ausgestattet sind. Es ist weiter zu diesem Zeitpunkt davon auszugehen, daß mehr Verbindungen für

automatischen Verkehr als für manuellen Verbindungsaufbau geschaltet werden müssen. Nimmt man sehr zurückhaltend an, es sei die gleiche Zahl von Verbindungen, so verringert sich die mittlere Belegungsdauer je Endgerät im ISDN von derzeit knapp hundert Sekunden auf rund fünfundfünfzig Sekunden, die Zahl der Belegungen, die die Zentralkanal-Zeichengabesysteme abarbeiten müssen, verdoppelt sich hingegen. Dies bedeutet, daß die Steuerungen im Netz immer leistungsfähiger werden müssen und die Kosten hierfür nicht mehr zwangsläufig durch das gegenwärtig gültige Gebührenschema abgedeckt werden. Bei einer mittleren Belegungsdauer von 10 Sekunden je automatischer Verbindung können selbst bei hohen Datenschutzanforderungen zumindest 50 kByte Code übertragen werden - dies entspricht z.B. rund 25 Seiten Schreibmaschinentext in der Textdichte der vorliegenden Studie oder drei Seiten DIN-A4 im Faksimilemode.

Dieses Modell zeigt, daß mit wachsendem Anteil nicht-sprachlicher Kommunikation die **mittlere Belegungsdauer** je Verbindung absinken wird. Zugleich aber ist davon auszugehen, daß mit verstärktem Einsatz von ISDN die materielle Postübermittlung im Postdienst immer weniger konkurrenzfähig ist. Hierfür sprechen weitere Gründe:

1. Die klassischen Postdienste werden immer teurer.
2. Die klassischen Postdienste sind vergleichsweise langsam, da
   Leerungszeiten und Auslieferung nicht häufig genug erfolgen.
3. Der Transport materieller Schriftstücke benötigt mehr
   Energie als der Transport auf elektronischem Wege.

Es ist davon auszugehen, daß mit steigenden Kosten der gelben Post die elektronische Nachrichtenübermittlung ihren Anteil am gesamten Nachrichtentransport vergrößern wird. Hierzu kommt zusätzlich, daß neue Formen der Kommunikation - allen voran wahrscheinlich die elektronische Bewegtbildübermittlung als **Bildfernsprechen** (siehe hierzu Kapitel 2.9) - erweiterte Transportkapazitäten erfordern wird.

Zum ISDN nach CCITT-Definition als universell einsetzbarem flächen- und mengendeckendem Fernmeldenetz gibt es somit derzeit aus wirtschaftlicher Sicht keine sinnvolle Alternative.

Wahrscheinlich wird die Entwicklung zum ISDN mit höherer Transportkapazität (sog. **Breitband-ISDN**) und die Entwicklung neuer Übermittlungstechniken zu gegebener Zeit - und vor allem im Hinblick auf höhere Transportkapazitäten - schon in absehbarer Zeit neue und noch wirtschaftlichere Lösungen des Übermittlungsproblems anbieten können.

Ebenso sollte diese Aussage dazu führen, technische Verbesserungsmöglichkeiten innerhalb des ISDN-Konzeptes stetig zu verfolgen und einzuführen. So ist z.B. - um einen konkreten Hinweis auf eine solche Verbesserung zu geben - der Energiebedarf je Nachrichtenübermittlungsvorgang vergleichsweise hoch und in den letzten Jahren, seit Einführen der Elektronik sogar insgesamt weiter gestiegen. Es ist eine dringende Forderung, Anstrengungen zu unternehmen, um den **Energiebedarf** für Nachrichtensysteme zu reduzieren. Welche Wirkungen vor allem im teilnehmernahen Bereich der Fernmeldenetze hier auch mit scheinbar geringen Einsparungen erreicht werden können, möge ein Beispiel aus der Zeit der Entwicklung der Ortszeitzählung demonstrieren:

Seinerzeit sollte zum Erkennen des Ortstarifs auch im Knotennetzbereich der Fernebene je 1. Gruppenwähler eine Schaltung zugefügt werden, die 1 mA Strom verbrauchte. Der zuständige Sachbearbeiter wies die von der Industrie vorgeschlagene Lösung zurück und forderte eine stromsparende Lösung. Es gab einige Aufregung bei den Entwicklern namhafter Häuser, aber schließlich konnte mit einer kleinen integrierten Schaltung der Dauerstrom auf 1 µA reduziert werden. Bei seinerzeit (um 1973) installierten 10 Mio 1.GW, einer Betriebsspannung von 60V und einem Wandlerwirkungsgrad von 40% für die Umsetzung von 220V Wechselspannung auf 60V Gleichspannung konnten so 1500 kW stündlich eingespart werden, wobei wegen der technisch teuren Spannungswandler und der Batterienotstromversorgung das Bereitstellen einer kWh auch noch ein Investitionsvolumen von über 10.000 DM erforderte - also 15 Mio. DM Investitionen zusätzlich gespart wurden.

2.2.2   Die Schnittstellenproblematik

Im Rahmen der ISDN-Entwicklung entsteht eine große Unsicherheit bei den Nutzern dadurch, daß immer wieder die benutzerseitigen **Schnittstellen** als vorläufig und einem Wandel unterworfen dargestellt werden. Richtig ist tatsächlich, daß auf dem Wege zum weltweit einheitlichen ISDN scheinbar ständig neue **Benutzer-Schnittstellendefinitionen** auftauchen. Die vier bedeutsamsten in diesem Zusammenhang seien stichwortartig aufgezählt:

1.   **Schnittstelle nach 1TR6**
      der DBP Telekom, derzeit Grundlage aller S_0-Anschlüsse an das öffentliche Netz und aller Endgeräte, die an das öffentliche ISDN-Netz in Deutschland angeschaltet werden dürfen. Es ist die nationale ISDN-Schnittstelle. Die Schnittstelle ist vom gewählten Transportverfahren auf der Anschlußleitung unabhängig.

2.   **Schnittstelle U_{P0}**
      des ZVEI für Nebenstellenanlagen, eine Schnittstelle, die nur firmenspezifisch zwischen Herstellern von Telekommunikationsanlagen abgestimmt wurde. Endgeräte dieser Art können nur an entsprechend ausgelegte Nebenstellenanlagen angeschaltet werden und binden den Anwender an die Herstellergruppe. Sie entspricht weder einer europäischen (ETSI) noch einer weltweiten (CCITT) Empfehlung oder Vorschrift. Die Schnittstelle ist vom Transportverfahren auf der Anschlußleitung abhängig. Bei bestimmten Anwendungen im non-voice-Bereich kann die U_{P0}-Schnittstelle eines Herstellers nicht mit der U_{P0}-Schnittstelle eines anderen Herstellers kompatibel sein.

3.   **Schnittstelle nach ETSI,**
      die als Obermenge zur nationalen Schnittstelle nach 1TR6 verstanden werden kann. Sie ist bei ETSI fertig definiert und wird in 1992 verabschiedet. Mit ihrer Bereitstellung ist ab 1993 zu rechnen. Die DBP Telekom hat verbindlich erklärt[22], daß sie diese Schnittstelle neben der 1TR6 anbieten wird und daß in Sonderfällen am gleichen ISDN-Anschluß sowohl 1TR6 als auch Euro-ISDN

---

[22] anläßlich der Normentagung im BMPT, 01./02.10.91

Korrekturblatt

zu Plank/Kaderali,
Informations- und Kommunikationstechniken, 1. Auflage 1993

Friedr. Vieweg & Sohn, Braunschweig/Wiesbaden
ISBN 3-528-06573-7

Auf Seite 15 fehlen die nachfolgenden zwei Zeilen:

Hypothesen sind den Feststellungen nahekommende Arbeitsergebnisse, die sich aus der
Extrapolation früherer Ergebnisse, aber auch aus Absichtserklärungen oder anderen in die

betrieben werden kann. Die Schnittstelle ist vom Transportverfahren auf der Anschlußleitung unabhängig.

4. Die (diskutierte) **Schnittstelle "Euro-U$_{P0}$"**
    könnte möglicherweise als weitere ISDN-Schnittstelle eingeführt werden; die EG beabsichtigt derzeit, einen Untersuchungsauftrag an ETSI über deren Machbarkeit zu erteilen. In Fachkreisen wird allerdings am Erfolg einer solchen europaweit einheitlichen U-Schnittstelle sehr gezweifelt, da auf der physikalischen U-Ebene die verschiedenen Länder sehr unterschiedliche Verfahren anwenden. Die Schnittstelle ist vom Transportverfahren auf der Anschlußleitung abhängig.

Zu den Anschlüssen mit Schnittstellen nach 1, 3 und 4 sind oder werden (bzw. im Falle 4 würden) jeweils auch entsprechende **Primärmultiplex-Anschlüsse** für eine Bitrate von 2.048 Mbit/s mit definiert, so daß Telekommunikationsanlagen unmittelbar an diese Schnittstelle für 32 Kanäle je 64 kbit/s angeschaltet werden können. Die Euro-ISDN-S$_0$-Schnittstelle wird bereits gegenwärtig von 26 Betriebsgesellschaften in 20 europäischen Ländern anerkannt - dies sind alle Länder außer dem ehemaligen Ostblock, der die Teilnahme signalisiert hat.

Dem Benutzer ist zu raten, derzeit für seine Endgeräteanschaltung jedenfalls auf die S$_0$-Schnittstelle zurückzugreifen, da ihre Kompatibilität mit der Euro-S$_0$-Schnittstelle im Netz der DBP Telekom garantiert und - bei Verfügbarkeit eines verabschiedeten Protokolls für die Euro-S$_0$-Schnittstelle - ein Mischbetrieb vorgesehen ist.

Es sei darauf hingewiesen, daß die S$_0$-Schnittstelle im Vergleich zur ZVEI-U$_{P0}$-Schnittstelle für Telekommunikationsanlagen für dort in der Praxis auftretende Anschlußleitungslängen überdimensioniert und daher teurer ist. Dennoch ist die beschaffungstechnische Sicherheit bei der Anwendung der S$_0$-Schnittstellen und die Möglichkeit, Geräte mit S$_0$-Schnittstelle an jeder ISDN-fähigen Telekommunikationsanlage und an jedem ISDN-Hauptanschluß gleichermaßen betreiben zu können, höher zu bewerten als die erzielbare Einsparung an der Anschlußdose. Es sollte bei der Beschaffung einer Telekommunikationsanlage daher darauf geachtet werden, daß neben der U$_{P0}$-Anschaltetechnik auch die U$_{K0}$-Anschaltetechnik mit nachfolgender S$_0$-Schnittstelle vom Anlagenhersteller geliefert wird.

2.2.3   Zusammenfassende Bewertungen und Empfehlungen

36. (Bewertung):

Zum ISDN gibt es im Bereich der drahtgebundenen individuellen Massen-Nachrichtenübermittlung aus wirtschaftlicher Sicht derzeit keine Alternative, obwohl rein technisch auch andere Möglichkeiten der Nachrichtenübermittlung (z.B. Frame-Relay etc.) gegeben sind.

> **37. (Bewertung):**
>
> Im Teilnehmeranschlußbereich sind die universellen S_0-Schnittstellen gegenüber anderen Schnittstellen wegen der Universalität der Anschaltemöglichkeiten und ihrer Zukunftssicherheit zwar teurer, aber zukunftsicher und herstellerneutral.

> **38. (Empfehlung):**
>
> Die S_0-Schnittstelle in der jeweils neuesten Form sollte bei der Beschaffung von Endgeräten und Telekommunikationsanlagen wegen ihrer Herstellerunabhängigkeit bevorzugt werden.

2.3   Alternativen bei Lokalen Netzen

2.3.1   Weiterentwicklung der LAN-Technik

Schon gegenwärtig zeichnet sich ab, daß die Verbreitung lokaler Netze im Bereich der Datenübermittlung weiter wächst. Der wachsende Anteil computergestützter Informationsbe- und -verarbeitung, die mehr und mehr computergestützte Disposition und Lagerhaltung im produzierenden und handelnden Gewerbe, aber auch die Datenbanktechnik in Verwaltung und im Bereich Handel, Banken und Versicherungen führt nahezu zwangsläufig dazu, die vorhandenen LAN auszubauen und neue einzurichten.

Die technische Weiterentwicklung von **LAN** wird im wesentlichen durch eine Erweiterung der verfügbaren Übermittlungskapazitäten gekennzeichnet sein, wobei der derzeit erreichte Stand durch verstärktes Einbeziehen von Glasfasertechnik noch erheblich ausgebaut werden kann. Die derzeitig nutzbare Übermittlungskapazität von bis zu einigen hundert Mbit/s kann noch um einige Größenordnungen erhöht werden, falls sich ein entsprechender Bedarf ergibt.

2.3.2   Verbindung von LANs untereinander

Mit steigender Nutzung der LAN als innerbetrieblichem Kommunikationsmittel wird deren Untereinanderverbindung über größere Entfernungen dringlicher, zumal auch die Unternehmensstrukturen, die Aufteilung der Unternehmen in lokal getrennte Unternehmenseinheiten und die Vernetzung der Dispositionsstellen von untereinander unabhängigen Unternehmen (Zuliefer- und Just-in-Time-Problematik) solche Kommunikationsmittel erzwingt.

Da die **Datenübermittlung** eine Teilmenge aller Arten der **Nachrichtenübermittlung** ist, ist für die Kombination aller dieser Aufgaben vom Grundsatz her dasjenige Netz optimal, über das auch Sprache und Verbindungen für andere nichtsprachliche Nachrichtenformen abgewickelt werden. **Dienstspezifische Netze** - und reine **Datennetze** wie z.B. LAN sind ebenso dienstspezifisch wie das **Telefonnetz** - können nur dort wirtschaftlich eingesetzt werden, wo bei diensteintegrierenden Lösungen das Einbeziehen einer weiteren Nachrichtenform zu erheblichen Mehrkosten führen würde.

ISDN wurde unter dem Aspekt geschaffen, nichtsprachliche Nachrichtenübermittlung über die gleichen Installationen abzuwickeln wie die Sprache und dadurch den Verkehr "weltweit Jeder mit Jedem" effektiver zu gestalten. Die bisher sehr restriktive Zulassungshandhabung der Fernmeldeverwaltungen nahezu aller Länder bildet aber eine kaum zu überwindende Hürde für die breite Mitbenutzung der existierenden Nachrichtennetze, mit der Folge, daß auch in der absehbaren Zukunft kaum Aussicht besteht, vernünftige und allseits tragbare - auch technisch-wirtschaftlich sinnvolle - Lösungen zu erreichen. Hierzu trägt zusätzlich das verständliche Verhalten der Betreiber von **Nebenstellenanlagen** bei, die versuchen, ihre spezielle datentechnische Lösung dem Kunden anzudienen, auch wenn dieser für seine Zwecke - und dies gilt für viele andere Nachrichtenformen gleichermaßen - die Lösung eines Mitbewerbers bevorzugen würde. Schließlich müßten in dem betroffenen Unternehmen auch gewachsene Strukturen zwischen **Datenverarbeitung** und **Nachrichtentechnik** umorganisiert werden, was ebenfalls recht hinderlich sein kann. Das Einbeziehen von existierenden LANs in eine ISDN-Umwelt ist in erster Linie kein technisches, sondern ein vielschichtiges psychologisches Problem. Allerdings reicht die Kapazität des "Schmalband-ISDN" auch nicht aus, um große Datenmengen in akzeptabler Zeit zu übermitteln.

Es ist daher davon auszugehen, daß die angebotenen Möglichkeiten, die vorhandenen LAN über **Satelliten** (z.B. **VSAT**-Technik) oder Metropolitan Area Networks (**MAN**) untereinander zu verbinden, in wachsendem Umfange zumindest von den größeren Unternehmen dazu genutzt werden, die lokalen Netze zu weitspannenden Übermittlungssystemen für Daten innerhalb ihres Einflußbereichs auszubauen (**Corporate Networks**). Wie wenig dieser Prozeß in der Bundesrepublik fortgeschritten ist, zeigt die Studie "Digital Private Networks" der Interconnections Communications (Consultants) Ltd, die allein rund 14000 2 Mbit/s-Standleitungen für Europa reklamiert (Stand Juli 1991). Dem stehen - nach Auskunft beim Referat 223 der GD Telekom vom 1.10.91 - in der Bundesrepublik ganze 4300 2Mbit/s-Leitungen bei ISDN gegenüber (Stand September 1991)!

Der Nachteil der LAN-Technik, daß wegen der meist angewendeten Paketadressierung der Overhead im Verhältnis zur Nutzinformation groß ist, wird vor allem dadurch ausgeglichen, daß der Anwender durch Nutzung technischer Varianten eine nahezu unbegrenzte Transportkapazität - zumindest auf seinem Grundstücksbereich - installieren kann und die Mehrkosten einmalig als Investition auftreten, nicht aber in Form laufender Gebühren. Glasfasertechnologie und **Bridge**-Konzepte sowie wachsende Computerleistung im Bereich der **Server**- und **Bridge**-Knoten sichern so einen ständigen Vorsprung vor den sich vergleichsweise langsam entwickelnden leitungsvermittelnden Fernmeldenetzen. Außerdem wird von LAN-Anwendern immer wieder argumentiert, daß man ja nach dem **Einloggen** den ganzen Tag über mit dem Server verbunden bleibe, während man bei leitungsvermittelten Verbindungen für jeden Nachrichtenaustausch erneut die Verbindung aufbauen müsse.

Das allmähliche Entstehen von breitbandigen Netzen (s. auch 1.8 und 2.8) bis in die Ebene der **Ortsverbindungsleitungen** von **Ortsnetzen** hinein führt dazu, daß diese Infrastruktureinrichtungen immer stärker in der Fläche verfügbar werden. International werden mit FDDI- und DQDB-Verfahren Breitbandnetze für das Verbinden von LAN untereinander benutzt. So entstehen in Regionen mit hohem Bedarf an Datenverkehr die sog. Metropolitan Area Networks (MAN). Früher wurde die Abkürzung MAN als Medium Area Networks in verbaler Anpassung an LAN - Local Area Networks - und WAN - Wide Area Networks- benutzt. In der Bundesrepublik werden in jüngster Zeit mehrere MAN-Pilotversuche (u.a. Stuttgart und München mit DQDB, Darmstadt und Aachen mit FDDI) in Verbindung mit der DBP Telekom durchgeführt. Beide Formen des Nachrichtenaustauschs sind vor allem auf die Bedürfnisse des reinen Datenaustauschs zugeschnitten.

Mit der Verbindung von LANs über MANs wird nach gegenwärtigem Rechtsstand das Netzmonopol des Bundes berührt, dessen Wahrnehmung der GD Telekom übertragen ist. Insoweit muß z.B. die Überlassung einer sog. Black-Fibre (reine Glasfaserleitung ohne opto-elektrische Wandler) an die TH Aachen als Ausnahmeregelung gesehen werden. Im allgemeinen unterliegen MAN sowohl hinsichtlich der technischen Parameter als auch der Gebühren den Vorgaben des öffentlichen Netzbetreibers. Eine echte Konkurrenz mit marktorientierten Angeboten kann sich in der Bundesrepublik nur bedingt entwickeln, solange das Netzmonopol Bestand hat. Daher dürften derartige "öffentliche" MAN eine eher begrenzte Bedeutung erlangen.

Als Verbindungsmöglichkeit zwischen LAN über große - teilweise interkontinentale - Entfernungen bieten VSAT-Zugänge bereits heute eine wachsende Konkurrenz gegenüber den öffentlichen WAN, die z.B. aus der Verbindung von LAN über öffentliche Netze (X.25 u.a.) entstanden sind. Da zu erwarten ist, daß mittelfristig die zulässigen Übermittlungskapazitäten auch bei privat genutzten VSAT ansteigen werden und zugleich der Zwang entfällt, VSAT-Verbindungen nur über sog. Signatar-Satelliten abzuwickeln, werden erhebliche Betriebs-kostenreduktionen beim Satellitenverkehr erwartbar (s. z.B. Liberalisierungsvorgaben der EG). Daher kann sich die Situation schnell ändern und die VSAT-Anbindung auch durchaus zur bedingten Konkurrenz für die derzeitigen MAN-Konzepte werden, da dann weitspannende und regionale, grundstücksüberschreitende Verbindungen nach gleichen, vom Betreiber relativ frei wählbaren Prozeduren durchgeführt werden können. Die für VSAT nachteiligen geringeren Bandbreiten im Vergleich zu öffentlichen MAN werden bei solchen Modellen durch die Freiheit der Gestaltung für manche Anwender kompensiert. Das Beispiel des Satelliten-Fern-sehempfangs als Substitut des Kabelrundfunks (siehe Teil 3) zeigt, wie schnell Veränderungen durch technischen Fortschritt oder Änderung der Benutzungsbedingungen eintreten können.

2.3.3   Zusammenfassende Bewertungen

39. (Bewertung):

LAN werden gegenüber leitungsvermittelnden Systemen für Betreiber wie Benutzer als leichter handhabbar empfunden. Es ist abzusehen, daß Leistungsfähigkeit und Verbreitung weiter wachsen.

40. (Bewertung):

Die Verbindung von LAN und privaten Netzen (z.B. VSAT-Systemen) zu privaten WAN bietet gegenüber öffentlichen Netzen im Weitverkehr erhebliche Vorteile bei Kosten und Verwaltung. Sie werden voraussichtlich langfristig mehr und mehr öffentliche Datennetze substituieren können.

> **41. (Bewertung):**
>
> Die ungeschickte Handhabungspraxis der DBP Telekom und der privaten Nebenstellenbetreiber erleichtert es, durch leistungsfähige Spezialangebote im Bereich der LAN diesen neue Anwendungsfelder zu erschließen.

2.4 Weiterentwicklung der optischen Nachrichtentechnik

2.4.1 Randbedingungen für die Weiterentwicklung

Für den Ausbau der **Glasfasernetze** und deren Abschlußkomponenten sind die erforderlichen Forschungsarbeiten seit Jahren soweit abgeschlossen, daß ein stetiger Ausbau der Netze technisch möglich ist. Ebenso bestehen nach Durchführung von Pilotprojekten die nötigen Kenntnisse, um zumindest den Ausbau eines weitverzweigten breitbandigen Glasfasernetzes zu beginnen, das auch **Breitbanddienste** zum Teilnehmer transportieren kann (s. auch 1.8 und 2.8). Das Argument hoher Kosten ist zwar berechtigt, jedoch bestehen gute Aussichten, die Kosten durch Massenproduktion zu senken. Im übrigen darf nicht übersehen werden, daß mit dem Aufbau eines Glasfasernetzes auch ein - wegen der Digitalisierung ohnehin benötigtes - neu strukturiertes **Liniennetz** bis in den Teilnehmerbereich hinein geschaffen würde, das mit einem neuen **Numerierungsplan** manche Mängel beheben könnte, die aus der Neuordnung der Gemeinden und Länder in den alten Bundesländern ebenso entstanden sind, wie die Ungereimtheiten im Verhältnis alte zu neuen Bundesländern durch alleiniges Abstützen auf die Zentralamtskennziffer 03.

Wenn also eine erhebliche finanzielle Belastung mit der Einführung eines optischen Glasfasersystems verbunden ist, so ist die Summe der Vorteile doch unübersehbar - vorausgesetzt, es wird nicht in den neuen Bundesländern zunächst noch einmal ein Kupferleitungssystem und ein Kabel-Rundfunksystem mit Koaxialkabeln nebeneinander errichtet. Richtigerweise hat die DBP Telekom inzwischen erklärt, daß sie in den neuen Bundesländern tatsächlich dort Glasfasertechnik installieren will, wo ein völliger Neuaufbau des Ortsliniennetzes nötig wird.

Wenn ein breitbandiges Glasfasernetz in Betrieb genommen werden soll, so ist dieses Netz nur volkswirtschaftlich sinnvoll, wenn zuvor die Einsatzbedingungen geklärt sind. Die (erheblichen) Investions-Kosten für das zu erstellende, den Umfang von VBN oder **BERKOM** weit überschreitende Glasfaser-Liniennetz können auf folgende Grundaufgaben und Anwendungen aufgeteilt werden:

1. Ausbau des Hauptanschluß-Liniennetzes
   In den neuen Bundesländern wird der terrestrische Netzausbau auf Glasfaserbasis anstelle getrennter Liniennetze für Schmalbanddienste und Kabelrundfunk durchgeführt (OPAL) und die Zwischenzeit durch Provisorien - z. B. **DAL** (drahtlose Anschlußleitung) - überbrückt.

2.   <u>Zusatz-Diensteangebote auf Standardbasis</u>
Mittelfristiges Einführen eines **Abruf-Breitbanddienstes** mit hoher Wiedergabequalität (z.B. als Abruf- und **Pay-TV**).

3.   <u>Zusatz-Diensteangebot auf erweiterter Basis</u>
Längerfristiges Einführen eines glasfasergestützten digitalen **HD-(Abruf-) Fernsehens** und weitergehende Entwicklung in Richtung auf ein räumliches **(3D-) Fernsehen** .

Voraussetzung - vor allem für die Punkte 2 und 3 - sind politisch zu gestaltende Übereinkünfte über das **Rundfunkrecht** (Länderhoheit), Einordnung der zitierten Abrufdienste im Hinblick auf Kabelrundfunk einerseits und **Individualkommunikation** andererseits (es ist derzeit kaum erkennbar, wie hier eine einvernehmliche Regelung aussehen könnte) und eine klare Zielsetzung beim **digitalen HD-Fernsehen** und seinen Weiterentwicklungen.

2.4.2   Technische Gestaltungsmöglichkeiten

Die Gestaltung eines **breitbandigen Glasfasernetzes** kann - wenn die vorstehenden Randbedingungen ganz oder zu wesentlichen Teilen erfüllbar sind (sie müssen beim technischen Beginn nicht schon in allen Punkten erfüllt sein!) - zu einem erheblichen Wettbewerbsvorsprung gegenüber anderen Regionen der Erde in der Produktion der Netzkomponenten als auch der Endgeräte und im Dienstleistungsbereich der Programm- und Diensteangebote führen. Es ist davon auszugehen, daß breitbandige diensteintegrierende Netze und Dienste weltweit im kommenden Jahrhundert auf der Basis der Glasfasern eingeführt werden und von diesen ein weitergehender Innovationsschub ausgehen wird (z.B. bis hin zur **räumlichen Bildübermittlung**).

In ein weitverzweigtes Glasfasernetz können auch die ISDN-Zugänge integriert werden. Durch praktische Versuche bleibt zu klären, ob und inwieweit durch ein **Heterodyn-Verfahren** mit Frequenzmultiplex auf der Faser z.B. auch **Kabelrundfunkdienste** im herkömmlichen Programm-Mode oder spezielle Datennetze mitgeführt werden können. Dies könnte die Verhandlungen im Rahmen des Rundfunkrechts erleichtern. Der Einsatz eines Heterodyn-Verfahrens könnte darüber hinaus auch Erfahrungen für eine spätere nochmals erweiterte Nutzung der Glasfasern für gegenwärtig noch gar nicht absehbare Fernmeldedienste schaffen. Schließlich wäre so die Frage des Datenschutzes zu beantworten, da dann der normale Programmrundfunk - wie bisher - nicht nach Hör- und Sehgewohnheiten durch Kontrolle der Senderauswahl in den Netzknoten überwacht werden kann.

Die Auffassungen zur Gestaltung eines breitbandigen flächen- und mengendeckenden Glasfasernetzes - das im übrigen wirtschaftlich ja noch mit Satellitennetzen mit verringerten Leistungsumfängen und wesentlich geringeren Kosten zu konkurrieren hat - sind derzeit noch nicht eindeutig auf eine Lösung ausgerichtet, wenn auch in der Literatur in den letzten Jahren die Anwendung von ATM-Verfahren einen breiten Raum eingenommen hat. Wie schnell sich hier die Auffassungen wandeln, zeigt die Tatsache, daß vor 1984/1986 der Schwerpunkt der Überlegungen bei plesiochronen Breitbandnetzen lag, dann paketorientierte Verfahren (ATM mit seinen steuerungstechnischen Ergänzungen ist das am weitesten fortentwickelte Konzept unter ihnen) bevorzugt wurden und parallel hierzu die synchrone Transfer-Verfahren - beginnend mit STM/SONET und weiterführend mit SDH (z.B. in der Bundesrepublik VISYON)-

diskutiert werden, wobei auch Vorschläge entwickelt werden, diese Konzepte zu vereinigen.

Nach einem Konzept sollte das Glasfasernetz von Anfang an hinsichtlich seiner topologischen Struktur als Netz mit zwei Ebenen gestaltet werden, wobei die obere Ebene mit bitratenspezifischen Verbindungen innerhalb einer Synchronen Digitalen Hierarchie betrieben wird. In der unteren (lokalen) Ebene ist für den Fall eines weitverzweigten Netzes nach dem Konzept der Fiber to the Home (FTTH) aus Kostengründen darauf zu achten, daß die Anschlußleitungslänge deutlich geringer wird, als dies in der Bundesrepublik bei den doppeladrigen Kupferanschlußtechniken der Fall ist. Untersuchungen aus DIGON und anderen Analysen (z.B. Arbeitsgruppe 6 der FITCE) zeigen, daß die mittlere Anschlußleitungslänge in der Bundesrepublik mit rund 2,1 km etwa der von Irland entspricht, im Flächenstaat USA hingegen diese - stark kostenbeeinflussende - Größe bei etwa 700 m liegt. Entsprechend ist der Unterschied in der Ausbaugröße der Ortsvermittlungsstellen, die in Deutschland derzeit knapp 5000 Teilnehmer je OVSt erreicht hat, während diese Größe in USA bei etwa 1200 Teilnehmer liegt. Die Anpassung in der Positionierung von Netzknoten an strukturelle Gegebenheiten darf aber nicht zu unterschiedlicher territorialer Versorgung führen (Subsidiarität).

Ein derartiges Konzept bewegt sich hinsichtlich topologischer Struktur und Menge recht weit außerhalb der jetzt als Pilotprojekte laufenden **VBN** (Vorläufer-Breitband-Netz - inzwischen im Regelbetrieb als Vermitteltes-Breitband-Netz) und BERKOM (Berliner Kommunikationsnetz), die beide sehr viel herkömmlicher geplant und realisiert sind (auch wenn in BERKOM eine ATM-Vermittlung integriert ist).

Erhebliche Untersuchungen sind noch erforderlich, um zu klären, ob und wie die **Datendienste** optimal in ein auf Massendienste optimiertes Konzept integriert werden können. Kein Zweifel besteht, daß die Datendienste eine wesentliche Initialisierungsfunktion bezüglich des Aufbaus eines Glasfasernetzes haben. Wie in den Abschnitten von Teil 3 gezeigt wird, bestehen allein für die Datendienste Alternativen zu einem weitverzweigten Glasfasernetz, die mit geringeren Kosten und geringerem allgemeinen Leistungsvermögen verbunden sind.

2.4.3   Zusammenfassende Bewertungen

42. (Bewertung):

Im Bereich der optischen Nachrichtenübermittlung liegt ein erhebliches wirtschaftliches Potential, das es auszuloten gilt.

43. (Bewertung):

Fiber to the Home kann nur wirtschaftlich realisiert werden, wenn zugleich Aufwendungen für Doppelverkabelungen (Fernmeldetechnik und Rundfunk) vermieden werden, die Verkabelung an die topologischen regionalen Strukturen adaptiert wird und ein lukratives Diensteangebot ermöglicht wird.

---

44. (Bewertung):

Bevor der Anwendungsumfang eines Glasfasernetzes nicht festgelegt ist, können die optimalen Betriebsparameter nicht endgültig festgelegt werden. Für die reine Datennutzung bestehen wahrscheinlich andere Optima als für die Bewegtbildkommunikation einschließlich Verteildiensten. Beim Einbeziehen der Verteildienste ist das Rundfunkrecht zu beachten.

2.5 Weiterentwicklung beim Satellitenfunk[23]

2.5.1 Technische Weiterentwicklung bei den Raumsegmenten

Bei den geostationären Satelliten ist ein wesentlicher Nachteil, daß die Laufzeit der Nachricht von der Erde über den Satelliten zurück zur Erde mit etwas über 0,2 s relativ hoch ist und bereits bei Dialogverkehr von Mensch zu Mensch störend wirken kann. Dieser Nachteil wird umso deutlicher, je ausgeprägter die Dialogforderung ist - sie stört zum Beispiel beim Bildtelefon stärker als beim normalen Fernsprechverkehr.

Nachrichtensatelliten auf niedrigeren Umlaufbahnen haben den Nachteil, daß bei ihnen der bestrahlte Teil der Erdoberfläche relativ klein ist, vor allem aber auch, daß er mit dem Umlauf des Satelliten über der Erdoberfläche stetig wechselt. Um eine ständige Verbindung zwischen zwei Punkten auf der Erde zu sichern, müssen daher mehrere Satelliten betrieben werden und zwischen diesen muß während des Umlaufs ständig umgeschaltet werden. Von Vorteil ist, daß die Sende- und Empfangsleistungen relativ unkritisch sind und daß die Laufzeit gegenüber geostationären Satelliten etwa ein Hundertstel betragen kann (Annahme, daß das Perigäum bei etwa 400 km liegt). Motorola erwägt derzeit, in einem Großprojekt solche Satelliten für eine weltweite Mobilkommunikation einzusetzen (Projekt Iridium). Im militärischen Bereich werden solche Satelliten bereits eingesetzt.

Die Entwicklung der Raumsegmente wird sehr entscheidend vom möglichen Transportgewicht der jeweils verfügbaren Raketentechnologie mitbestimmt. Daneben sind der Wirkungsgrad von Solarzellen und die Verfügbarkeit von Sendern hoher Sendefrequenz sowie die Antennentechnik wichtige Designparameter. Es ist davon auszugehen, daß die verschiedenen Fortschritte in der Solarzellentechnik für die Energieversorgung von geostationären Satelliten ganz entscheidend den Aufbau satellitengestützter Rundfunknetze und die Errichtung einfachster Empfangsanlagen bis hin zu nichtstationärem Einsatz erleichtern wird.

Eine Solarzelle mit hohem Wirkungsgrad erlaubt es nämlich, die Transponder-Sendeleistung der Satelliten zu erhöhen. Mit höherer Transponderleistung können aber wiederum die Empfangsantennen beim Rundfunkteilnehmer kleiner werden. Darüber hinaus bietet eine höhere im Raumsegment verfügbare Energie auch die Möglichkeiten, entweder höhere Frequenzen zur Abstrahlung auf die Erde zu nutzen und damit neue Kanäle für Satellitenkommunikation zu erschließen oder durch geringere Sendeleistung je Transponder mehr Kanäle je Satellit zu betreiben und damit mehr Einnahmen zu erzielen.

---

[23] Siehe hierzu auch Band 10 TELETECH NRW "Satelliten- und Mobilfunk"

Betrachtet man die (nicht publizierten) Satellitenstarts anläßlich der Kuwait-Irak-Krise und die in diesem Rahmen kurzfristig als Raumsegmente installierte militärische Nachrichtenkapazität, so ist relativ gesichert davon auszugehen, daß innerhalb der nächsten drei bis vier Jahre z.B. ein weltumspannendes Satelliten-Rundfunksystem für MUSE und Digital-Audio von den ostasiatischen Herstellern für UE-Gerät installiert und betrieben werden kann (inzwischen hat die japanische Industrie angekündigt, ihre Terminplanungen zu verkürzen). Dabei wird das amerikanische Potential an Programmproduzenten diese Stationen mit Programmen füllen - lange bevor HD-MAC breit genutzt wird.

Es kann auch davon ausgegangen werden, daß noch in diesem Jahrzehnt der Nutzbereich für **Sendefrequenzen** für Satelliten von etwa 10 GHz Bandbreite (gegenwärtig 2 bis 14 GHz) auf etwa 20 GHz Bandbreite für nichtkommerzielle Anwendungen verdoppelt werden kann, wobei in der nachfolgenden Dekade eine weitere Verdoppelung auf bis zu 40 GHz erreichbar erscheint. Die derzeit besonders kritischen Probleme der Regendämpfung können durch weitere Fortschritte bei der im Raumsegment verfügbaren Sendeleistung, Verbilligung der Positionierungskosten des Satelliten und Verbesserung der Empfangstechnik bei den terrestrischen Antennensystemen mit großer Wahrscheinlichkeit in den genannten Zeiträumen gelöst werden. Dies bedeutet, daß für die drahtlose, satellitengestützte Nachrichtenübermittlung innerhalb von zwei Jahrzehnten ein Vielfaches der Übermittlungskapazität geschaffen werden kann, die bisher insgesamt und weltweit zur Verfügung steht. Bei einem solchen Angebot fällt es schwer, weiterhin von einem **"natürlichen Monopol"** als Grundlage für bandbreitenökonomische Übermittlungssysteme auszugehen.

Eine derartige Entwicklung wird erheblichen Einfluß auf den Ausbau der **Rundfunksysteme** und die Erhaltung des Rundfunkrechts, für den Ausbau der Datenübermittlung und der Mobilkommunikation, aber auch auf den Ausbau terrestrischer Breitbandnetze haben. Im übrigen wird sie die gesamte drahtlose Kommunikation in viel stärkerem Maße internationalisieren und damit von nationalen Hoheits- und Monopolbestrebungen ablösen, als dies derzeit vorhersehbar ist. Die Empfehlungen der EG (EG 90-490) im Hinblick auf die Liberalisierung aller Formen der **Satellitenkommunikation** weisen bereits in diese Richtung. Entsprechend werden auch in den Eckpunkten zum **Netzmonopol** des Ministeriums für Post und Telekommunikation Satellitenverbindungen ausdrücklich als nicht dem Netzmonopol unterliegend eingestuft (es bleibt lediglich das Sprachmonopol von der **Liberalisierung** ausgenommen).

Welche Auswirkungen diese Liberalisierung zur Folge hat, zeigt die Annahme, daß bereits im Jahr 1991 die Zahl der neu installierten Satelliten-Empfangsanlagen für Rundfunkdarbietungen die Zahl der Kabelneuanschlüsse nahezu um das Doppelte übertroffen hat. Vergleichbare - in absoluten Zahlen allerdings wesentlich kleinere - Umschichtungen sind beim Aufbau von **WAN** im Datenverkehr unter Einbeziehen eines erweiterten Satelliten-Konzeptes durchaus möglich.

2.5.2 Zusammenfassende Hypothesen und Bewertungen

---

45. (Hypothese):

Die Übermittlungskapazität der installierbaren Nachrichtensatelliten wird sich in den kommenden beiden Jahrzehnten je Jahrzehnt gegenüber der gegenwärtig installierbaren Kapazität verdoppeln. Sie kann damit ein mittleres Wachstum von über 7 % pro Jahr für die nächsten zwanzig Jahre erreichen.

---

46. (Hypothese):

Nationale Beschränkungen und Monopole, die auf der beschränkten Verfügbarkeit drahtloser Nachrichtenübermittlungskapazitäten basieren, werden mehr und mehr durch internationale Verträglichkeitsüberlegungen (z.B. **elektromagnetische Umweltverschmutzung**) abgelöst.

---

47. (Bewertung):

Die wachsende **Satellitenkapazität** kann ein erhebliches Substitutionspotential gegenüber anderen Formen der Nachrichtenübermittlung - vor allem im Bereich der Verteildienste und der Mobilkommunikation bilden.

2.6 Weiterentwicklung im Mobilfunk

2.6.1 Absehbare Konzepte im Mobilfunk

Die beiden **D-Netze** ergänzen die bestehenden, hinsichtlich anschaltbarer Teilnehmerzahlen und Wirkreichweite stärker beschränkten Vorläufernetze. Dennoch reichen die derzeitigen Planungen voraussichtlich nicht aus, den absehbaren Bedarf an Mobilkommunikation in den unterschiedlichen Formen (**Bündelfunk, PCN** etc.) zu befriedigen.

Neben den beiden D-Netzen werden mit verschiedenen - in Band 10 der Reihe TELETECH NRW -Landesinitiative Telekommunikation- "Satelliten- und Funkkommunikation" ausgiebig beschriebenen - Zusatznetzen weitere Kommunikationsmöglichkeiten wie Bündelfunk, **Datenfunk** etc. erprobt bzw. eingeführt. In aller Regel werden diese Systeme auf privater Basis betrieben, wenn auch die DBP Telekom jeweils Mitbewerber mit eigenen Netzen des jeweiligen Typs ist.

Für die vorhersehbare Zukunft werden vor allem die - ursprünglich aus den drahtlosen Telefonen abgeleiteten - privaten Telekommunikationsnetzwerke den Ausbau nachhaltig beeinflussen. Hierzu hat der Bundesminister für Post und Telekommunikation zum Wettbewerb aufgerufen, die Auswahl der Wettbewerber läuft im Augenblick. Es ist damit zu rechnen, daß die D- und E-Netze europaweit nach einheitlichen Gestaltungskonzepten errichtet werden (**GSM**-Standard als Basis) und daß europaweiter Betrieb der gleichen Geräte unter gleicher **Rufnummer** möglich wird.

2.6.2   Technische Weiterentwicklung bei den Mobilfunksystemen

Die neueren **Mobilfunksysteme** verwenden für die D-Netze Frequenzen im Bereich um 900 MHz und übertragen die Nachricht in digitaler Form. Die ersten Systeme - die seit 1.7.91 in Europa in Betrieb gegangen sind - werden dabei mit einem Digitalisierer - dem **Full-Rate-Codec** - ausgerüstet. Ab 1995 sollen stattdessen sog. **Half-Rate-Codecs** eingesetzt werden, die nur die halbe Kapazität benötigen (Daten der derzeitigen Festlegung im D-Netz s. Bild 2.6.1). Da bei der gegebenen **Frequenzbandbreite** je Zelle insgesamt um 270 kbit/s je **Funkzelle** verfügbar sind, können in einer Zelle 8/16 Gespräche gleichzeitig abgewickelt werden, mit Einführung des Half-Rate-Codec kann die Zahl verdoppelt werden. Aus der Verkehrsdichte ergibt sich die Fläche, die von einer Funkzelle bedient werden kann. Es ist leicht zu erkennen, daß diese Fläche - vor allem in den Zentren großer Städte nicht allzu groß sein kann - die **Sendeleistung** je Funkzelle muß entsprechend gering gehalten werden.

Frequenzband:	890-915 MHz, 935-960 MHz
Bandabstand:	200 kHz
Übermittlungsrate:	270,833 k Bit/s
TDMA-Rahmen:	4,615 ms, 8/16 Kanäle je Carrier, Grundrahmen mit 8 Zeitlagen
Sprachcodierung:	13 k Bit/s Abtastrate mit Langzeit-Prediction

Bild 2.6.1: **Wichtige GSM-Parameter für das D-Netz**[24]

Das technische Konzept der D-Netze - der sog. GSM-Standard (benannt nach der Groupe Speciale Mobile der **ETSI**) - hat sich inzwischen nahezu weltweit als ein Standard für mobile Fernmeldenetze etabliert. Neben 26 Betreibergesellschaften in 20 Ländern Europas hat auch der Ostblock den Einsatz von GSM-Standards akzeptiert. Dies gilt auch für einige Länder Südamerikas, des pazifischen Raumes und für weite Bereiche Afrikas. Insoweit ist das in den GSM-Festlegungen enthaltene Prinzip der Kanalzuordnung ein Weltstandard geworden, der auch vom **CCITT** anerkannt ist.

GSM bietet rein technisch den Zugriff zu Kommunikationskanälen, die - ähnlich wie beim ISDN auf der Basis von 64 kbit/s - auf einer Grundbitrate von 22,8 kbit/s basieren (beim Half-Rate-Codec entsprechend 11,4 kbit/s). Entsprechend sind diese Raten auch die Basis für die Gebührenermittlung für die Nutzung des Mobilfunknetzes. Die **Zeichengabe** erfolgt - völlig analog zum **ISDN** - in einem eigenen Zeichengabekanal. Für das D-Netz ist für die hochfrequente drahtlose Übermittlung ein Frequenzband von 2·25 MHz im Bereich 890 - 960 MHz (in der BRD ein Teil hiervon) international vorgesehen, wobei im Ostblock ein Teil dieser Frequenzen noch für einige Jahre für militärische Anwendungen reserviert sein wird.

---

[24] Siehe Hillebrand: Mobilkommunikationsnetz D, in : Mobilkommunikation, Band 14, Münchener Kreis, Springer Verlag

WARC hat in Verbindung mit CCITT daneben ein breiteres Frequenzband im Bereich um 1.800 MHz für weitere drahtlose Kommunikationsdienste reserviert. Es ist vorgesehen hier mit der Bezeichnung DCS1800 den Aufbau eines weiteren Mobilfunknetzes auf privater Basis durchzuführen - die Vorbereitungen hierzu sind im Gange. Da hier die Funkreichweite geringer ist als bei 900 MHz, können die Zellen kleiner gehalten werden. Die Zahl der Verbindungen kann je Zelle höher gewählt werden, da eine größere Bandbreite verfügbar ist.

Wegen der größeren verfügbaren (Funk-) Bandbreite und der kleineren Zellendimensionen können bei entsprechend gewählten Vergabebedingungen in einem solchen Mobilfunknetz (E-Netz) wesentlich mehr Endgeräte je Zelle eingesetzt werden. Das einzelne Endgerät kann wegen wachsender Integrationsdichte der benötigten Halbleiterbausteine kleiner gebaut werden. Die größere Stückzahl wird zu deutlich geringeren Anschaffungspreisen und die höhere Kanalzahl je Zelle wahrscheinlich trotz höherer Investitionen zu geringeren Nutzungsgebühren führen, als bei Geräten des D-Netzes.

Es ist davon auszugehen, daß diese neu entstehenden Netze wiederum ein erhebliches Substitutionspotential gegenüber den **Bündelfunk-** und **Funkrufnetzen** der gegenwärtigen Art bieten werden. Dies kann auch für Teilnehmer gelten, die bisher an ein Festnetz angeschaltet sind, soweit sie nur den Telefondienst nutzen. So könnte sich im E-Netz ein erhebliches Potential von Teilnehmern erschließen lassen, die aus Alters- oder Sicherheitsgründen ihr Telefon bei sich führen möchten, wenn sie außer Haus sind.

Bei Automobilbetrieb können hingegen die kleinen Zellendimensionen und der daraus resultierende schnelle Übergang von einer Zelle zur anderen eine zu große Belastung für die Steuerung der Verbindungen trotz diverser Vorkehrungen zur Folge haben, so daß hier in der Hauptverkehrsstunde Störungen im Verbindungsablauf bemerkbar werden können. Es wäre daher vorstellbar, daß im E-Netz die Nutzungsgebühren auch durch Handover-Prozesse beeinflußt werden (steuerungsabhängige Gebühren).

Neben den verschiedenen Formen der drahtlosen Individualkommunikation im Dialogverkehr (kurz als Funktelefon bezeichnet) werden die mehr oder weniger stark monologorientierten drahtlosen Diensteangebote wie Bündelfunk, **Cityruf** oder Datenübermittlung ausgebaut. Mit ihnen sollen besondere Bedarfsfälle zu besonders günstigen Konditionen bedient werden. Es ist davon auszugehen, daß mit immer weiterer Verbreitung der GSM-basierten Automobil- und **Kleinzellen-Funknetze** diese einfachen Systeme in ähnlicher Form an Bedeutung verlieren werden, wie dies gegenwärtig mit den einfachen Textdiensten und deren Substitution durch Faksimiledienste geschieht, sofern die Gebührenpolitik der Mobilfunk-Netzbetreiber hierzu die nötigen Anreize schafft.

Eine Besonderheit, die in ihrer allgemeinen Bedeutung aus der Unterversorgung der neuen Bundesländer mit Anschlußleitungen resultiert, ist die **DAL-Anschaltetechnik** (DAL für **D**rahtlose **A**nschluß**l**eitung), für die die DBP Telekom derzeit Auftragnehmer sucht und erste Aufträge an Nokia und RTF-Köpenick (in Kooperation mit Motorola) vergeben hat. Dies ist aber weder ein echter Mobilkommunikationsdienst noch längerfristig als ein wichtiges Marktsegment zu bewerten, die DAL-Technik dürfte in "normalen Zeiten" in der Bundesrepublik vornehmlich für Ausnahmefälle wichtig sein. Allerdings könnte sich hieraus in Verbindung mit Rural Telecommunication in dünner besiedelten Regionen der Welt ein durchaus zum Kabel preislich konkurrenzfähiges Anschaltekonzept an Festnetze ergeben.

2.6.3 Konkurrenz zwischen drahtgebundener und drahtloser Individualkommunikation

Im Rahmen von Sales-Promotion-Veranstaltungen zur drahtlosen Individualkommunikation wird häufig unterstellt, daß der Besitz eines Zugangs zum drahtlosen Fernsprechnetz die Notwendigkeit eines drahtgebundenen Anschlusses substituiere und daß man bequem mit einem drahtlosen Telefonanschluß auskomme.

Es ist schwer vorstellbar, daß den drahtlosen Mobilfunk-Netzen eine fühlbare Substitutionsrolle aus technischer Sicht zukommen wird, da ja - wie bereits dargelegt - die Anschalterate dieser drahtlosen Endgeräte auf eine wesentlich geringere **Bitrate** ausgelegt ist, als dies bei den drahtgebundenen Anschaltetechniken der Fall ist. Wenn die Verfasser der Studie argumentieren, daß neben der sog. Schmalband-ISDN-Technik noch das Breitband-ISDN zusätzlich sinnvoll werden kann (sofern genügend Anwendungen hierfür gefunden werden und sich die Kosten auf mehrere Anwendungen verteilen lassen), dann ist mit großer Sicherheit davon auszugehen, daß die volle Rate des Schmalband-ISDN eine Untergrenze für ortsfeste Individualkommunikation - zumindest im gewerblichen Bereich - darstellt. Hierzu wird in Abschnitt 2.9 umfassend aus technischer Sicht Stellung genommen.

Die Zusammenfassung mit ISDN ist primär durch die reine Transportbitrate von 22,8 bzw. 11,4 kbit/s behindert, aber wegen der völlig anderen Algorithmen bei der Codierung auch nicht sinnvoll. Auf der Analog-Ebene und bei der Nutzung eines Mobilkommunikationsanschlusses als non-voice-Übermittlungssystem kann diese Rate ohnehin nicht voll genutzt werden, die möglichen (z.B. 9,6 kbit/s) aber sind mit erprobten Methoden in das ISDN einzubinden.

Im privaten Bereich kann eine Substitution dann eintreten, wenn das Mobiltelefon als Element der ständigen Erreichbarkeit und Kommunikationsfähigkeit auch außerhalb der normalen Lebensumgebung als Sicherheitselement von Nur-Telefonteilnehmern bevorzugt wird. Eine weitere Voraussetzung ist allerdings, daß die Grund- und die Nutzungsgebühren drastisch gegenüber den gegenwärtigen Vorstellungen gesenkt werden. Solange im Ortsverkehr ein 6-Minutengespräch im Festnetz 0,23 DM und im Mobilnetz ca. 9 DM kostet, ist ein Substitutionspotential nur im Ausnahmefall erkennbar.

2.6.4 Zusammenfassende Hypothesen und Bewertungen

48. (Hypothese):

Die Mobilkommunikation ist das wirtschaftlich bedeutendste Wachstumsfeld der nächsten Jahre in der Telekommunikation, sie wird auch mittelfristig erhebliche Zuwachsraten behalten.

---

49. (Hypothese):

Die Anschaffungspreise für die Geräte sowie die Nutzungsgebühren werden mit wachsender Konkurrenz und Verbreitung erheblich sinken.

---

50. (Hypothese):

Die Mobilkommunikation hat ein begrenztes Substitutionspotential gegenüber der drahtgebundenen Fernmeldetechnik.

---

51. (Bewertung):

Mit den durch GSM gesetzten Standards ist eine Integration der Mobilkommunikation in die ISDN-Welt technisch möglich. Sie bietet eine sinnvolle Ergänzung, um die persönliche Mobilität - vor allem bei der Sprachkommunikation - zu erhöhen.

---

52. (Bewertung):

Der GSM-Standard wird - ähnlich wie die ISDN-Empfehlungen - zu einer weltweiten Kommunikation führen, die in ihrer Verbreitung nur mit dem klassischen Fernsprechdienst vergleichbar ist.

2.7   Weiterentwicklung bei den Intelligenten Netzen

2.7.0   Vorbemerkung

Das klassische Verständnis eines Intelligenten Netzes erfährt kontinuierlich Erweiterungen. Als Beispiele aus der jüngeren Vergangenheit seien genannt:

    a)   Dienste-Umsetzungen
    b)   Personalisieren von Endeinrichtungen
    c)   Suchen und Orten von Teilnehmern.

Die Liste der Wünsche und Vorstellungen zum IN[25] werden ständig ergänzt und erweitert, ein halbwegs stabiler Zustand ist noch nicht erkennbar.

Einige dieser Wünsche berühren die Monopolbereiche, andere liegen deutlich außerhalb. Einige können in privaten Netzen durchaus liberal gehandhabt werden, andere berühren das Zeichengabe- und Signalisierungskonzept öffentlicher Netze und der internationalen Verbindungen und sind daher hinsichtlich einer Liberalisierung und flexiblen Anpassung an Bedürfnisse schwerer zu handhaben.

---

[25] IN ist ein terminus technicus für Intelligente Netze.

So bieten beispielsweise die zeichengabetechnischen Festlegungen im s-Teil des D-Kanals bei ISDN nur recht begrenzte Möglichkeiten, bestimmte Wünsche an ein IN vom Teilnehmer her an das Netz oder vom Netz an einen Teilnehmer zu bringen. Sie können auf anderen Wegen aber vergleichsweise einfach erfüllt werden - dies gilt z.B. für alle Formen der Dienste-Umsetzung oder -Verflechtung. Auch die erforderlichen Dienstleistungen bei der Suche und Ortung von Teilnehmern mit ihren Anforderungen an - im Endzustand weltweit und über unterschiedliche Netzbetreiber - verteilte Datenbanken gehören in diese Kategorie. Dabei treten noch nationale Eigenheiten und Rechtstatbestände - wie beispielsweise das Netz- und Sprachmonopol - hinzu, die das Suchen bei Fernsprechverbindungen im Festnetz zur Monopoldienstleistung machen würden, während die gleiche Dienstleistung im nichtsprachlichen Bereich oder bei Mobilfunk außerhalb des Monopols liegen kann.

Viele der Wünsche und Anforderungen an IN haben den Gedanken zur Basis, daß sie den Zugang zu allen möglichen anderen Netzen erleichtern sollen. Als Beispiel sei nur erwähnt, daß ein Festnetzteilnehmer einen Mobilfunkteilnehmer erreichen möchte, der derzeit nicht im Sende-Empfangsbereich des Netzbetreibers erreichbar ist, bei dem er registriert ist, sondern sich z.B. in einem anderen Land aufhält oder gerade an eine Feststation angeschaltet ist (durch Personalisieren eines Endgerätes).

Im Falle der Dienste-Umsetzung ist die weitere Frage, inwieweit diese Umsetzung Aufgabe des jeweiligen Netzbetreibers ist. Ein privater Netzbetreiber kann im Konkurrenzbereich eine solche Dienste-Umsetzung durch Dritte verbieten, der öffentliche Netzbetreiber darf dies hingegen nicht.

Schon diese wenigen Beispiele zeigen die Komplexität des Themas und die Vieldeutbarkeit des Begriffs eines IN.

Im folgenden soll der Terminus IN oder Intelligentes Netz der Übersichtlichkeit und Transparenz halber zunächst nur auf das jeweils betrachtete Netz und nur auf diejenigen Leistungen bezogen werden, die in Verbindung mit der Signalisierung - also z.B. CCS No. 7 und dem s-Teil des D-Kanals im Falle des ISDN - stehen. In einem eigenen Abschnitt (2.7.3) werden danach netzüberschreitende IN-Eigenschaften aufgezeigt, die grundsätzlich nicht Teil des Netz- oder Sprachmonopols sein sollten. Ihre weitere Entwicklung sollte im Konkurrenzbereich liegen, ebenso sollen viele der netzinternen IN-Eigenschaften aus den Monopol-Leistungen öffentlicher Netze herausgelöst werden.

2.7.1   Fortentwicklung bei Normen und Standardisierung

Im Rahmen der europäischen Harmonisierung der **Betriebs-** und **Leistungsmerkmale** öffentlicher Netze sind über die Anwendung des Zentralkanal-Zeichengabeverfahrens CCS No.7 eine Reihe von "IN"-Leistungsmerkmalen festgelegt worden, die teilweise das **Netzmanagement**, teilweise aber auch vom Teilnehmer nutzbare **Dienstleistungsmerkmale** betreffen, die sich aus der Signalisierung herleiten. Die erste Gruppe dieser Leistungsmerkmale liegt mithin im Netzmonopol, die zweite hingegen außerhalb, kann aber zu wesentlichen Teilen mit gleichem Gerät realisiert werden.

In die Gruppe der Netzmanagement-Merkmale gehören vor allem alle denkbaren Formen der **Leitweglenkung,** der weitspannenden **Markierung** von **Nutzpfadanforderungen,** die **Ersatzschaltung** bei Störung von Nutzpfaden, die Überwachung des technischen Zustandes des Netzes etc. Sie sind dem Monopol zuordenbar.

In die Gruppe der Dienstleistungsmerkmale gehören die vom Teilnehmer herstellbare **Dreier-Konferenz,** das **Weiterleiten von Gebühren** - sei es in der Form des 800er und 900er Dienstes der USA (in Deutschland **Service 130** und **190**), sei es das Umlegen der Gebühr auf den gerufenen Teilnehmer (sog. **R-Gespräch**), sei es das Umlegen der Gebühr mittels Identifikationskarte aus öffentlichen Sprechstellen auf den eigenen Hauptanschluß. Schließlich gehören hierher auch die zahlreich variierten und variierbaren Formen der **Rufweiterleitung** im gesamten Netz, die bisher allenfalls sehr lokal verfügbar gemacht werden konnten. Schließlich gehören in diese Gruppe die Konferenzschaltungs-Techniken. Sie unterliegen nicht dem Netzmonopol, sind aber untrennbar mit den technischen Einrichtungen verbunden, die dem Monopol unterliegen.

Bedeutsam ist, daß nach Aussagen von BMPT und ETSI bereits rund 98% aller derartigen Leistungsmerkmale auch von CCITT in die entsprechend zuständigen **Studienkommissionen** übernommen wurden und damit durch das Gewicht der 20 Betreiberländer, die ETSI unmittelbar unterstützen, auch die Verabschiedung im CCITT mit größter Wahrscheinlichkeit erreicht werden kann.

2.7.2   Einführungsmöglichkeiten im Netz

Der erreichte Stand bei der Einführung des Zentralkanalzeichengabeverfahrens CCS No.7 in der Bundesrepublik einschließlich der neuen Bundesländer erlaubt die kurzfristige Übernahme aller durch ETSI für Europa festgelegten Protokolle im Zeichengabenetz über alle **Zentral-** und **Hauptvermittlungsstellen** sowie derzeit etwa 50 % aller **Knotenvermittlungsstellen.** Bis Ende 1993 sollen auch die letzten **Fernvermittlungsstellen** im Netz der DBP Telekom mit einer **"Digitalerweiterung"** ausgestattet sein[26]. Dies bedeutet, daß die Merkmale intelligenten Netzmanagements (**Leitweglenkung** mit hoher Effizienz, **Umweglenkung** bei Störungen im Netzbereich, Erhöhung der Effizienz der Nutzpfade im Fernnetz etc.) jeweils nach Verabschiedung im europäischen Bereich in der gesamten Bundesrepublik auch kurzfristig eingeführt werden können. Der zügige Ausbau des Knotennetzes mit digitalen Vermittlungsteilen wird dazu führen, daß etwa ab 1993 in den alten Bundesländern und spätestens ab 1995 in den neuen Bundesländern die gesamte Fernebene für derartige Erweiterungen der Protokolle vorbereitet ist. Ein vergleichbarer Zustand ist insoweit auch in vielen analogen Netzen gegeben, wo der Ausbau der Vermittlungen frühzeitig mit geeigneter softwaregesteuerter Vermittlungstechnik vorgenommen wurde und weitgehend flächendeckend abgeschlossen ist (z.B. in weiten Bereichen der USA, dort sogar in digitaler Netztechnik und analoger Anschlußtechnik).

Hinsichtlich der **Orts-** und **Hauptanschlußebene** sind vergleichbare Zustände innerhalb des ISDN-Netzes ab sofort gegeben. Im analogen Fernsprechnetz können allerdings derartige IN-Leistungsmerkmale deshalb nicht allerorts angeboten werden, da der Betreiber des öffentlichen

---

[26] lt. einer nicht nachgeprüften Aussage soll bereits Mitte 1992 mindestens eine Ortsvermittlungsstelle am Ort einer jeden Fernvermittlungsstelle mit einer "digitalen Erweiterungsscheibe" ausgestattet sein.

Fernsprechnetzes gehalten ist, neu eingeführte Leistungsmerkmale, wenn überhaupt, dann in der Fläche zu gleichen Konditionen jedermann anzudienen - ein Zustand, der formal erst mit der Umstellung der letzten Teilnehmervermittlung auf softwaregesteuerte Technik erreicht werden wird - dies wird voraussichtlich um 2005 der Fall sein. Allerdings besteht ab 1993 in den alten und ab 1995 in den neuen Bundesländern flächendeckend (nicht zwangsläufig auch mengendeckend) die Möglichkeit, einen Interessenten über eine digitale Vermittlung anzuschalten - er muß u.U. dafür in Kauf nehmen, daß er eine neue Teilnehmerrufnummer erhält.

Um diese - umstellungs- und abschreibungstechnisch bedingte - Zeit zu verkürzen, ist es vorstellbar, daß entweder Teilnehmer, die ein solches **Dienstleistungsangebot** wahrnehmen wollen, an eine der ab 1995 flächendeckend vorhandenen digitalen Ortsvermittlungsstellen angeschaltet werden oder daß Schaltzentren für Dienstleistungen die Übernahme bestimmter Merkmale - z.B. bei der Gebührenumschaltung oder der Rufweiterschaltung - wahrnehmen.

Bei der beschleunigten Einführung der jeweils europaweit verabschiedeten Leistungsmerkmale die unter dem terminus technicus "Intelligent Network" angeboten werden, könnten auch private Dienstleistungsanbieter eine wichtige Rolle spielen, jedoch ist - wie bereits im vorigen Kapitel kritisch angemerkt - hierzu wenig Unterstützung von den Betreibergesellschaften zu erwarten. Ob u.U. die derzeit unverschuldet eingetretene, aber fragwürdige Finanzausstattung der DBP Telekom hier neue Freiräume für private Initiativen zu schaffen vermag, muß abgewartet werden. Sie wären aber schon deshalb wünschenswert, weil erfahrungsgemäß solche privaten Initiativen schneller und flexibler zu reagieren vermögen, als staatliche Institutionen.

2.7.3 Netzübergreifende IN-Eigenschaften

Häufig werden den IN-Eigenschaften auch Merkmale zugeordnet, die sich nicht in die vorstehenden Abschnitte einordnen lassen, ohne Übersicht und Transparenz der Darstellung zu verringern. Auch sie gehören nicht in den Bereich des Netzmonopols, werden aber ebenfalls besonders effektiv von technischen Einrichtungen wahrgenommen, die im Rahmen des Netzmonopols beschafft werden.

In diese Gruppe gehört z.B. die Dienstleistung, durch Inanspruchnahme verschiedener Netze und deren unterschiedlicher Tarifierung besonders kostengünstige Verbindungen (sog. least-cost-routing) herzustellen. Vor allem in Wirtschaftsräumen mit sehr großer Ausdehnung hat diese Dienstleistung bereits heute große Bedeutung (z.B. USA). Mit dem Entstehen der EG als gemeinsamem Wirtschaftsraum und der Konkurrenz von Satellitenverbindungen, öffentlichen Festnetzen und privaten Mobilfunknetzen wird die Dienstleistung auch in der europäischen Region an Bedeutung gewinnen. Dies gilt ohne allen Zweifel für alle non-voice-Verbindungen.

Nachdem sich herausstellt, daß zumindest in der Bundesrepublik und einigen anderen europäischen Ländern der terrestrische Festnetzanteil eines Mobilfunknetzes auch für Sprache bis in den Zielbereich einer Verbindung erstreckt wird, kann z.B. dieser Festnetzanteil dadurch mit Fremdverbindungen genutzt werden, daß eine Funkstrecke in die Verbindung eingefügt wird. Es bleibt allerdings abzuwarten, inwieweit die Fernmeldeverwaltungen und letztlich die Gerichte derartige Anwendungen als monopolwidrig klassifizieren, wenn nicht zumindest die Verbindungsquelle oder Verbindungssenke unmittelbar ein Mobilfunkteilnehmer ist. **Least-cost-routing** für nichtsprachliche Fernmeldedienste bleibt hiervon unberührt.

Ähnlich wie die Möglichkeit des least-cost-routing wird auch die **Dienste-Umsetzung** und die **Dienste-Verflechtung** in der Regel den Eigenschaften eines intelligenten Netzes zugeordnet. Auch diese Funktion muß als nicht-monopolorientierte Dienstleistung und daher als **Wettbewerbs-Dienstleistung** eingestuft werden. Da in diesem Falle die wesentliche Funktion der Umsetzung nicht vom Netz selber oder seinen Steuerknoten erbracht wird, sondern von speziellen zusätzlichen Einrichtungen, wurde dieser Aufgabe in der Arbeit ein eigenes Kapitel (1.10 bzw. 2.10) zugewiesen. Dies erleichtert auch die Trennung von den Monopolbereichen, soweit ein Monopol durch Nutzen derselben Systemressourcen für Monopol- und Wettbewerbsleistungen mit betroffen sein kann.

2.7.4   Zusammenfassende Hypothesen, Bewertungen und Empfehlungen

<u>53. (Hypothese):</u>

Die technisch enge Verflechtung von IN-Merkmalen mit den technischen Ausstattungsmerkmalen und Eigenschaften von Fernmeldnetzen birgt die ständige Gefahr in sich, daß die Wahrnehmung der IN-Vorteile untrennbar mit dem Netz und damit dem Monopolbereich verknüpft wird, obwohl IN-Merkmale rechtlich nicht Gegenstand eines Monopolbereichs sind.

<u>54. (Hypothese):</u>

Der Einsatz der Zentralkanalsteuerung zur Nutzung neuer Dienstleistungen und Managementmethoden wird vor allem für Netzbetreiber große wirtschaftliche Vorteile bringen.

<u>55. (Bewertung):</u>

Das Nutzen der informationstechnischen Kapazität der Zentralkanal-Zeichengabe für Dienstleistungen in Netz- und Teilnehmeranschlußbereich sollte schneller und weiter ausgebaut werden.

<u>56. (Empfehlung):</u>

Der Einsatz von IN-Merkmalen sollte, soweit technisch irgend möglich, als Wettbewerbsleistung angeboten werden. Ausnahmen hiervon sollten sich auf reine Netzmerkmale (z.B. Netzmanagement, Gebührenumlenkung u.ä.) beschränken.

2.8   Weiterentwicklung bei breitbandigen Netzen

2.8.1   Derzeitige Entwicklungen

Die Dimensionierung **breitbandiger Fernmeldenetze** wird in der **Massenanwendung** nahezu ausschließlich von der Entwicklung der **Bewegtbildübermittlung** geprägt. Alle anderen vielzitierten Anwendungen - allen voran die Massendatenübermittlung - können mit einem relativ klein ausgebauten, speziell dimensionierten Breitbandnetz mit der topologischen Struktur (nicht mit den Prozeduren und Betriebsweisen) des **Vorläufer-Breitband-Netzes VBN** für das nächste Jahrzehnt befriedigt werden.

Die Entwicklung der Breitband-Technik als Massen-Dienstangebot wird - wie im Kapitel 2.3 bereits dargelegt - auf absehbare Zeit von der Fortentwicklung des **Fernsehens** und der Einführung neuer Formen des Fernsehens (**Hochaufgelöstes Fernsehen, Abruffernsehen** als Beispiele) bestimmt. Es werden in den verschiedenen höher entwickelten Regionen der Welt sehr unterschiedliche Strategien zur Einführung eines erweiterten und verbesserten Fernsehens verfolgt, die in 2.9 vertiefend dargestellt werden. Viele dieser Verfahren können auch auf drahtlosem Wege, z.B. über Satelliten, abgewickelt werden, solange die Verteilung in der gegenwärtigen Form des **Programmfernsehens**[27] durchgeführt wird. Die **drahtlosen Verfahren** scheitern nur dort bei der Übermittlung, wo an die Stelle der verteilenden Übermittlung (engl. Broadcast) die **Abrufübermittlung** - und damit eine gewisse Individualisierung der Übermittlung - tritt.

2.8.2   Glasfaser und Rundfunksatellit als Basis breitbandiger Netze

Es wird inzwischen immer deutlicher, daß die **Breitband-Rundfunknetze** auf Koaxialkabel-Basis nicht geeignet sind, die zukünftigen Anforderungen an breitbandige Fernmeldenetze zu erfüllen. Auch die Definition eines sog. **Hyperbandes**, durch das rein physikalisch Kabelrundfunknetze noch bis zu einer Grenzfrequenz von etwa 800 MHz erweitert werden könnten, reicht nicht aus, um ein kompromißlos einwandfreies HDTV-Fernsehen mit mehr als vier Kanälen zusätzlich zur heutigen Nutzung anzubieten. Für solche neuen **Dienstangebote** werden neue **Übertragungsmedien** benötigt, wenn nicht Qualitätseinschränkungen in Kauf genommen werden sollen.

Bevor netztechnische Entscheidungen - vor allem im Hinblick auf die Errichtung eines Massennetzes für Breitbandübermittlung - getroffen und begründet werden können, sind Entscheidungen über die Abwicklung der auf ihnen vorgesehenen Dienste zwingend nötig (siehe 2.9.4). Es ist müßig anzunehmen, daß allein das **Bildtelefon** ausreicht, um die sehr hohen Aufwendungen für ein Glasfasernetz bis in die Haushalte (Fiber to the Home) zu rechtfertigen. Vielmehr muß die gesamte **Bewegtbildkommunikation** vom allgemeinen **Fernsehen** bis zum Bildtelefon in einem solchen Netz zusammengefaßt werden können, wenn die Aufwendungen gerechtfertigt werden sollen. Insoweit stehen sich die Satelliten-Verteilsysteme und ein Glasfasernetz in Kosten-Nutzen-Konkurrenz gegenüber.

---

[27] Die Termini Programmfernsehen und Broadcast sind insoweit nicht völlig wertgleich, als Broadcast auch für andere verteilende Dienstformen, z.B. in Verbindung mit Paging, Amateurfunk etc. benutzt wird.

Der Aufbau eines **Glasfasernetzes** als terrestrisches Breitbandnetz für Masseneinsatz ist mit den gegenwärtig verfügbaren technischen Mitteln machbar (s. 2.4), wird aber teuer. Verbilligungen und technische Verbesserungen sind möglich, sie werden sich aber vor allem dann schnell erreichen lassen, wenn der Aufbau eines solchen Netzes initialisiert wird und wirtschaftliche Aspekte den Aufwand für die (möglichen) Rationalisierungen rechtfertigen. Voraussetzung hierfür wiederum ist der Entscheid, Abruffernsehen einzuführen - so schwer er auch politisch durchzusetzen sein mag, da er wiederum das **Rundfunkrecht** in seiner derzeitigen Form entwertet.

2.8.3   Technische Lösungsvarianten für Breitbandnetze

Im Bereich der Transportverfahren haben vor allem der **Synchronous** (STM) und der **Asynchronous Transfer Mode** (ATM) in neuerer Zeit neben den "Intelligenten Netzen" die Diskussion um die zukünftige Gestaltung der breitbandigen Fernmeldenetze über alle Ebenen und der IS-Netze (diensteintegrierenden Netze) in den höheren Netzebenen bestimmt[28].

Im Prinzip kann der ATM als ein paketorientiertes Fernmelde-Transportsystem gesehen werden, bei dem durch hinreichend kleine, feste Paketlänge die Möglichkeit geschaffen wird, unterschiedlichste Transportkapazitäten für unterschiedlichste Dienste in einem Netz dadurch zusammenzufassen, daß man die Pakete adressiert, also mit Header versieht und dann in einem (Linien-) Netz über virtuelle Verbindungen transportiert, dessen Transportkapazität extrem groß gegenüber der höchsten zu erbringende Kapazität einer Einzelverbindung ist. Es entstehen so Verbindungen mit den Overheads und Zeitverschiebungen, die für paketvermittelnde Netze typisch sind.

Bei hoher Nutzung der Transportkapazitäten des Transportsystems muß der Nutzer in Kauf nehmen, daß seine Nachrichten nicht in Echtzeit beim Empfänger eintreffen, sondern daß sich die Zeitabhängigkeiten umso stärker bemerkbar machen, je stärker das Transportsystem ausgelastet ist und je stärker sich die benötigten Kapazitäten je Dienst voneinander unterscheiden. Um die resultierenden Transportzeitschwankungen zu glätten, werden Zusatzmaßnahmen innerhalb der Verbindungsabwicklung vorgeschlagen, die stetig verbessert werden, erwähnt seien beispielhaft Parameter Control und Loadbalancing.

Ganz allgemein kann gesagt werden, daß ATM vor allem dann zu beachtlichen Ergebnissen führt, wenn im Verkehrsangebot ein nennenswerter Anteil an sog. Burst-Verkehr von unterschiedlichen Quellen enthalten ist, der durch ATM vorteilhaft zusammengefaßt werden kann. Ansonsten sollten vergleichbare Last-Regeln eingehalten werden, wie sie auch für paketvermittelnde Fernmeldenetze gelten. Die burst-orientierten Verfahren sind in ring- und busstrukturierten Netzen jedenfalls optimal.

Die Diskussion der Vor- und Nachteile dieses Transportverfahrens ist in vollem Gange. Unstrittig scheinen derzeit folgende Aussagen:

---

[28] Siehe hierzu auch Band 12 der Reihe TELETECH NRW: Stanrdards und Technologien der verteilten Breitbandkommunikation; FITCE-Journal 2/1991, S.7ff (Wright,BT); Kongreßbericht "Münchner Kreis" Nr. 16, S.233 ff (Miki, NTT); Telekom: "VISYON - das flexible synchrone Netz der Zukunft" (o.V.).

1. <u>Teilnehmeranschluß- und lokaler Bereich</u>
    Im diesem Bereich kann ATM die u.U. zeitlich sehr unterschiedlichen
    Kapazitätsbedürfnisse mehrerer Quellen nach der Zusammenfassung mitteln und
    an ein Netz mit vorgegebener Transportkapazität anpassen.

2. **Bitratenvariable** <u>Anschaltung eines Teilnehmers</u>
    Mit Hilfe von ATM können Änderungen des Transportkapazitätsbedarfs auch
    während einer bestehenden Verbindung durchgeführt werden.

3. <u>Burst-Verkehr</u>
    Vor allem in Verbindung mit Datenübermittlung können erhebliche kurzzeitige
    Änderungen bei den Informationsanforderungen auftreten, die in die Verkehrs-
    betrachtung eingehen und die durch ATM besonders einfach in das Ver-
    kehrsgeschehen eingebunden werden können.

Es ist ersichtlich, daß ATM in Verbindung mit Datenverkehr oder anderen Verkehrsformen mit
zeitlich schwankenden Transportkapazitätsanforderungen und in Verbindung mit teilnehmernahen
hen Netzabschnitten als Basis für ein Breitbandnetz eine sinnvolle Lösung sein kann. Es
werden zur Zeit zahlreiche Pilotprojekte durchgeführt, um die Vor- und Nachteile klarer
herauszuarbeiten, beispielsweise wurde in BERKOM auch eine ATM-Vermittlung eingefügt.
Die CCITT-Empfehlung I. 121 beschreibt die Grundlagen des Verfahrens.

Den Protagonisten eines ATM-Kommunikationskonzepts stehen andere Gruppen gegenüber,
die die sich derzeit mit dem Schmalband-ISDN entwickelnden plesiochronen Nahbereichsnetze
in den oberen Netzebenen in ein weltweites SDH-Netz integrieren wollen und dabei auch
Zugänge für ATM in das SDH vorsehen. Damit würde ATM im wesentlichen im Bereich der
Ortsverbindungsleitungen zum Einsatz kommen.

Die Deutsche Bundespost hat in den letzten Jahren vor allem diejenigen Unternehmen
ermutigt, die auf das ATM-Konzept für die Nutzung der verfügbaren Übermittlungskapazitäten in den höheren Netzebenen setzen. Inzwischen werden auch Verfahren der synchronen Digitalübertragung in die Betrachtung der Netzkonzeptionen einbezogen (**Cross-
Connect**-Konzepte) und technisch erprobt.

Noch in diesem Jahr wird die DBP Telekom im Zuge eines weit ausgedehnten Pilotprojektes
mit der Bezeichnung VISYON ein synchrones Breitbandnetz auf Glasfaserbasis in Betrieb nehmen, das etwa die Vorschläge berücksichtigt, die auf eine synchrone **Breitbandtechnik** setzen.
Zu diesem Netz werden in der Grundausstattung Zugänge von 64 kbit/s, 2 Mbit/s und
140 Mbit/s angeboten, als weitere plesiochrone Raten werden 8 Mbit/s und 34 Mbit/s nach
CEPT und 1,5 Mbit/s, 6 Mbit/s und 45 Mbit/s nach der in den USA eingeführten digitalen Hierarchie in Aussicht gestellt. Der Betriebsversuch soll in diesem Jahr die Orte Aachen, Düsseldorf, Hannover und Köln umfassen, bis Ende 1993 soll das Netz nahezu flächendeckend in der
Bundesrepublik in Betrieb sein. In VISYON erfolgt die Übertragung nach dem SDH-Standard,
dem Standard, dem viele Experten besondere Nutzungsvorteile einräumen. Wesentliche
Netzelemente werden in den Pilotprojekten und Betriebsversuchen zu VISYON erprobt.

Die Diskussion zu diesem Themenkomplex ist bei weitem nicht beendet, auch die Autoren
haben sehr unterschiedliche Auffassungen über die zu erwartende Weiterentwicklung des
ISDN in Richtung auf ein Breitband-ISDN und besonders seiner technischen Realisierung. Vor

allem die Anwendungsvorteile von reinem ATM und ATM in Verbindung mit STM in einem Netz werden unterschiedlich bewertet. Da sowohl in der ATM- als auch in der STM-Entwicklung bereits erhebliche Mittel investiert wurden, werden die öffentlichen Diskussionen zur Gestaltung und Evolution der Netze nicht nur mit sachlichen Argumenten geführt.

Ob und inwieweit im **Nutzkanalbereich** in der örtlichen (bzw. regionalen) Ebene ein **ATM-**Konzept verwendet werden kann, hängt vor allem von der Struktur der abzuwickelnden Dienste ab. Liegt das Schwergewicht dieser Dienste z.B. bei Fernsehabruf und Bewegtbildkommunikation, gelten andere Regeln, als wenn das Schwergewicht der Nutzung beim Filetransfer und der Datenübermittlung liegt. Sicher scheint derzeit die Gruppe der Datenanwendungen wirtschaftlich näher liegend als die Anwendung für Bewegtbildkommunikation. Andererseits werden Datenanwendungen nicht zu einem Netz führen, das zu einer dem Fernsprechnetz vergleichbaren Dichte und Teilnehmerzahl führt. Diese kann wohl nur über die breit genutzte Bewegtbildkommunikation erreicht werden. Eine Potentialuntersuchung bezüglich des breitbandigen Datenverkehrs wird in Teil 3 durchgeführt und zeigt, daß dieses Potential bei etwa 2 Mio. breitbandiger Dateneinrichtungen für Raten oberhalb 2 Mbit/s angenommen werden kann.

2.8.4   Zusammenfassende Hypothesen und Bewertungen

<u>**57. (Hypothese):**</u>

Falls am Programmfernsehen als einziger Darbietungsform für Bewegtbildrundfunk festgehalten wird, ist ein Breitbandnetz für Individualdienste als Netz für Massenanwendung extrem teuer. Es bleibt für absehbare Zeit Sonderfällen vorbehalten, da allein für Rundfunk wirtschaftlichere Lösungen möglich sind.

<u>**58. (Bewertung):**</u>

Die Einführung eines breitbandigen Glasfasernetzes bis in die Teilnehmerebene ist wirtschaftlich nur zu rechtfertigen, wenn auf ihm alle Dienste angeboten werden können (Verbundvorteil) - dies schließt die Rundfunkdienste ein.

<u>**59. (Bewertung):**</u>

Das ATM-Verfahren bietet den Vorteil der Bitraten-Variabilität am Endgerät. Das SDH-Verfahren ermöglicht eine leichte Anpassung an wechselnde Verkehrsverhältnisse am Netzknoten. Plesiochrone Verfahren sind in digitalen Schmalband-Netzen weit verbreitet. Das Zusammenführen dieser Verfahren (z.B. ATM on top of SDH) wird derzeit erprobt.

> **60. (Bewertung):**
>
> Die wirtschaftliche Bedeutung einer sachlich richtigen Entscheidung hinsichtlich
> der Übermittlungsverfahren im Breitband-ISDN, besonders in den Netzebenen
> des gesamten Telekommunikationsnetzes ist so groß, daß alle Erfahrungen bei
> der Erprobung der Breitband-Versuche zuvor sorgfältig analysiert werden
> sollten. Bisher gibt es noch keine eindeutige Entscheidungsbasis für ATM oder
> STM oder Kombinationen zwischen diesen. Auch andere - derzeit noch nicht
> diskutierte - Verfahren können noch Bedeutung erlangen.

2.9   Weiterentwicklung bei den Diensten

2.9.1   Die Dienstbegriffe

Für die weitere Entwicklung der Informationstechnik ist es ganz allgemein von herausragender
Bedeutung, bestimmte Nachrichtenformen in ihrer Grundsubstanz so zu definieren, daß unabhängig von den zugefügten Nutzungssteigerungen, die möglich sein können, diese Grundsubstanz in der Fläche zu gleichen Bedingungen angeboten werden kann (**Subsidiarität**).
Gerade aus diesem Rechtsgrundsatz heraus hat der im **Monopol** verbliebene **Telefondienst** in
seiner Grundform seine weitgehend unbestreitbare (wenn auch nicht unbestrittene) Berech-
tigung. Auch die Auflage an die DBP Telekom, Pflichtleistungen anzubieten, ist in diesem Zusammenhang zu begrüßen. Die einschlägigen Vorschläge[29] aus dem Bundesministrium für Post
und Telekommunikation sind als angemessen zu bezeichnen.

Alle Zusätze, die sich aus der Nutzung solcher Grunddienste ergeben, sollten jedoch aus dem
Pflichtleistungskatalog ferngehalten werden, der Ansatz im Eckpunktepapier des BMPT zum
Sprachdienst (s. z.B. Informationsserie zu Regulierungsfragen, Band 1, herausgegeben vom
BMPT) ist insoweit positiv zu bewerten.

Eine weiterere Pflichtdienstleistung sollte das Bereitstellen einer definierten **Transportkapazität** einschließlich der Steuerung der Pfade im Netz sein (bisher ist kein endgültiger
Name im Dienstekatalog hierfür zu finden, er wird häufig als **Transportdienst**, in den CCITT-
Empfehlungen regelmäßig als **"bearer-service"** bezeichnet). Dieser Dienst sollte ebenfalls zu
gleichen Bedingungen in der Fläche jedermann angeboten werden.

Diese beiden Dienste basieren auf dem Netz- (**Transportdienst**) und dem Sprachmonopol
(Telefondienst) und stützen die beiden Monopole. Die Anwendung beider Dienste durch
professionelle Diensteanbieter muß aber außerhalb des Monopols liegen und für alle zu
gleichen Bedingungen erreichbar sein. Es handelt sich nur hinsichtlich der Grundformen um
Monopolleistungen, Mehrwertnutzungen sind nicht als Teil des Monopols vorgesehen.

Dies bedeutet nicht, daß nicht allgemein verbindliche Standards für Nicht-Monopol- oder
Pflichtdienstleistungen durch die jeweilig zuständigen Instanzen - also z.B. auch den **BMPT**,
ETSI, **ISO** oder **CCITT** - geschaffen werden können und daß das Recht auf Eintrag in

---

[29] Siehe hierzu auch die Bände 2 und 5 der Informationsserie zu Regulierungsfragen des BMPT.

irgendwelche Teilnehmerverzeichnisse nur erhält, wer Produkte einsetzt, die in vollem Umfange nachweislich diese Standards erfüllen (Prinzip Jeder mit Jedem!). Auch für derartige - dem Monopol nicht unmittelbar unterliegende - Leistungen kann der Netzbetreiber für die Grundform Auflagen auf der Basis der Subsidiarität machen, wenn ein solcher Dienst für größere Benutzerkreise eine essentielle Bedeutung hat oder erlangt.

Verfolgt man ein solches Dienstekonzept aus technischer Sicht, so wären neben den Monopol- und Pflichtleistungen weiterhin Standarddienste zu definieren, die jedermann für die Übermittlung einer entsprechenden Nachrichtenform nutzen kann, ohne daß er damit zugleich die sehr engen (nicht technisch bedingten) Auflagen der Monopol- oder Pflichtdienstleistungen (z.B. Angebot zu gleichen Bedingungen in der Fläche etc.) zu erfüllen hätte. Solche Dienstangebote unterlägen keiner verordnungstechnischen Regulierung, sehr wohl aber der Akzeptanz technischer Regeln (z.B. Normen u.ä.) durch den Anbieter.

Weiter sollte es jedem Nutzer des Transportsystems erlaubt sein, für die durch Monopol-, Pflicht- oder Standarddienstleistungen beschriebenen Nachrichtenformen andere Festlegungen als die in den Standards beschriebenen zu verwenden oder über die durch Standards beschriebenen Dienste hinaus andere Dienstangebote zu machen - solange er die Transportkapazität des dem Monopol unterliegenden Netzes und die technischen Regeln des Schutzes des Netzes vor Schädigung (no harm to the network) nicht überschreitet. So sollte es beispielsweise möglich sein, als bearer-service ein Angebot zu machen, bei dem ein 64 kbit/s-Transportsystem mit einem Half-Rate-Codec für 8 kbit/s-Sprachübermittlung und 56 kbit/s-Datenübermittlung benutzt wird und hierfür geeignete Geräte für die Anschaltung an ISDN anzubieten.

In diesem Zusammenhang ist dann auch die Mehrwertdienstdefinition erneut zu überdenken. Gegenwärtig werden sowohl neue Formen der Nachrichtenübermittlung im Rahmen des bearer-service als auch erweiternde Dienstleistungsangebote auf der Basis von anderen Monopol-, Pflicht- oder Standarddiensten als Mehrwertdienste bezeichnet. Diese Brücke ist zwar in der Administration tragfähig und nützlich, führt aber immer dort zu Mißverständnissen, wo auf Standarddiensten oder gar Pflichtdiensten aufsetzende Dienstleistungen - z.B. im Bereich der Sprachübermittlung unter Nutzen der Monopolleistung Fernsprechen - ebenfalls als Mehrwertdienst bezeichnet werden.

Es scheint sinnvoll zu sein, künftig zumindest vier Dienst- (bzw. Dienstleistungs-) formen zu definieren:

1.   <u>Monopol- und Pflichtdienste resp. -leistungen</u>
     stehen in der Grundform allen Nutzern in der Fläche zu gleichen Konditionen zur Verfügung und werden vom Betreiber zu einheitlichen Konditionen bereitgehalten. Monopoldienste sind insoweit eine rechtlich stärker gebundene Teilmenge der Pflichtdienste, die vom Monopolinhaber allein erbracht werden dürfen. Für Pflichtdienste gilt: Ein Wettbewerb im Sinne der freien Wirtschaft kann, muß aber nicht stattfinden.

2.   <u>Standarddienste</u>
     sind durch weltweite oder regionale Übereinkunft bis in Details zum Zwecke des Nachrichtenaustauschs jeder mit jedem definiert. Jedes für einen Standarddienst eingesetzte Gerät bedarf der Zulassung durch eine öffentliche oder

entsprechend legitimierte Institution, sofern der Betreiber des Endgerätes als Dienstteilnehmer in öffentliche Teilnehmer-Verzeichnisse aufgenommen werden will. Es besteht dabei weder ein Zwang zur Flächendeckung noch ein Zwang sie zu einheitlichen Konditionen abzubieten.

3. Mehrwertdienste
    nutzen die Transportkapazität eines öffentlich zugänglichen Fernmeldenetzes, um über dieses Nachrichten in einer nicht oder öffentlich nur unvollständig (z.B. nur in den OSI-Ebenen 1-3) definierten Form auszutauschen. Hierbei erfährt der Transportdienst einen **Mehrwert** dadurch, daß alternative Formen der Nachrichtenübermittlung eine Nutzungserweiterung erfahren. Erfolgreiche Mehrwertdienste können nach einer Erprobungsphase in den Katalog der Standarddienste übernommen werden.

4. Mehrwertdienstleistungen
    ergänzen Pflicht- oder Standarddienste und nutzen sie als Betriebsbasis. Sie erfahren eine Nutzungserweiterung dadurch, daß der betroffene Dienst durch besondere Hilfeleistungen für spezielle Anwendungsfälle attraktiv gemacht wird.

Eine derartige Erweiterung der Begriffswelt im Dienstebereich würde sehr dazu beitragen, daß Unstimmigkeiten und Behinderungen beim Betrieb von nicht standardisierten Übermittlungsformen vermieden würden und neue Dienste und Dienstleistungen leichter erprobt und eingeführt werden könnten.

2.9.2   Organisationsformen für Dienste

Es kann nicht Gegenstand dieser Studie sein, alle möglichen und vorstellbaren Dienste und Dienstvarianten aufzuzeigen. Dennoch sei darauf verwiesen, daß mit dem vorstehend beschriebenen Konzept einer zumindest vierstufigen Gliederung in der Betriebs- und Zulassungspraxis erhebliche Aktivitäten bei vielen innovativ tätigen Menschen ausgelöst werden könnten.[30]

Es kann und soll umgekehrt auch nicht Aufgabe eines Netzbetreibers sein, alle denkbaren Diensteformen vorzuschlagen, zu filtern und zuzulassen. Dies sollte der Öffentlichkeit, der Kreativität der Dienstanbieter und der Akzeptanz durch die Benutzer überlassen bleiben.

Dienste, die sich bewähren, können vom Mehrwertdienst nach vorstehender Vorstellung zu Standarddiensten und Pflichtdiensten durch Normengremien und Verwaltungen aufgewertet werden, wenn dies die Akzeptanz oder die wirtschaftliche Bedeutung sinnvoll erscheinen läßt. Wichtig ist lediglich, daß bei der Dienstestandardisierung nicht zukünftig an die Stelle des Fernmeldemonopols ein **Patentmonopol** tritt. Dies bedeutet, daß jeder neue Dienst nur dann als Standarddienst (und erst recht als Pflichtdienst) zugelassen werden darf, wenn der potentielle Patent- oder sonstige Schutzrechtsinhaber vor der Bearbeitung und Überführung in einen Standarddienst seine **Lizenzbereitschaft** zu gleichen Bedingungen für jeden potentiellen Mitbewerber erklärt. Nur so kann auch der Wettbewerb im Standard- oder gar Pflichtdienstbereich gesichert werden, da nur so der (eingeschränkte) Wettbewerb zu vergleichbaren Bedingungen in der Fläche funktionieren kann.

---

[30] Siehe Steinbach C.
Telekommunikation in Deutschland, CAPdebis BeCom Studie, 1992

Ein besonderes Problem ist die Anpassung eines bestimmten Dienstes an neuere Abwicklungs-
verfahren. Viele Pflicht- und vor allem Standarddienste werden in einer Form dargeboten, die
dem jeweiligen Stand der Technik bei weitem nicht mehr entsprechen. Dies gilt sowohl für
Individual- als auch für Rundfunk-(Verteil-) Dienste.

Bei den Rundfunkdiensten konnte durch die ständige Beachtung einer "vertikalen" Kompatibilität dieses Problem bisher umgangen werden und auch die neuen MAC-Verfahren basieren
auf dieser (Kompatibilitäts-)Vorstellung. Es zeigt sich aber mehr und mehr, daß z.B. neue
Fernsehverfahren sehr viel wirkungsvoller gestaltet werden könnten, wenn auf diese Art der
Kompatibilität einmal verzichtet würde und beispielsweise Transport- und Darstellungsebene
voneinander getrennt würden (siehe auch 2.9.4).

Vor allem bei Mailbox- und **Datenbankdiensten** entsteht eine Organisationsproblematik
daraus, daß die Bedienoberflächen und die Such-Verfahren immer leistungsfähiger werden,
zugleich aber andere Formen der Abwicklung erfordern. Damit geht u.U. die Kompatibilität
mit den älteren - bereits standardisierten - Formen verloren. Insoweit haben Dienste-Standards
u.U. nur eine begrenzte **Anwendungsdauer** - ein in der **Individualkommunikation** bisher
ungewohnter Aspekt. Er zeigt sich beispielsweise bei der Überarbeitung des Bildschirmtextes
in Verbindung mit ISDN sehr deutlich.

Es wurden in der Vergangenheit bereits eine ganze Reihe vorstellbarer Dienste für ISDN
vorgeschlagen. Viele dieser Vorschläge konnen mit dem gegenwärtig verfügbaren Stand der
PC-Technik in einem einzigen "Endgerät" realisiert werden, wenn auch dabei der **PC** nur das
Ende einer langen Kette von Transport-, Verarbeitungs- und Umformungsprozessen ist.
Endgerät im Sinne des Netzmonopols oder der Dienste-Standardisierung sollte keinesfalls der
PC sein, da er als frei programmierbare und in der Hardware vielfältig modifizierbare
Einrichtung nicht in die Zulassungsschematik einer Fernmeldebehörde einordbar ist (man dürfte
sonst z.B. keine **Grafikkarte** mehr austauschen oder das Betriebssssystem modernisieren). Dies
ändert seine Funktion in keiner Weise, sondern nur seine zulassungsrechtliche Einordnung. Im
übrigen geht die Zulassungspraxis mit der Zulassung von **Modem-**, **ISDN-** und **Faxkarten**
bereits in diese Richtung, wenn man davon absieht, daß die Teilnahme an bestimmten Diensten
auch noch von der Verwendung einer zugelassenen **Software** abhängig gemacht werden kann.

Es sollte vielmehr sowohl für das analoge **Fernsprechnetz** als auch für **ISDN** als "Fernmelde-
Endgerät" eine Einrichtung zwischengeschaltet werden können, die das reine Aufnehmen der
Nachricht und (falls gewünscht) deren Zwischenspeicherung in unterschiedlich aufwendiger
Form sichert und den Empfang einer Nachricht bestätigt. Die so beim Empfänger eingehende
oder vom Absender ausgehende Nachricht kann dann im Empfangsfall vom Empfänger mit der
Übernahme in seine Weiterverarbeitungsapparatur frei interpretiert werden, umgekehrt kann
die zu sendende Nachricht von einer solchen Zwischeneinrichtung für die Übermittlung
optimiert werden. Die Zwischeneinrichtung (Sende- und Empfangseinrichtung) unterliegt dann
voll der ordnungsrechtlichen Zulassungsprozedur der Netzbetreiber, die Interpretation der
Begriffe Absender und Empfänger sind von den (ordnungsrechtlich zu regulierenden) Begriffen
Sende- und Empfangseinrichtung strikt zu trennen. Ob und wie eine solche Zwischeneinrichtung im Detail technisch realisiert wird, muß dem Hersteller überlassen bleiben. Es sind
viele unterschiedliche Lösungen - vom "intelligenten NT" bis zu einer laptop-ähnlichen
Computerstruktur ohne Display und Tastatur vorstellbar. Sie kann sowohl für Pflicht- und
Standarddienste als auch für Mehrwertdienste genutzt werden.

Unter diesen Umständen lassen sich sowohl akustische als auch visuelle Ereignisse etwa im Sinne einer kommunikationstauglichen Multimedia-Station optimal zusammenführen oder jeweils dienst-spezifisch abwickeln, es entsteht ein erheblicher Freiraum für die Gestaltung von Mehrwertdiensten.

Die resultierenden Dienstemöglichkeiten können kaum umfassend und lückenlos dargestellt werden. Die aus ihnen resultierenden Dienste müssen sich nach dem Prinzip trial and error am Markt etablieren und durchsetzen bzw. durchfallen. Es könnte aber z.B. die Art der Farbübermittlung für bestimmte Zwecke nicht hinreichend oder für andere zu aufwendig sein. Es wäre auch vorstellbar, wenn es schon im Mobilfunk möglich ist, mit neuen Quellcodierungsverfahren (half rate codec) Sprache mit reduzierter Datenrate in Telefonqualität zu übermitteln, das gleiche Konzept auf drahtgebundenen Wegen zu nutzen und den verbleibenden Rest eines Nutzkanals für die Datenübermittlung oder die zeichnerische Darstellung einer Anfahrt oder des gerade besprochenen Entwicklungsmodells zu nutzen. Allein aus einem solchen Prinzip des ressource-sharing ergeben sich nahezu unbegrenzte Möglichkeiten einer Dienstegestaltung, die weit über den Gedanken einer notdürftigen Bewegtbildübermittlung bei 64 kbit/s hinausgehen.

2.9.3   Rundfunkdienste

Neben den Individualdiensten stehen die Rundfunkdienste, denen im Hinblick auf die verfügbaren Transportkapazitäten sowohl über Satelliten als auch über Glasfaserliniennetze ein erhebliches Wachstums- und evt. auch Substitutionspotential zukommt. Die Gestaltung der neuen Rundfunkdienste ist deshalb besonders bedeutsam, weil mit ihnen ein erhebliches Mengen-Potential bei Schlüsseltechnologien verbunden ist, das in den letzten beiden Jahrzehnten zumindest in Europa sehr vernachlässigt wurde.

Den folgenden Überlegungen seien die derzeit diskutierten Strategien für die Fortentwicklung der Rundfunkdienste vorangestellt:

> In <u>Europa</u> soll die Fortentwicklung auf zwei - noch heftig diskutierten - unterschiedlichen Wegen vonstatten gehen. Nach den Festlegungen der EG soll der Weg über D2-MAC zu HD-MAC und dann in einer viel späteren Phase zum digitalen HDTV führen. Parallel dazu wird die Fortentwicklung von PAL zu PAL+ und von dort zum digitalen HDTV gefordert. Vor allem der erste Weg ist ein Weg des Kompromisses mit kleinstmöglichen Schritten, der den Kunden im Extremfalle etwa alle drei Jahre ein "neues Fernsehen" und damit neue Fernsehgeräte bescheren würde. Der dem MAC-Konzept plakativ vorangestellte Kompatibilitätsgedanke ist eher als fragwürdiger Nutzen zu bewerten.

> Im <u>pazifischen Raum</u> hat Japan die MUSE-Standards für ein analoges HDTV fertiggestellt und ist in der Phase der Erprobung mit echten Sendungen. Ein MUSE-HDTV-Empfänger kostet derzeit etwa das 2,5-fache eines D2-MAC-Empfängers bei stark sinkender Tendenz. Da der Produktionsstandard mit den elektronischen Trickfilmherstellern in USA abgestimmt und von dort weitgehend bezahlt wurde, läuft die Produktion von Unterhaltungsprogrammen bereits seit etwa 2 Jahren auf Hochtouren. Wer im pazifischen Raum (und der amerikanischen Westküste) reist, kann die Produktionsteams allerorten mit ihren überdurchschnittlich großen Kameras beobachten.

Seit Mitte 1992 wird in Japan außerdem ein UDTV genannter digitaler Standard diskutiert, der mit 3000 Zeilen, 4000 Bildpunkten je Zeile und bis zu 100 Bildwechseln je Sekunde als Arbeitsziel definiert wurde. Die Übertragung soll möglichst mit rund 600 MBit/s durchgeführt werden. Als Einführungszeitpunkt wird 2001 genannt.

In den <u>USA</u> werden derzeit mehrere Vorgehensweisen diskutiert, allen voran die Übernahme von MUSE, die Definition eines eigenen HDTV-Standards und das Entwickeln eines digitalen HDTV-Standards. In der Diskussion dieser drei Strategien wird argumentiert, daß nur der letzere Fall zu wirklich fortschrittlichen Definitionen führe und der amerikanischen Elektronikindustrie eine echte Chance einräume, langfristig wieder an der Unterhaltungselektronik zu partizieren. Aus diesem Grunde wird der digitale HDTV-Standard in den meisten amerikanischen Diskussionsgremien bevorzugt. Allerdings wird vom FCC gefordert, daß die neue Fernsehnorm jedenfalls mit der bisher festgelegten Kanalkapazität auskommen müsse. Dies schränkt die Gestaltungsvarianten erheblich ein, die Forderung dürfte mit Rücksicht auf die bestehenden Kabelrundfunknetze erhoben worden sein.

In Europa haben sich ebenfalls einige Diskussionsgremien (z.B. beim BMPT) gebildet, die an der Standardisierung von Digital-HDTV arbeiten.

Auch die Art, wie die Nachrichten dem Nutzer übermittelt werden, ist mit verschiedenen Verfahren vorstellbar:

A.   <u>Beibehalten eines Programmfernsehens im HDTV-Bereich</u>
In diesem Falle bieten sich zwei Alternativen an, nämlich die Übermittlung der Programmdarbietungen über **Satelliten**, die die hierfür erforderliche Kapazität innerhalb des laufenden Jahrzehnts noch erreichen werden (z.B. für 40 HDTV-Programme mit je 10 oder mehr Tonkanälen für Nationalsprachen). Die physikalisch verfügbaren Satellitenkapazitäten werden auch dann hinreichend sein, wenn als Standard für HDTV ein digitales Transportverfahren gewählt wird.

Es ist derzeit nicht erkennbar, daß die Satellitenkapazitäten auch ausreichen würden, um ein digitales **3D-HDTV** ohne Sehhilfen mit dem erweiterten Bandbreitenbedarf abzuwickeln.

Der Versuch, digitales HDTV über das bestehende Kabelrundfunknetz zu verbreiten, kann nur verwirklicht werden, wenn durch **Quellencodierung** mit **Datenreduktion** in erheblichem Umfang die wünschenswerten Kanalzahlen erreicht werden. Derartige **Redundanzreduktionen** führen aber zu fühlbaren **Qualitätseinbußen**.

Weder mit einem Satellitenverteilkonzept noch mit dem Kabelrundfunkkonzept kann ein Massen-Bildtelefondienst mit akzeptabler Qualität kombiniert werden - diese Variante führt mithin nach gegenwärtigem Kenntnisstand zum Verzicht auf ein akzeptables Bildtelefonsystem für jedermann.

B.   <u>Übergang zum Abruffernsehen.</u>
       Bei diesem Verfahren muß das übertragungstechnische Verteilprinzip in ein in-
       dividualisiertes Monolog-Verfahren überführt werden, bei dem jeder Empfänger
       seinen individuellen Übertragungskanal vom Sender her benötigt. Dies bedeu-
       tet, daß bei n Zuschauern auch n mal die Transportkapazität im Teilnehmer-
       anschlußbereich bereitstehen muß, da ja jeder Nutzer den Beginn des Abrufs zu
       einem anderen Zeitpunkt wählen kann, als ein anderer Nutzer. Aus diesem
       Grunde wird hierfür nach dem gegenwärtigen Stand der Technik jedenfalls ein
       Glasfasernetz mit individuellen Glasfasern bis zum Teilnehmer benötigt.

       Bei einem solchen Konzept können andere **Breitbanddienste** - z.B. das
       Bildtelefon - relativ leicht auch nachträglich integriert werden. Optionen für
       andere Nutzungen eines solchen Breitband-Glasfasernetzes bleiben offen - z.B.
       mit Hilfe kohärenter Übertragung.

Die Tagung zu diesen Themen anläßlich der Internationalen Funkausstellung 1991 in Berlin zu
hat zwar keine eindeutigen Ergebnisse pro und kontra solcher Konzepte gebracht, aber sehr
deutlich gezeigt, in welch kleinen Schritten in der EG der Weg zu einer endgültigen Lösung
beschritten werden soll. Über die ASTRA-Satelliten (auf die über 90 % aller Satelliten-
empfangsanlagen ausgerichtet sind) sollen möglicherweise die MUSE-Sendungen nach
japanischer Norm - jedoch in den wichtigen europäischen Sprachen - abgestrahlt werden. Wie
neuerdings verlautbart, sollen weiterhin bereits vor Inbetriebnahme von HD-MAC auf breiter
Basis über japanische Satelliten MUSE-Sendungen auch nach USA und Europa übermittelt
werden (es wird 1992/1993 für USA und Europa genannt). Unter diesen Umständen können
den MAC-Standards nur noch geringe Chancen auf eine nennenswerte Sehbeteiligung
eingeräumt werden. Auch anläßlich der Standardisierungskonferenz des BMPT in Bonn am 1.
und 2.10.91 sind die Widersprüche zu dieser Problematik erneut deutlich geworden.

Der industriepolitisch motivierte Druck auf die Betreiber der ASTRA-Satelliten und die
regulierende Absicht der EG, Geräte im neuen 16:9-Format nur für den Vertrieb freizugeben,
wenn sie auch D2-MAC-Sendungen wiedergeben, ist aus vielerlei Gründen abzulehnen.

Soll digitales HDTV eingeführt werden, muß es so attraktiv und so weiterentwicklungsfähig
gestaltet werden, daß auch nachfolgende Verbesserungen unter Beachtung der Kompatibilität
zu einem jetzt zu setzenden Standard möglich sind. Unter dieser Prämisse entfallen alle
Konzepte, die HDTV-Lösungen derart implementieren, daß sie mit herkömmlichen Verfahren
kompatibel bleiben.

Es muß vielmehr eine Trennung der Transportstandards von den Darstellungsstandards nach
dem OSI-Modell erreicht werden, die in den herkömmlichen Fernsehstandards nicht vorgesehen sind. Es ist weiterhin davon auszugehen, daß dieser "neue Rundfunk" nur über Satelliten
(im reinen Verteilmode) oder über Glasfasern (im Verteil- und Abrufmode) betrieben werden
kann, da das Fernsehen in den hochaufgelösten Varianten eine erhebliche Transportkapazität
erfordern wird, die über terrestrische drahtlose Verteilung kaum zu realisieren ist.

Die Entscheidung, ob Verteil- oder Abrufangebote gemacht werden, betrifft vor allem die
Netzhoheit der DBP Telekom. Falls tatsächlich letztendlich ein Glasfasernetz bis zum Nutzer
errichtet werden soll, ist dies mit erheblichen Kosten verbunden und kann zu einem Quasi-Ein-
speisemonopol des Netzbetreibers führen. Die Finanzierung der Kosten kann nur dann auf den

Teilnehmer abgewälzt werden, wenn kein konkurrierendes Satelliten-Verteilangebot bestehen würde. Die Frage des Einspeiserechts muß hingegen auf sehr hoher Rechtsebene geklärt werden, wenn ein Satellitenangebot als Alternative nicht existiert. Allerdings liegt die Entscheidung über eine Satelliten-Verteilkommunikation nicht mehr allein bei nationalen Gremien. Von der Beantwortung der politischen Fragen hängt die technische Systementscheidung auch auf der Netzebene ab.

Zur rein technischen Systemabfolge sollen an dieser Stelle abschließend einige Anmerkungen gemacht werden:

1.   <u>D2-MAC</u>
      Das Verfahren ist eingeführt , Geräte stehen zur Verfügung, mehrere Satelliten verteilen D2-MAC im europäischen Raum.

2.   <u>MUSE</u>
      Das Verfahren ist ebenfalls eingeführt, Geräte stehen zur Verfügung, ein Satellit erteilt MUSE-Programme im pazifischen Raum.

3.   <u>HD-MAC</u>
      Für HDTV nach den MAC-Prinzipien wurde im Rahmen des RACE-Programmes der EG eine HDTV-Plattform geschaffen, mit einer technischen Standardisierung und nachfolgender Fertigung ist kaum vor 1995 zu rechnen. Bei ersten Versuchsvorführungen anläßlich der Olympischen Spiele waren viele unabhängige Experten eher enttäuscht.

4.   <u>Digital-HDTV</u>
      Die USA wollen - nach Abschluß der konkreten Systementscheidung - bis etwa 1996 ein digitales HDTV-Konzept realisieren und einführen. Es bleibt fraglich, ob dieses Ziel erreicht werden kann. Allein mit solchen Terminen kann HD-MAC und MUSE vor deren breiter Einführung technisch überholt werden.

5.   <u>PAL-plus</u>
      Eine Gruppe um RTL will in Europa mit PAL Plus eine Konkurrenz zu D2-MAC und vor allem zu HD-MAC schaffen, die viele technische Vorzüge gegenüber D2-MAC hat, aber nicht verfügbar ist. Vor dem Hintergrund der weltweiten Entwicklung zu einem digitalen HDTV ist dieser Ansatz ebenso skeptisch zu bewerten wie MUSE oder HD-MAC.

6.   <u>EG-Digital-HDTV</u>
      Europa will digitales HDTV erst ab ca. 2005 einführen. Dies dürfte für eine anzustrebende Leitfunktion zu spät sein.

7.   <u>UDTV</u>
      In Japan wird die Entwicklung eines Ultra-High-Definition-TV mit 3000 Zeilen, 4000 Bildpunkten je Zeile und ca. 100 Bildwechseln je Sekunde von einigen Firmen mit Begleitung des MITI betrieben - Einführungszeitpunkt "um oder kurz nach 2000".

Aus technischer Sicht ist zu erkennen, daß D2-MAC zu spät eingeführt wurde, um gegen die verschiedenen HDTV-Varianten noch zu einem geschäftlichen Erfolg werden zu können. Nur mit einem weit in die Zukunft weisenden Konzept kann die - mittelfristig letzte - Chance wahrgenommen werden, das verlorengegangene Terrain im Bereich der Unterhaltungselektronik zurückzugewinnen und damit eine breite Fertigungsbasis für die relevanten zukunftsweisenden Technologien - von der Halbleitertechnik bis hin zur Displaytechnik - zu schaffen.

In den Abschnitten zum Ausbau eines Glasfaserliniennetzes wurde bereits darauf hingewiesen, daß die derzeitigen Planungen innerhalb der EG und daraus abgeleitet auch in der Bundesrepublik bei weitem nicht ausreichen, um das verlorene Terrain im Bereich der Unterhaltungselektronik zurückzugewinnen und die notwendige Basis für die (wirtschaftlich) erfolgreiche Bereitstellung von Produkten der Schlüsseltechnologien im Gesamtgebiet der IuK-Techniken zu erreichen. Hier müßte im Bereich der Fördermaßnahmen wegen der außerordentlichen strategischen Bedeutung des Gesamtfeldes Informationstechnik von Grund auf umgedacht werden. Der jüngst von Siemens verkündete Verzicht auf eine neue Halbleiterfabrik basiert wahrscheinlich in erster Linie auf dieser Erkenntnis, wenn man u.a. als Begründung erklärt, daß Endprodukte fehlten, die diese Halbleiterprodukte aufnehmen könnten. Strategien, bei denen der absehbare wirtschaftliche Erfolg des angestrebten Produkts zu einer wesentlichen Vergabeentscheidung für Entwicklungssubventionen beiträgt, sind mit aller Sicherheit zu eng angelegt und werden durch den Vorsprung der Mitbewerber in jedem Falle konterkariert. Vielmehr muß ein Dienstekonzept im Bereich der Unterhaltungselektronik das derzeit technisch Machbare in den zugehörigen Schlüsseltechnologien als bereits realisiert voraussetzen und darauf aufbauen.

2.9.4 Zusammenfassende Hypothesen und Bewertungen

61. (Bewertung):

Dienste und Dienstleistungen sind weder mit den ordnungspolitischen Begriffen von Monopol- und Wettbewerbsdiensten noch allein mit den Begriffen der Pflicht- und Mehrwertdienste nach den derzeitigen Modellvorstellungen bei Fernmeldeverwaltungen und EG hinreichend differenziert beschreibbar. Dies gilt verstärkt für die zukünftige Entwicklung.

62. (Hypothese):

Der in Europa verfolgte Weg bei der Fortentwicklung des Fernsehens ist in zu viele, zu kleine Schritte aufgeteilt, um weltweit konkurrenzfähig zu sein.

63. (Hypothese):

Die Beteiligung am Markt der Unterhaltungselektronik würde die erforderliche Breite in den innovativen Technologien im IuK-Bereich schaffen, um auch erfolgreich in anderen Sektoren tätig zu werden.

> **64. (Bewertung):**
>
> Dienste werden sowohl bei der EG als auch in der Bundesrepublik noch viel zu
> sehr im Sinne einer hoheitlich zu regulierenden Aufgabe gesehen. Dies sollte
> aber nur für Monopol-, Pflicht- und allenfalls Standarddienste gelten.

> **65. (Bewertung):**
>
> Die Verfahren der Definition und Einführung von Diensten werden noch immer
> zu sehr den großen Unternehmen und den Fernmeldeverwaltungen zugeordnet,
> anstatt sie in großer Freiheit einzuleiten und erst abschließend im Erfolgsfalle
> durch Experten festzuschreiben, wenn der Produkterfolg eine Standardisierung
> geraten erscheinen läßt.

> **66. (Bewertung):**
>
> Japan hat derzeit die besten Chancen, bei der Fortentwicklung des Fernsehens
> eine führende Rolle zu spielen.

> **67. (Bewertung):**
>
> Nur eine Reduktion der verschiedenen Schritte bei der Einführung von
> zukunftweisenden Fernsehsystemen in Europa und deren kurzfristige
> Abwicklung kann Europa eine Chance bieten, im Bereich der Unterhal-
> tungselektronik wieder Fuß zu fassen.

2.10   Weiterentwicklung bei der Dienste-Verflechtung

2.10.1   Dienste-Verflechtung

Das Schaffen eines diensteintegrierenden Fernmeldenetzes war eine bedeutsame Aufgabe der
letzten Jahre. Inzwischen sind zahlreiche Nationen im **ISDN** untereinander verbunden, u.a.
Deutschland, Frankreich, Belgien, Niederlande, Großbritannien, USA, Japan und Italien. Zwölf
weitere europäische Staaten haben ihren Beitritt erklärt und terminiert.

Der Erfolg von ISDN ist vor allem deshalb begrenzt und bisher nicht im erwarteten Umfang
und entsprechend dem verfügbaren Ausbau eingetreten, weil im Bereich des **Diensteangebots**
für dieses Netz und bei der Dienste-Verflechtung Versäumnisse vorliegen und schließlich
weltweite Verbindungen im kommerziellen Nachrichtenaustausch über ISDN noch nicht
möglich sind. Bisher sind nämlich weder vom Betreiber des ISDN - also in der Bundesrepublik
Deutschland von der DBP Telekom - noch von privaten Diensteanbietern genügend attraktive
Dienste und Dienste-Verflechtungsverfahren öffentlich angeboten worden. Darüber hinaus sind
die bürokratischen Hemmnisse auch nach nunmehr drei Jahren Tätigkeit der DBP Telekom als

"Unternehmen" bei Anmeldung und Betrieb von **ISDN-Hauptanschlüssen** noch immer sehr hoch. Wer einen ISDN-Anschluß bestellen möchte, muß z.B. vorher wissen, unter welcher **Endziffer** er welchen Dienst wahrnehmen will, also quasi, wozu er ihn brauchen wird.

Solche Forderungen behindern naturgemäß die **Akzeptanz**. Aus technischen Gründen würde es genügen, daß im ISDN <u>eine</u> der für den Hauptanschluß freigegebenen Ziffern fest für eine **Sprechstelle** reserviert wird (Monopoldienstleistung) und im übrigen der Hauptanschlußinhaber über die anderen Ziffern frei und ohne Kontrolle durch die DBP Telekom - vor allem aber auch ohne Veröffentlichung in irgendeinem Verzeichnis - verfügen kann, wenn er dies will. Dies ist auch aus **Datenschutz**gründen zu fordern.

Schließlich haben viele potentielle Entwickler für Telekommunikationseinrichtungen noch immer nicht erkannt, welche Freizügigkeit die neuen Regulierungen hinsichtlich Monopol- und Wettbewerbsbereich tatsächlich bieten. Liest man die Fachzeitschriften aus dem PC-Bereich, so wird diese Unsicherheit besonders deutlich.

Da weiterhin die Trennlinien zwischen Monopol- und Wettbewerbsbereich einerseits, die zwischen Diensten und Netzen andererseits und die zwischen Hard- und Software dritterseits aus technisch-wirtschaftlichen Gründen nicht überall zu einer allgemein verständlichen Deckung gebracht werden können, werden solche Unsicherheiten bleiben. Auch die Trennung nach IN- und Verflechtungsmerkmalen - wie sie in dieser Arbeit getroffen wurde - könnte vermieden werden, wenn andere Parameter als die gegebenen sicherstellen könnten, daß nicht Verbundvorteile aus **Monopol-** und Wettbewerbsbereich dazu führen, daß der **Wettbewerbsbereich** benachteiligt werden kann.

Es kann unter den derzeit gegebenen Bedingungen nicht verwundern, daß ein breites Segment des Dienstleistungsmarktes - die Dienste-Verflechtung als Wettbewerbsleistung - nicht zum Tragen kommt. Hinzu tritt, daß sowohl von Herstellern wie Betreibern versucht wird, dieses Potential in den Begriff des Intelligenten Netzes einzubinden und damit in einer standardisierten und dann massenfertigungs- und -abwicklungstechnisch beherrschbaren Form anzudienen. Durch ein solches Vorgehen wird die Möglichkeit behindert (wenn auch nicht ausgeschlossen), solche Verflechtungen und Kombinationen mit privatwirtschaftlichen Mitteln schnell und marktgerecht anzudienen.

2.10.2   Felder für Dienste-Verflechtung

Dienste-Verflechtung ist eine Aufgabe, die im wesentlichen im **Endbereich** der Netze (**Teilnehmervermittlungen, Anschlußleitung** und **Endgerät**) abgewickelt werden kann und das eigentliche Netz nur als Transportmittel benutzt. Es handelt sich grundsätzlich um eine Mehrwertdienstleistung im Wettbewerbsbereich. Hier können erhebliche Betätigungsfelder für private Institutionen geschaffen werden, wenn man die Dienste-Verflechtung und die Eigenschaften der Netze einschließlich ihrer Intelligenz ausnutzt und sie z.B. bis zum privaten Anwender hin dahingehend anbietet, daß dort an allen Diensten teilgenommen werden kann, ohne daß Endgeräte für alle Dienste installiert sind. Einige Beispiele mögen die Anwendungsmöglichkeiten der Dienste-Verflechtung verdeutlichen:

Im Netzbereich einer privaten Telekommunikationsanlage können auch Dienste verflochten werden, von denen der **Netzbetreiber** keine Kenntnis hat, z.B. bestimmte firmenspezifische Formen des Datenaustauschs - selbst wenn für den Verkehr mit Niederlassungen hierzu Teile des öffentlichen Netzes als **Transportsystem** mit benutzt werden. Welche Freizügigkeiten schon in der Vergangenheit durch das Nebenstellenwesen geschaffen wurden, kann jeder zeigen, der einmal in der Nebenstellentechnik planend tätig war. Die Möglichkeiten potenzieren sich bei modernen **Telekommunikationsanlagen** durch Anschalten an unterschiedliche Netze und durch das Verflechten von Diensten.

Wer - vor allem als Privatperson - nicht alle Endgeräte für alle **Standarddienste** betreiben will und kann, kann sich eines (professionellen und teilzentralen) Dienste-Umsetzers als Diensteanbieter bedienen. Die technischen Einrichtungen solcher Umsetzer-Stellen müssen nicht vom Netzbetreiber betrieben werden, sondern sollten von kleineren Unternehmen betrieben und ihre Nutzung öffentlich angeboten werden. Man gibt seine Nachricht mit demjenigen Dienst an diese Unternehmen, für den man ein Endgerät hat. Ähnlich wie ein **Kurierdienst** sorgt dann dieses Unternehmen dafür, daß die Meldung in der Form zugestellt wird, die der Zielpartner auch aufnehmen kann. Da die Umsetzer-Stellen der privaten Anbieter sinnvollerweise über Anschlußleitungen an **Endvermittlungsstellen** angeschaltet sind, liegt auch hier die Umsetzung und das Bereitstellen geeigneter Dienste-Abwicklungsformate im Endbereich der Netze - also außerhalb des Bereichs, in dem Zentralkanalsignalisierung angewendet wird - die ihrerseits wiederum Teil des Intelligenten Netzes im engen Sinne ist.

Kommerzielles least-cost-routing bei Ferngesprächen unter Nutzung unterschiedlicher Tarif- und Netzangebote durch private Unternehmen ist heute schon in USA ein übliches Dienstangebot, das in Europa kaum bekannt ist und ebenfalls in diese Kategorie fällt. Ein solches Angebot kann von einem einzelnen Netzbetreiber schon deshalb kaum gemacht werden, da er damit seine eigenen Schwachstellen in der Tarifgestaltung aufdecken müßte, hier ist eindeutig Betreiber-Unabhängigkeit das bevorzugte Mittel, das immer von den Leistungen eines intelligenten Netzes getrennt gehalten werden sollte.

Eine sehr weit in die Zukunft weisende Möglichkeit ist das Angebot automatischer Diktateingaben und automatischer Simultan-Übersetzungen in fremde Sprachen. So könnte z.B. ein SYSTRAN-Angebot für Schriftverkehr innerhalb der EG durch einen privaten Diensteanbieter sehr attraktiv sein (Anm.: SYSTRAN ist das von der EG-Verwaltung verwendete computergestützte Sprachübersetzungssystem, das recht weit fortentwickelt ist).

2.10.3 Zusammenfassende Hypothesen und Bewertungen

68. (Hypothese):

Im Bereich der Diensteübergänge und der Vernetzung der unterschiedlichen öffentlichen und privaten Netze besteht ein erhebliches wirtschaftliches Potential.

69. (Bewertung):

Der öffentliche Netzbetreiber behindert durch kleinliche Vorschriften bei der Zulassung und durch verlustbringende Teilnahme an Dienstleistungen (z.B. auch Fernsprechauftragsdienst) das Zustandekommen privatwirtschaftlicher Dienstleistungsangebote.

70. (Bewertung):

Dienst- und Netzübergangs-Dienstleistungen sollten vornehmlich privat angeboten werden, es besteht in vielen Fällen kein Bedarf an regulierten (Pflicht-) Leistungsangeboten des Netzbetreibers mit gleichen Konditionen in der Fläche. Im übrigen sind Netzbetreiber häufig gar nicht an der Realisierung eines für sie ungünstigen Verflechtungsangebots interessiert (z.B. least-cost-routing).

3. Wachstums- und Substitutionspotentiale in der Informationstechnik

3.0 Marktentwicklungen in der Informationstechnik

3.0.1 Historischer Überblick

Telekommunikation wird seit über 120 Jahren in stetig steigendem Umfang betrieben. Dabei war das weltweite Wachstum für die drahtgebundene Telekommunikation über viele Jahrzehnte hinweg bei etwa 6 bis 7% jährlich festgeschrieben und allenfalls in den Perioden weltweiter Rezession etwas geringer. In den ersten Phasen waren es vor allem die höher entwickelten Nationen, die zu diesem Wachstum beitrugen, als aber im Zeitraum 1960 bis 1970 in den USA, in Schweden und in einigen anderen Spitzenländern eine Durchdringung von etwa 70% Fernsprechanschlüsse je 100 Einwohner erreicht wurde, begann dort die **Wachstumskurve** merklich abzuflachen, während die weniger entwickelten Regionen der Erde ein stärkeres Wachstum zeigten, so daß insgesamt der Markt für Telekommunikation der Menge nach vergleichsweise stabil und eher geringfügig wachsend blieb. Waren noch um 1970 nur rund 10% aller Telefonanschlüsse in den weniger entwickelten Regionen installiert, in denen 85% der Erdbevölkerung lebten, so hat sich dieses Bild in den letzten zwanzig Jahren vor allem in Regionen mit seßhafter Bevölkerungsstruktur in Richtung auf über 20% Durchdringung verschoben.

Etwa gegen Ende der Sechziger Jahre wurde vielfach ein Stagnieren des Neubedarfs für den Zeitraum um die Jahrtausendwende prognostiziert und angenommen, daß danach vor allem ein Austausch alten Geräts gegen modernere Technik das Geschehen bestimmen würde. Für Deutschland wurde anhand von einigen Diplomarbeiten am Institut für Elektrische Nachrichtentechnik unter Leitung von Herrn Professor Aschoff (seinerzeit Mitglied der Regierungskommission Fernmeldewesen) um diese Zeit eine vergleichbare - wenn auch zeitlich verzögerte - Entwicklung angenommen. Folgerichtig wurde seinerzeit wegen des damals als Kriegsfolge noch bestehenden Nachholbedarfs für Deutschland - bei vergleichbarer Durchdringung - ein Abschwung der Zuwachsraten erst für einen Zeitpunkt nach 2000 angenommen. Damals schien es noch unvorstellbar, daß die Sättigung bei den Telefonhauptanschlüssen bereits zehn bis zwanzig Jahre früher erreicht würde.

Dennoch hat die Wachstumsproblematik, die durch diese Prognosen in den höher entwickelten Regionen der Erde ausgelöst wurde, dazu geführt, daß man sich vor allem in der **Fernmeldeindustrie** um neue Anwendungen der Telekommunikation bemühte. Die Fragen neuer Formen der Nachrichtenübermittlung nahmen in diesem Zeitraum breiten Raum in der Diskussion um neue - zunächst noch dienstspezifische - Fernmeldenetze ein. Aber schon sehr bald wurde in dieser Zeit auch die Frage der Value-Added-Services und der Value-Added-Networks zur Diskussion gestellt. In USA wurden zu Beginn der Sechziger Jahre z.B. erste **Faksimilegeräte** in Fernsprechnetzen eingesetzt - sie arbeiteten in Vorläuferstandards zur Gruppe 1 und benötigten mehr als sechs Minuten je Seite. Ebenso wurden **Modems** eingesetzt, um **alphanumerische Daten** zu übermitteln. Etwa zeitgleich entstanden die ersten Funktelefonnetze für die Mobilkommunikation - zunächst abgeleitet aus den militärischen Anwendungen des **Walkie-Talkie**. Parallel dazu verläuft die Entwicklung der integrierten **Digitalnetze**, die seit 1956 durch Arbeiten von Pierce eingeleitet ("switching consumpts transmission"), um 1968 auch in Deutschland zu ersten Überlegungen der integrierten Vermittlungs- und Übertragungstechnik führte. In der Forschung - vor allem im AEG-Forschungsinstitut Ulm - wurden erste Überlegungen zu **Glasfasernetzen** angestellt (Fränz, Börner, Ohnsorge, Maslowski), die aber zunächst von der Fernmeldeverwaltung und der etablierten Fernmeldeindustrie mehr oder weniger belächelt wurden. In der Studienkommission D des CCITT tauchten um diese Zeit allererste Überlegungen zu einem diensteintegrierenden digitalen Fernmeldenetz auf, die zunächst in der breiteren Fachwelt kaum bemerkt wurden. Schritt um Schritt wurden - meist in nichtöffentlichen Diskussionszirkeln - die Mittel erarbeitet, die später eine neue Welt der Telekommunikation einleiten sollten.

Zu Beginn der neunziger Jahre sind weltweit rund 820 Millionen Telefone an die öffentlichen Netze angeschlossen, etwa 50 Millionen weitere Terminals sind an drahtlose Netze für **Mobiltelekommunikation** und an öffentliche **Datennetze** geschaltet, insgesamt verfügen weltweit etwas mehr als 15% der Bevölkerung über einen Zugang zu öffentlichen Netzen, vielerorts sind mehr als 100% Durchdringung erreicht. Die Bundesrepublik näherte sich vor der Wiedervereinigung mit etwa 70% Durchdringung dem früher erwarteten Grenzwert, ohne daß eine Sättigung erkennbar würde. Zugleich stellt die Wiedervereinigung sie vor eine neue Herausforderung. Wo sind die neuen Grenzen einer Marktsättigung anzusetzen, welche Durchdringungen sind zu erwarten - sowohl insgesamt als auch im Hinblick auf die verschiedenen Kommunikationsformen und -netze?

Seit rund siebzig Jahren wird **Rundfunk** als Mittel der allgemein zugänglichen **Verteilkommunikation** angeboten. Bereits seit 1935 wird der **Hörfunk** durch **Fernseh**darbietungen ergänzt (z.B. anläßlich der Olympischen Spiele 1936). Um 1950 wurde die Qualität der **Tonwiedergabe** nachhaltig durch Einführung frequenzmodulierter **Ultrakurzwellen**sendungen verbessert, **Farbfernsehsendungen** werden seit 1960 (**NTSC**) angeboten und stetig verbessert. **Stereoton** und digitale Tonwiedergabe (**DAB**) sind die neuesten Entwicklungen. Hörfunk und Fernsehen sind durch den Satelliteneinsatz weltweit verbreitet, es gibt keinen Punkt der Erde, der nicht versorgt werden kann. Auch in den entferntesten Winkeln der Erde und bei den ärmsten Regionen ist zumindest der Hörfunk vorhanden. Die neueren Halbleiterentwicklungen erlauben den Bau eines Hörfunkempfängers für wenige Dollar. Auch Fernsehempfänger finden sich selbst in den Slums der ärmsten Großstädte.

Die Entwicklung der **Datenverarbeitung** im engeren Sinne (nicht Hollerith o.ä.) begann nach dem Ende des Zweiten Weltkrieges und nahm mit der Erfindung der integrierten Halbleiterschaltung (**IC**) eine stürmische Entwicklung. Zunächst wurden die Computer als zentrale Rechner in sog. "closed shops" betrieben, die neuen Entwicklungen des sog. **"Personal Computer"** haben zu einer erheblichen Dezentralisierung geführt. Gerade diese Dezentralisierung in Verbindung mit der Vernetzung solcher Systeme über öffentliche und lokale Netze hat entscheidend zum Zusammenwachsen von Datenverarbeitung und Kommunikation zur Informationstechnik geführt. Dieser Prozeß ist noch nicht abgeschlossen und bestimmt in seinen Abläufen das Marktgeschehen der nächsten Jahre entscheidend. Der sich bildende Markt der **IuK-Technik** mit den industriellen Teilzweigen Unterhaltungselektronik, Telekommunikation und Datenverarbeitung dürfte für die Zukunft eine Bedeutung erlangen, die etwa den Märkten Ernährung und Verkehr vergleichbar ist. Wie sich dabei die Teilmärkte und die Märkte der dieser Technik zuzuordnenden Technologien entwickeln und welche Regionen der Erde von dieser Entwicklung am meisten profitieren, ist derzeit eine der wichtigen Fragen der Wirtschaftspolitik in den höher entwickelten Regionen der Erde. Derzeit ist eindeutig der pazifische Raum in Führung gegangen, gefolgt von den USA. Ob und mit welchen Mitteln eine signifikante Teilhaberschaft an diesem Prozeß für andere höher entwickelte Regionen - z.B. für Europa - noch erreicht bzw. zurückgewonnen werden kann, ist eine der bestimmenden Fragen der Wirtschaftspolitik der kommenden Jahre und ein wesentlicher Aspekt dieser Studie. Dabei kann nicht mehr allein von der Telekommunikation als tragendem Teilzweig ausgegangen werden.

In diesem Kapitel soll eine Antwort (von vielen möglichen) gesucht werden. Dabei werden einerseits extrapolative Methoden und andererseits pragmatische Annahmen aus der eigenen beruflichen Praxis verwendet.

3.0.2 Interpretation der Umsatzzahlen und Investitionsvolumina in der IuK-Technik

Es ist sehr schwierig, die vielerorts veröffentlichten Zahlen zu den Umsätzen und Investitionen in der Informationstechnik schlüssig und ohne Unstimmigkeiten zu interpretieren. Die Zahlenwerte überlappen einander in wichtigen Teilzweigen, andere Teilzweige sind nicht hinreichend klar abgegrenzt, um zu eindeutigen Zahlen zu kommen. Veröffentlichungen in hochrenomierten Zeitschriften und angesehenen Wirtschaftsblättern enthalten genauso um Größenordnungen unterschiedliche Angaben, wie die Publikationen der Marktforschungsinstitute. Begriffe wie Software, Vernetzung, Computer oder Unterhaltungselektronik werden in vielfältiger Weise interpretiert, dort wo eine technisch klare Nomenklatur besteht, wird sie durch falsche Übersetzungen bzw. journalistische Formulierung (Beispiel Informationstechnik) verfälscht. Aus diesen Ursachen resultieren erhebliche Zahlenmißdeutungen. Ebenso werden häufig Nutzungsentgelte und Investitionsvolumina nicht klar getrennt. Um zu klareren Aussagen zu kommen, soll in diesem Abschnitt das Gesamtfeld zunächst in die drei Teilfelder

Telekommunikation (im Sinne öffentlicher Auftraggeber),
Unterhaltungselektronik und
kommunikationsorientierte Datenverarbeitung

aufgeteilt werden. Es wird primär versucht, die jährlichen Zuwächse zu ermitteln bzw. zu prognostizieren, wobei in den Teilfeldern Telekommunikation und kommunikationsorientierte Datenverarbeitung Umsatzzahlen in Publikationen häufig auch Hinweise auf die Nutzung geben können (z.B. Gebühreneinnahmen bei Telekommunikation oder Dienstleistungen bei Datenverarbeitung). Die Aufwendungen im Bereich der sog. "großen EDV" werden nicht in die Analysen einbezogen, da in dieser Studie der Kommunikationsaspekt den Schwerpunkt bilden soll. Allerdings geht sie zum Teil in die Betrachtungen dadurch ein, daß sie im wesentlichen über die "kleine und mittlere EDV" am Kommunikationsprozeß beteiligt ist (z.B. Terminals und Personal Computer), die ihrerseits wiederum im Zahlenwerk berücksichtigt sind.

Bei der Bestimmung der jeweiligen Zahlen, die in Fach-, Geschäfts- oder Verbandsberichten publiziert werden, ist aus den vorgenannten Gründen die Interpretation dieser Zahlen von besonderer Bedeutung, da häufig Teilbereiche in mehreren Berichten aufgeführt sind (z.B. erscheinen Investitionen ins Sendernetz für Rundfunk zu wesentlichen Teilen im Investitionsbericht der Bundespost, gehören aber zur Unterhaltungselektronik; die Modem-Umsätze werden sowohl im Bereich Telekom und als auch der Datenverarbeitung aufgeführt; in den Umsatzzahlen der Unterhaltungselektronik sind auch die Umsätze bei Schallplatten, Videobändern etc. enthalten; das Erstellen eines Arbeitseingabeblattes für eine Datenbank unter einem bestimmten Datenbanksystem wird häufig als **"Softwareaufwand"** bezeichnet, obwohl diese Arbeiten im

Bereich der Organisation von Unternehmen auch bei Kartei-Datenbanken auszuführen sind, also keine typische Softwarearbeit darstellen).

In den folgenden Untersuchungen wird der Versuch unternommen, solche Verfälschungen der Zahlenwerte zu quantifizieren, herauszurechnen oder zumindest auf die Einflußgröße hinzuweisen, die die Gefahr der Fehlinterpretation herbeiführen kann. Insoweit sind also allgemein zugängliche Zahlen zunächst einer Interpretation unterworfen worden, bevor sie in das Zahlenwerk eingefügt wurden, um auf diese Weise etwas mehr Transparenz in konkurrierenden Feldern zu schaffen. Um den Umfang der vorliegenden Arbeit nicht zu sprengen, wurden dabei die zahlreichen Einzeltafeln und Rechenblätter nicht zugefügt, sondern in die Tabellen allein die Rechenergebnisse eingetragen. Dies hat zur Folge, daß die gezeigten Tabellen in der Regel nicht selbst als Kalkulationstabletts genommen werden dürfen - die mathematische Nachrechnung von Zeilen oder Spalten kann nur näherungsweise zu nachrechenbaren Ergebnissen führen. Ursachen hierfür sind z.B. Rundungsfehler, unterschiedliche Zeithorizonte bei Teilgebieten u.a..

3.0.2.1   Interpretation der Umsätze, Investitionen und Erträge der Deutschen Bundespost

Die veröffentlichten **Geschäftsberichtszahlen der Deutschen Bundespost** bzw. seit der Umorganisation der DBP Telekom haben nur die Volumina zum Gegenstand, die der öffentliche Auftraggeber DBP Telekom vergibt. Die Zahlen schlossen schon in den früheren Geschäftsberichten die Investitionsvolumina nicht ein, die im privaten Sektor

- in der **Nebenstellentechnik** und
- für **Endgeräte** außer **Sprechstellen** (z.B. **Telexmaschinen**, **Faxgeräte**, **Modems** etc.)

aufgewendet wurden. Sie durften erfahrungsgemäß in der Vergangenheit mit etwa 30 % der Umsätze der Deutschen Bundespost **im Fernmeldewesen** angesetzt werden, wobei in Zukunft sorgfältig zu verfolgen ist, ob und inwieweit der Preisverfall bei Nebenstellenanlagen durch ein Wachstum bei höherwertigen Endgeräten kompensiert wird oder ob der Faktor zu korrigieren ist[31]. Außerdem ist zu beachten, daß auch die DBP Telekom als Wettbewerber im privaten Bereich auftrat und auftritt (**Telefonläden**, Nebenstellentechnik etc.). Schließlich zeigen sich im Beobachtungszeitraum noch nicht die Auswirkungen der Umschichtungen, die aus der Umorganisation der Deutschen Bundespost und den neuen Hoheitsdefinitionen resultieren, die aber weniger den Gesamtmarkt betreffen, als die Auswirkungen auf die verschiedenen Vertriebswege. Dafür sind andererseits in den Geschäftsberichten aber auch Beträge enthalten, die eigentlich der **Unterhaltungselektronik** zugerechnet werden müßten, z.B. Investitionen für die Errichtung von Sendern, Rundfunksatelliten und Koaxialkabel-Netzen (**Kabelrundfunk**).

Leider ist der erste Geschäftsbericht (1990) der Generaldirektion Telekom in einer Form gefaßt, die selbst diese Zahlen nicht mehr fortzuschreiben gestattet. So ist aus dem Geschäftsbericht 1990 z.B. nicht mehr ableitbar, welche Aktivitäten innerhalb der DBP Telekom quersubventioniert (z.B. Kabelrundfunk, **Datendienste**) wurden bzw. welche Aktivitäten im einzelnen den Geschäftserfolg sicherten (z.B. **Telefondienst**). Dies war den früheren Geschäftsberichten zumindest pauschal zu entnehmen.

---

[31] Zur Zeit verstärken sich die Anzeichen dafür, daß der Anteil der privaten Beschaffung im Endgerätebereich eine eher wachsende Anteilgröße ist.

Es ist daher nötig, die offiziellen Zahlen der Geschäftsberichte der Deutschen Bundespost bis 1989 - und daraus vor allem den Abschnitt 8.5 (bzw. 10.5 oder 14.5 in den Geschäftsberichten ab 1987) - auszuwerten, um vergleichbare Zahlen für 1990 und die ersten nachfolgenden Jahre zu ermitteln. Die Ergebniszahlen aus den Geschäftsberichten der Deutschen Bundespost sind in der nachfolgenden Tabelle 3.0.2.1 für den Zeitraum 1984 bis 1989 zusammengestellt. Die Zahlen für 1989 entstammen dabei dem Geschäftsbericht 1989 und sind Schätzungen der Deutschen Bundespost. Für 1990 wurden die Zahlen aus der Kombination der drei Geschäftsberichte Post, Postbank und DBP Telekom von den Verfassern dieser Studie extrapoliert, sie sind in den offiziellen Berichten nicht enthalten und insoweit nicht amtlich, dürften aber nach aller Erfahrung für 1990 noch weitgehend treffend sein, für die folgenden Jahre aber immer größere Fehlermöglichkeiten enthalten.

Bei den Investitionen (Tabelle 3.0.2.2) gibt der Geschäftsbericht bis 1989 nur über das Gesamtvolumen Auskunft, das von der Deutschen Bundespost investiert wurde. Hinsichtlich der Investitionen im Bereich Telekom gibt es insoweit Hinweise, als der damalige Bundesminister für das Post- und Fernmeldewesen jeweils im Dezember eines Jahres zu einer Industriebesprechung eingeladen hat, in der er die Investitionsvorhaben der Fernmeldetechnik nach den Bereichen "öffentliche Vermittlungstechnik", "Linientechnik", "Übertragungseinrichtungen", "Endgeräte" (früher Telefonapparate), und "Sonstige Investitionen" als Planungen für das Folgejahr und als Ausblick auf das übernächste Jahr bekanntgab. Hier wurde erkennbar, in welchem Umfang z.B. auch Investitionen in neue Aufgabenbereiche vorgesehen waren.

Bereichsergebnis Mio. DM/Jahr	1984 /8.5	1985 /8.5	1986 /9.5	1987 /10.5	1988 /14.5	1989 /++	1990 /+++
Briefdienst	51,1	-37,5	-137,8	-197	60,2	1220	
Päckchendienst	-271	-294,7	-349,1	-358,3	-332,5	-231	
Paketdienst	-1070,7	-1212,9	-1186,8	-1425,1	-1446,7	-1454	
Postzeitungsdienst	-480,8	-494,9	-520,7	-570,3	-538,1	-497	
Sonstiges	0	0	0	0	4,6	18,0	
Summe Post	**-1771,4**	**-2040,0**	**-2194,4**	**-2550,7**	**-2252,5**	**-944,0**	**-1494,5**
Zahlungsanweisungsdienst	-137,7	-141,8	-145	-212,0	-267,1	-222,0	
Sonstiges	-56,6	-69,3	-59,5	-61,0	-77,0	-70,0	
Postsparkassendienst	651,6	740,8	776,8	845,4	930,3	678,0	-458,4
Postgirodienst	-93,5	-122,7	-164,5	-193,8	-141,8	-183	
Zahlkartendienst/+	-340,7	-354,6	-390,2	-437,1	-475	-416	
Verschiedene	7,7	3,9	4,1	-2,9	-5,1	-5,0	
Summe Bank	**30,8**	**56,3**	**21,7**	**-61,4**	**-35,7**	**-218,0**	
Telegraphendienst	61,4	60,9	40,6	-142,3	-139,6	-167,0	
Fernsprechdienst	3506,4	4064,7	4300,1	4230,3	4544,9	3327,0	
Übrige Fernmeldedienste	-269,4	-559,7	-882,3	-1245,1	-1365,7	-1515,0	
Summe Fernmeldedienst	**3298,4**	**3565,9**	**3458,4**	**2842,9**	**3039,6**	**1645,0**	**3206,9**
Summe DBP	**1557,8**	**1582,2**	**1285,7**	**230,8**	**751,4**	**483,0**	**1254,1**

Tabelle 3.0.2.1: Überschüsse bzw. Defizite im Bereich der DBP (Auswertung der Geschäftsberichte der Deutschen Bundespost 1985 bis 1989 und der Einzelunternehmen 1990)

+ = seit dem Geschäftsbericht 1988 als Postanweisungsdienst geführt,
++ = Schätzwerte aus dem Geschäftsbericht 1989,
+++ = aus den Einzelgeschäftsberichten hergeleitet.

Insoweit sind also die folgenden Zahlen bzw. Tabellen (3.0.2.1 und 3.0.2.2) nicht in sich allein aussagefähig oder gar mit publizierten Zahlen in direkter Übereinstimmung, sondern bedürfen sehr der Interpretation durch Fachleute. Beispielsweise sollte bei den Umsätzen der Deutschen Bundespost im Telekombereich sehr beachtet werden, daß durch interne **Quersubventionen** innerhalb des Telekom-Bereichs erhebliche Verluste in den Bereichen "Telegraphentechnik" und "übrige Fernmeldedienste" ausgeglichen werden, die vor allem bei den Datendiensten und den Kabelverteildiensten "erwirtschaftet" werden und so die vielgerühmten Investitionen in neue Formen des Fernmeldewesens sehr relativieren.

Die guten Zahlen des Fernmeldewesens werden letztendlich allein aus den Erträgen des Fernsprechdienstes erwirtschaftet. Dieser Dienst erbringt nicht nur die der Deutschen Bundespost auferlegte Bundesabgabe in Höhe von zehn Prozent aller Umsätze und die ausgewiesenen externen Quersubventionen zu den anderen Postbereichen in Höhe von knapp 2 Milliarden DM in 1990, sondern finanziert darüber hinaus auch die Telekom-internen Subventionen in die Datendienste und den Kabelrundfunk.

Insgesamt werden so aus den Umsätzen des Telefondienstes in Höhe von (1988) erzielten 32.956,2 Mio. DM Umsatz rund 5,75 Mia. Subventionsbeträge für Nichttelefon-Aufwendungen (davon ca. 2,25 Mia. DM Postdienste, ca. 0,03 Mia. DM Postbank, ca. 1,55 Mia. DM DBP Telekom und ein nicht ausgewiesener Beitrag von ca. 2 Mia. DM telefonfremde Bundesabgabe) entnommen. Schon dies ist eine Umsatz-Belastung von 17,5 % (es sei darauf verwiesen, daß die zusätzliche Bundesabgabe von 10% auf die Telefonumsätze von knapp 33 Mia. DM hierin nicht enthalten ist, mit ihr stiege die Umsatzbelastung des Telefondienstmonopols mit Abgaben subventionierenden Charakters auf 27,5%!). Würde der Telefondienst von allen Abgaben entlastet und als gemeinnützige Staatsaufgabe betrieben, könnten die Telefongebühren also um knapp 30 % gesenkt und damit auf internationales Niveau gebracht werden, ohne daß Verluste erwirtschaftet würden und ohne daß die vorgeschriebene Eigenkapitalquote bei normalem Geschäftsverlauf (ohne Zusatzaufwand für den Ausbau des Fernmeldenetzes in den neuen Bundesländern) unterschritten würde.

Ähnlich kritisch und wenig durchsichtig sind die Investitionszahlen der nächsten Tabelle (3.0.2.2) zu sehen. Hier wurde zwar ein großer Teil der Investitionen bis etwa 1983 in den Ausbau der Fernmeldenetze und vor allem des Telefonnetzes investiert, danach aber waren aus dem Telekomanteil - er wurde in der Tabelle 3.0.2.2 aufgrund einiger persönlicher Notizen aus den Industriebesprechungen herleitend geschätzt und kann durchaus merklich von den angegebenen Werten abweichen - erhebliche Summen zum Ausbau des Kabelrundfunknetzes und des Paketdatennetzes aufgewendet werden.

Dabei wird noch angenommen, daß die Investitionen in die Satellitentechnik allein für den Telefondienst aufgebracht wurden - Dienste wie **VSAT**, **DAVID** und **TV-SAT** mit seinen Vorleistungen für das **D2-MAC**-Fernsehen werden als akzeptierbare Zukunftsinvestitionen angenommen.

Jahr	Gesamtinvestitionen Mio. DM	davon Telekom * Mio. DM
1976	6054,20	5000,00
1977	6162,30	5100,00
1978	7282,20	6800,00
1979	8547,90	7400,00
1980	10517,10	8300,00
1981	11899,80	10000,00
1982	12523,10	10800,00
1983	12685,70	11400,00
1984	14571,00	13100,00
1985	16519,80	15400,00
1986	16922,10	15900,00
1987	17571,00	16500,00
1988	18079,00	17100,00
1989	19295,10	18000,00
1990		19254,70
1991		26000,00
1992		30000,00

Tabelle 3.0.2.2:   Investitionen der Deutschen Bundespost
(* = geschätzt)

Um Irrtümern vorzubeugen, sei nochmals darauf verwiesen, daß diese Zahlen aus Statistiken hergeleitet sind und in der vorliegenden Form nicht anderenorts publiziert sind. Die Quellen, aus denen die Zahlen abgeleitet sind, sind die Geschäftsberichte der Deutschen Bundespost bzw. der DBP Telekom sowie einige persönliche Notizen des Verfassers Plank aus Industriebesprechungen und anderen halboffiziellen Verlautbarungen der Deutschen Bundespost.

Es sei abschließend nochmals darauf verwiesen, daß neben den öffentlichen Investitionen auch private Investitionen in die Fernmeldetechnik vorgenommen werden, die sich derzeit stark vom Nebenstellensektor zum Endgerätesektor verschieben, sich insgesamt aber mit mindestens weiteren 30 % Volumen zu den Investitionen der DBP Telekom addieren und so das Gesamtvolumen für Telekommunikation auf ca. 36 Mia. DM in 1992 erhöhen können (die Telekom-Investitionen sind bei dieser Annahme um den Anteil der Kabelrundfunk- und Rundfunksatelliten-Investitionen gekürzt, s. auch Abschnitt 3.0.2.2).

3.0.2.2   Interpretation von Zahlen der Unterhaltungselektronik

Noch problematischer und stärker fehlinterpretierbar sind die Angaben zu den **Umsätzen im Rundfunkbereich**, da hier in den Statistiken zumeist auch diejenigen Geräte der Unterhaltungselektronik enthalten sind, die nicht zum eigentlichen Rundfunkgeschäft gehören - beispielsweise **Tonbandgeräte**, **Videorecorder** und **Camcorder**, **Compact Disc-** und **Plattenspieler**, ja sogar die **Ton-** und **Bildträger** - also z.B. **Schallplatten**, **Tonbänder**, **Videobänder** und Compact-Discs, über deren investiven Charakter sich diskutieren ließe. Dies gilt auch für die vom einschlägigen Fachverband des ZVEI veröffentlichten Daten.

Absatz (Mio.Stück)	1988	1989	1989 Import	1990	1990 Import	1991 gesch.	Betrag 1991 /Mio. DM
Farb-TV-Geräte	4,00	4,05	3,039	4,45	4,35	5,30	6400
Videorecorder	2,40	2,30	k.A.	2,50		3,30	3200
CamCorder	0,37	0,52		0,74		0,95	1900
Sat-Antennen	0,03	0,20		0,60		1,00	1700
Autoradio	k.A.	k.A.		k.A.		k.A.	2600
HiFi-Ton	k.A.	k.A.		k.A.		k.A.	4900

Tabelle 3.0.2.2:   Umsatz in der Unterhaltungselektronik (nur Rundfunk)
(1991: Alle Zahlen incl. neue Bundesländer,
div. Quellen, u.a. Funkschau, GSF,
1991 geschätzte Werte, Summe 1991: angenommene 20,8 Mia. DM)

Leider sind auch die Aussagen und Annahmen namhafter Marktforschungsinstitute in der Unterhaltungselektronik und ihrer Teilmenge "Rundfunktechnik" nicht sehr verläßlich und vielfach von Mehrdeutigkeiten und Fehlern in ihren Zahlen geprägt. Es muß mithin davon ausgegangen werden, daß die verschiedenen bekannt werdenden Zahlen - z.B. aus Firmenberichten, Fachzeitschriften - nicht zwangsläufig schlüssig sind, so daß immer wieder auf die prozentualen Anteile und Relationen zwischen den drei Bereichen Telekommunikation, Rundfunk und Datenverarbeitung zurückgegriffen werden muß, wenn eine Modellierung des zukünftigen Marktes in der Informationstechnik versucht werden soll.

Während also bei der Telekommunikation im öffentlichen Bereich - dieser war in den betrachteten Zeiträumen noch vergleichsweise eindeutig erfaßbar - die Zahlen der Bundespost eine relativ verläßliche Basis bieten, sind vergleichbare Zahlen im Bereich der unterhaltungselektronisch geprägten Fernmeldetechnik - also beim Rundfunk ohne die Video- und Camcordertechnik im visuellen Gebiet und die Schallplatten-, Magnetband- und CD-Technik im akustischen Bereich - aus den vorgenannten Gründen schon wegen der vielfältigen Vertriebswege erheblich unsicherer erhoben worden. Außerdem sind die Aufwendungen für Rundfunksender und -satelliten und für den Kabelrundfunk zu einem erheblichen Teil im Investitionsvolumen der Post-Fernmeldetechnik enthalten oder außerhalb Deutschlands erbracht worden (Tabelle 3.0.2.3).

Nach Meinung der Verfasser dieser Studie zeigt die letzte Tabelle - trotz aller vorgenannten Unsicherheiten - in dramatischer Weise, welche Märkte der europäischen und vor allem auch der deutschen Informationstechnik durch den Verzicht auf eine signifikante Beteiligung am UE-Markt verloren gehen. Immerhin ist dieser Markt (bei Einschluß der Bild- und Tonträgertechniken) nach den Schätzungen der fachkundigen Verbände und Berufsvereinigungen etwa genauso groß wie der Markt der Fernmeldetechnik einschließlich der privaten Ausgaben, die ja in den Tabellen 3.0.2.1 und 3.0.2.2 nicht berücksichtigt sind. Bedenkt man die Rückwirkungen auf die Technologieentwicklung nach den Kapiteln 1.1 und 2.1 dieser Studie, so wird die resultierende Problematik - vor allem bei der Nutzung von Synergien - offenkundig. Diese Einschätzung ist auch insofern glaubwürdig (wenn auch nicht konkret beweisbar), wenn bedacht wird, daß alleine der reine Rundfunkanteil mit 15,7 Mia. DM für 1991, die Bildträgertechnik mit Video- und Camcordern mit 5,1 Mia. DM angesetzt wird.

Fügt man die von der Deutschen Bundespost installierten Sender, die Kabelrundfunkanlagen und die Rundfunk-Satelliteninvestitionen (zusammen ca. 3 Mia. DM in 1991) ebenso zu wie die Studiotechnik (keine Hinweise, mit 2 Mia. DM aber weitgehend von japanischen Firmen beherrscht) hinzu, so wird deutlich, daß im Rundfunkbereich 1991 etwa 26 Mia. DM umgesetzt wurden, während der Fernmeldeanteil (nach Tab. 3.0.2.2) in 1991 bei dieser Schätzung von 26 Mia. DM auf 23 Mia. DM (-3 Mia. DM für Kabelrundfunk und Rundfunk-Satelliten, s.o.) zu reduzieren wäre - dies würde dann die Schätzungen der Fachwelt in etwa bestätigen. Allerdings bleibt bei diesen Annahmen trotz großer Sorgfalt bei der Zahlenerhebung ein nennenswertes Maß an Unsicherheiten. Zu beachten ist ferner, daß die Aufwendungen für Ton- und Bildträger und deren Wiedergabegeräte in den Zahlen nicht enthalten sein sollten (sie sind aus dem verfügbaren Zahlenmaterial nicht exakt erfaßbar), da sie ebenso wie Künstlerhonorare etc. der eigentlichen Informationstechnik nicht zugerechnet werden.

3.0.2.3 Interpretation von Zahlen der Datenverarbeitung

Auch im Bereich der **Datenverarbeitung** sind die konkreten Zahlen insoweit recht problematisch, als wiederum in die Zahlen des **VDMA** z.B. die Aufwendungen für **Modems**, Zugänge zu den **Datennetzen** u.ä. aufgenommen sind, obwohl sie - zumindest soweit sie bei der DBP Telekom angemeldet sind - bereits bei der Telekommunikation im privaten oder öffentlichen Bereich erwähnt sind. Sie erhöhen so die Gesamtbetrachtung wegen doppelter - und manchmal sogar drei- oder vierfacher - Erwähnung (wenn sie nämlich außerdem in Importstatistiken gegenüber Inlandsprodukten abgegrenzt werden). Da aber gerade diese Anteile stark wachsen, werden so Statistiken immer schwerer interpretierbar.

Entsprechend problematisch sind die statistischen Erhebungen im Bereich der lokalen Datenverarbeitung zu bewerten. Hier sind vor allem die **Hard-** und **Softwareaufwendungen** häufig in den Angaben nicht sauber voneinander und von den reinen **Organisationsaufwendungen** getrennt ausgewiesen. Außerdem ist für die vorliegende Untersuchung in Bezug auf die Wechselwirkung zwischen Telekommunikation, Rundfunk und Datenverarbeitung nur der Teil der Datenverarbeitung relevant, der mit den Systemen im Bereich der kleinen - allenfalls mittleren - Datentechnik bedient wird. Bei der "großen EDV" wird regelmäßig ein (oder mehrere) **Front-End-Prozessoren** den **Kommunikationsvorgang** abwickeln, der seinerseits wiederum der kleinen oder mittleren EDV zuzurechnen ist.

Trotz vieler Verlautbarungen über den schlechten bzw. zu teuren Service der DBP Telekom im Datenbereich durch Vertreter von Rechenzentren u.ä. Institutionen ist festzustellen, daß die **Datenübermittlung** im Rahmen der Geschäfts-Ergebnisse der DBP Telekom ein Verlustgeschäft ist (s. z.B. Tabelle 3.0.2.1, Rubrik "übrige Fernmeldedienste"). In dieser Rubrik mit rund 1,5 Mia. DM Verlustschätzung für 1989 sind die Gewinne und Verluste aus den Datennetzen **Datex-P** und **Datex-L** als ein Negativposten in Höhe von einigen hundert Millionen DM neben dem Ausbau des **Kabelrundfunknetzes** als bedeutsamen Negativposten enthalten. Die Anteile sind aber leider nicht offiziell aufgeschlüsselt.

Tabelle 3.0.2.4 gibt einige Zahlen wieder, die Hinweise zu den Potentialen der kleinen und mittleren Datenverarbeitung geben können, dennoch sollten die Zahlen mit ebenso großer Reserve aufgenommen werden, wie die der Marktforschungsinstitute, da eine objektive Marktgrößenbestimmung schon wegen der sehr unterschiedlichen Vertriebswege kaum möglich ist. Auch die Hinweise über die eingesetzten **Betriebssysteme**, die in diese Tabelle als

Indikator aufgenommen wurden, sind in Frage zu stellen. Bei **UNIX** dürften kaum Raubkopien in Betrieb sein. Bei **MS-DOS** hingegen ist die Dunkelziffer von Systemen, die mit nicht völlig legalen Methoden im Sinne des Urheberrechts betrieben werden, hoch. Weltweit wird unter Kennern der Materie bei MS-DOS (und neuerdings **DR-DOS**) mit dem Faktor zwei bis drei für Raubkopien im Verhältnis zu den legal betriebenen Betriebssystemen gerechnet. Dabei schätzen diejenigen, die die Öffnung des Ostblocks hautnah (z.B. in der ehemaligen DDR in den Monaten November 1989 bis Juni 1990) miterleben konnten, dort - und dies gilt für die ehemaligen Ostblockstaaten   in noch stärkerem Maße - den Faktor für die Dunkelziffer regional eher bei fünf bis acht ein.

Es darf angenommen werden, daß die von Microsoft veröffentlichten Zahlen zur Anzahl installierter Betriebssysteme im Bereich der kleinen und mittleren Datentechnik einen besonders guten Indikator für den Personal-Computer-Einsatz zu liefern vermögen, wenn auch das Betriebssystem MS-DOS als "Quasi-Weltstandard" mit einer besonders hohen Dunkelziffer belastet ist. Werden also die Zahlen der legal installierten Betriebssysteme als wahrscheinlichster Anhalt für die Zahl betriebener Computer genommen und daraus die Investitionsvolumina für die Hardware und das Potential ermittelt, das Zugang zu Fernmeldenetzen erhalten kann (bzw. hat), so dürfte diese Annahme jedenfalls auf der sicheren (niedrigeren) Seite des Annahmenbereichs liegen.

Marktgröße/Jahr	Quelle	1989	1990*	1991*	1992*
Japan Export, Mia. US$	fs 25/90	31,0	36,0	42,0	
Taiwan Export, Mia. US$	mc 4/91		5,87		
MS-DOS installiert, Mio. Stck	ct 9/91		60,00	78,00	
Windows 3.0 installiert, Mio. Stck	ct 9/91		4,00	8,50	
Unix installiert, Mio. Stck	ct 9/91		0,80	1,40	
MacIntosh installiert, Mio. Stck	ct 9/91		5,00	6,00	
PC installiert Europa, Mio. Stck	net 1/91				23,00
PC-Zuwachs BRD, Mio. Stck	Presse		2,00	2,30	
PC installiert BRD, Mio. Stck	net 7/91		4,00		
Marktvol PC, BRD, Mia. DM	eig.		5,00	**)5,00	

Tabelle 3.0.2.4:   Zahlen zur EDV-Entwicklung im Bereich der
"kleinen Datentechnik".
(* = geschätzte Annahmen der jeweiligen Quelle,
** = zzgl. ca. 1,5 Mia. DM Umsatzanteil der neuen Bundesländer)

Der Vollständigkeit halber sollte erwähnt werden, daß die Zahl der portablen Computer (**Laptop** und **Notebook**) trotz hervorragender Wachstumszahlen noch relativ klein ist und für den Bereich der Bundesrepublik deutlich unterhalb 10% des Gesamtvolumens an PC anzusetzen ist. Anfang 1991 wird - und dieser Querschnitt dürfte auch für andere Regionen typisch sein - der **Computermarkt** in den neuen Bundesländern zu 44% mit Hardware, zu 42% mit Software und zu 14% mit Beratungsleistungen angenommen. Wichtig ist auch, daß die Beschaffung in den neuen Bundesländern weitgehend (58% aller Hardware) 16- bzw. 32-bit-Systeme der Klassen 80286 und 80386 betrifft, während dort noch knapp 40% auf 8086/8088-Systeme entfallen. Der Anteil von 68000er-Systemen (MacIntosh etc.) ist hingegen vernachlässigbar, während er weltweit bei knapp 10% anzunehmen ist. Bei den Neubeschaffungen wird bis 1994 mit einem weitgehenden Wechsel zu 80386/486-Systemen gerechnet (mc 2/91). Dies bestätigen auch die Umsatzzahlen vor allem der kleineren Fachunternehmen beim Direktvertrieb.

3.0.2.4 Schlußbemerkungen zu den statistischen Werten

Ein weiterer Aspekt sollte bei allen Betrachtungen beachtet werden, der aus jahrzehntelangen Beobachtungen des Marktes im Fernmeldewesen und der Unterhaltungselektronik abgeleitet ist. Danach sind in der Bundesrepublik über viele Jahre hinweg jährlich rund 8% aller Geräte eines Produktbereichs (Telefone, Fernsehgeräte etc.) in der Welt installiert worden. Dieser Anteil ging anfangs der Achtziger Jahre im Hinblick auf Endgeräte im Fernmeldebereich leicht zurück, da in der Bundesrepublik erste Sättigungserscheinungen auftraten. Er wird jetzt hingegen wegen des beschleunigten Ausbaus der neuen Bundesländer leicht überschritten, bleibt aber noch immer im Toleranzbereich von etwa einem Prozentpunkt. Er scheint sich seit Beginn der Liberalisierung auch bei Endgeräten für neue Dienste zu bestätigen.

Offensichtlich - und dies zeigen die Zahlen bei PC-Beschaffungen und Betriebssysteminstallationen - gilt diese Regel als grobe Faustformel auch im Bereich kleiner und mittlerer Computersysteme, wenn auch der Beobachtungszeitraum sehr viel kleiner ist.

3.0.3 Versuch einer Gesamtbedarfsdarstellung

Es ist stets spekulativ, Prognosen über mögliche Zukunftsentwicklungen abzugeben. Würde man der reinen Extrapolation der Sechziger Jahre folgen, so wären nur mehr in den Entwicklungsländern nennenswerte Fernmeldeinvestitionen zu erwarten, während z.B. in den technisch weiterentwickelten Regionen die **Sättigungsgrenze** erreicht wäre. Die folgenden, dem Geschäftsbericht der DBP Telekom 1990 entnommenen Zahlen und ihr Vergleich mit aus gleicher Quelle stammenden Zahlen aus der Vergangenheit zeigen, daß sicher im drahtgebundenen reinen Sprachbereich die Entwicklung zu einer Abflachung der Wachstumskurve führt, in allen anderen Bereichen aber im großen und ganzen ein überproportionales Wachstum zu verzeichnen ist - eine Abflachung also auch beim Telefondienst nicht erkannt werden kann. Dabei wird die Prognose im Fernsprechbereich noch dadurch erschwert, daß der Ausbau in den neuen Bundesländern einen zusätzlichen Nachfrageschub ausgelöst hat, der die deutsche Fernmeldeindustrie noch zumindest für drei Jahre bis an die Grenzen ihrer Produktionskapazitäten auslasten dürfte.

Wachsende Berufstätigkeit - z.T. auch Teilzeitarbeit - lassen erwarten, daß eine reine **Telefondurchdringung** bis in den Bereich von über 90% vorstellbar wird. Hierzu treten die neuen Nachrichtenformen, die bisher in Prozenten ausgedrückt kaum Bedeutung erlangt haben, aber mit Wachstumsraten von über 10 % (z.B. **Datenanschlüsse im Telefonnetz**) bis hin zu 25 % (Mobiltelefone) jährlich von sich reden machen. Die nachfolgende Tabelle möge verdeutlichen, in welchem Umfange die diversen Dienste am Gesamtaufkommen der Endgeräte in der Vergangenheit beteiligt gewesen sind (Grundlage: Die wichtigsten statistischen Daten zum Geschäftsjahr 1990, Anlage zum Geschäftsbericht 1990 der DBP Telekom).

Es sei darauf verwiesen, daß z.B. bei **Telefax** nur die über einen zusätzlichen Hauptanschluß gemeldeten Geräte in dieser Statistik berücksichtigt sein können, hingegen **Computerfax** (quasi ohne postalische Zulassung) und bedingt auch diejenigen Faxgeräte nicht erfaßbar sind, die über die **TAE-Steckdose** legal angeschaltet aber nicht gemeldet sind (z.B. die mehr und mehr im **Privatbereich** eingesetzten "Mehrdienstendgeräte").

Zum zweiten sei erwähnt, daß auch beim **Btx** alle Anschaltungen fehlen, die als Gast betrieben werden, also keine volle Zugangsberechtigung haben, aber am Dienst in weiten Bereichen (z.B. Electronic Banking mit einigen Banken) teilnehmen können. Dennoch bleibt beim Btx z.B. gegenüber Frankreich ein erheblicher Rückstand, der daraus resultiert, daß die DBP Telekom eine beachtenswert restriktive Zulassungspolitik (allzuviele Bereiche, z.B. **Telefonauskunft**, z.T. Bankauskunft sind nur für registrierte Benutzer gegen **Zugangsgebühr** der DBP Telekom plus u.U. Zusatzgebühr des Anbieters zugänglich) betreibt und dadurch anderen **(privaten) Datenbankdiensten** eine gute Marktchance eröffnet. Dies gilt im übrigen beim EMail-Dienst **(EMail = Electronic Mail = Mailbox)** der DBP Telekom in noch stärker ausgeprägtem Umfang. Indizien für die hohe Nutzung solcher privater Zusatzdienste bietet schon die wachsende Zahl der Besetztfälle z.B. bei Btx und **Compuserve**, aber auch bei vielen anderen Mailboxen (z.B. Mailboxbetrieb von Softwarehäusern oder Fachzeitschriften).

Insgesamt ist festzustellen, daß die Zahl der geschalteten Hauptanschlüsse mit wachsender Möglichkeit der **Mehrfachnutzung** keine Basis zur Abschätzung der Nutzung von unterschiedlichen Fernmeldediensten mehr bietet. Dieser Effekt war beim ISDN von Anfang an eingeplant, macht sich inzwischen aber mehr und mehr auch im Bereich der analogen Fernsprechhauptanschlüsse bemerkbar.

Bei den folgenden Überlegungen ist wieder zu berücksichtigen, daß sich die Zahlen der DBP Telekom allein auf die jeweiligen Hauptanschlüsse beziehen, amtsberechtigte Nebenstellen hingegen nicht in die Betrachtung aufgenommen sind. Sie schlagen in aller Regel bei den Sprachdiensten mit rund 30% zu Buche. Dies gilt bei den non-voice-Diensten und bei den Sprachsonderdiensten (Bündelfunk von Eurosignal bis Chekker) und Mobilfunk (B- und C-Netz) nicht in gleicher Weise.

Die Zahl der non-voice-Anschlüsse insgesamt hat sich in den letzten 11 Jahren um den Faktor 6,68 von 207.080 auf 1.382.800 erhöht, dies entspricht insgesamt einer mittleren jährlichen Wachstumsrate von rund 18,8 %. Telefax und Btx waren mit wesentlich höherenWachstumsraten beteiligt, während die **Textdienste** an Anteilen sogar absolut und in Prozenten in den letzten Jahren verloren haben.

Zu beachten ist, daß hier eine Dunkelziffer dadurch entsteht, daß mehr und mehr auch an Anschlüssen zu dienstspezifischen Fernmeldenetzen mehrere Dienste über einen Anschluß betrieben werden (s. auch Anmerkung zu den Summenwerten in Tabelle 3.0.3.1). Für 1990 durfte die Zahl derart betriebener Anschlüsse noch bei etwa 50.000 (max. 100.000) angenommen werden und lag mithin unter 10 % der non-voice-Werte. Er steigt aber überproportional an (allein 1991 kann mit einem Zuwachs von 100.000 gerechnet werden). Es muß weiter beachtet werden, daß diese Mehrdienstnutzung zwar für Datenverkehr (Wählmodem) und Faksimile gilt, im Falle des Btx hingegen nur die Gastteilnehmer betroffen sind, während die Zahlen der Btx-Teilnehmer wegen deren spezieller Zugangsberechtigung getrennt ausgewiesen werden können.

Bei den Hauptanschlüssen (Tabelle 3.0.3.1 und Grafik 3.0.3.1) hat sich die Zahl der **Hauptanschlüsse** von (1980) 20,43 Mio. (Hauptanschlüsse sind die Summe der Telefon- und sonstigen direkten Zugänge zum öffentlichen Fernsprechnetz nach internationaler Sprachregelung) auf 31,2 Mio. erhöht, dies entspricht einem Wachstum von rund 48,9 % oder jährlich knapp 3,7 %. Näherungsweise das gleiche Resultat ergibt sich, wenn man die **Nebenstellenanschlüsse** hinzurechnet - für eine Durchdringung von knapp 70 % ein unerwartet niedriges Wachstum.

Dienst / Jahr	1980	1981	1982	1983	1984	1985	1986	1987	1988	1989	1990	1991
Telefon (Mio HAs)	20,43	21,65	22,57	23,39	24,42	25,39	26,19	27,01	27,82	28,85	29,98	31,2
ISDN (k BAs)										2,82	16,98	80,4
Mobilfunk (k HAs)	16,00	17,19	19,53	22,13	24,75	28,17	50,31	74,18	123,15	186,51	291,38	546,6
Bündelfunk (k HAs)	32,52	42,90	55,89	72,87	91,69	111,01	130,89	151,37	171,92	191,81	271,74	353,6
Telex (k HAs)	138,54	145,55	150,51	154,94	159,40	163,77	167,30	167,70	158,28	134,39	116,59	111,9
Teletex (k HAs)	0,01	0,35	1,20	4,10	8,49	12,36	15,57	17,85	19,07	18,19	16,31	14,1
Telefax (k HAs)	4,37	7,31	10,21	13,21	17,53	25,63	43,80	84,13	197,25	411,10	682,17	946,2
Datex-L (kHAs)	3,55	5,60	9,06	11,54	14,53	16,81	18,37	19,95	21,57	23,24	24,16	24,7
Datex-P (kHAs)	0,06	0,64	1,72	3,40	6,96	11,48	16,97	25,96	35,10	45,21	56,50	69,0
HfD (kHAs)	60,55	72,88	82,46	96,09	108,63	123,98	145,49	164,40	184,72	264,56	227,19	189,8**
Btx (kTln)				10,16	21,33	38,89	58,37	95,93	146,93	194,83	259,84	302,3
Summe Datendienste(kTln)	64,16	79,12	93,24	111,03	130,12	152,27	180,83	210,31	241,39	333,01	307,85	93,7 *
Summe Textdienste(kTln)	138,55	145,90	151,71	159,04	167,89	176,13	182,87	185,55	177,35	152,58	132,90	126,0
Summe non voice(kTln)	207,08	232,33	255,16	293,44	336,87	392,92	465,87	575,92	762,92	1091,5	1382,8	1468,2*

Tabelle 3.0.3.1:   Entwicklung der Kommunikationshauptanschlüsse in den alten Bundesländern bis 1991.
** wird nicht mehr ermittelt , Wert geschätzt
* ohne HfD

<u>Erläuterungen zur Tabelle</u>: Im **Bündelfunk** sind auch die Funkrufdienste subsummiert, d.h. **Eurosignal, Chekker** und **Cityruf**. Ebenso sind im Mobilfunk B- und C-Netz zusammengefaßt, um den Überblick zu vereinfachen.
Der **HfD** (Hauptanschluß für Direktruf), wird sowohl im **Datex-L-** als auch im Telefonnetz abgewickelt. Alle **Datendienste** zusammen werden von der DBP Telekom in erheblichem - neuerdings aber nicht mehr aus dem Geschäftsbericht quantifizierbarem - Umfang aus dem **Telefondienst** subventioniert.
Mio HAs sind Millionen Hauptanschlüsse, diese Größe ist wegen der Nebenanschlüsse beim Telefonnetz etwa mit dem Wert 1,3 zu multiplizieren, wenn die Gesamtzahl der drahtgebundenen "Sprechstellen" abgeleitet werden soll.
kBAs sind jeweils tausend Basisanschlüsse des Typs S_0, auch hier dürfte ein Faktor von 1,3 zur Berücksichtigung der ISDN-fähigen Nebenstellenanlagen gerechtfertigt sein. Im übrigen wurden die Primärmultiplexanschlüsse mit dem Faktor 15 multipliziert, da jedem Basisanschluß ja zwei Nutzkanäle zugeordnet sind, so daß ein Primärmultiplex mit 30 64 kbit/s-Kanälen 15 Basisanschlüssen entspricht (hier wurde von der Zählweise der Deutschen Bundespost Telekom abgewichen, die einen Primärmultiplexanschluß als 30 Basisanschlüsse bewertet). Bei den nichtsprachlichen Hauptanschlüssen dürfte sich ein Korrekturfaktor für Nebenstellenanlagen erübrigen, da diese Anschlüsse in der Regel (Ausnahme Telefax und Btx) direkt an Computer oder entsprechende Nutzer geschaltet sind. Das Volumen wird in kHAs angegeben, ist also in der Tabelle um den Faktor 1000 kleiner als beim Fernsprechen.
Bei Btx und den Summenwerten sind kTln (je 1000 Teilnehmer) ausgewiesen, obwohl gegenwärtig die Anschlußzahlen mit den Teilnehmerzahlen mit Ausnahme von Btx noch weitgehend identisch sind. Es sind wegen der Mehrdienstendgeräte an dienstspezifischen Anschlußleitungen erheblich mehr Teilnehmer als Anschlüsse zu erwarten, ein Trend, der sich mit ISDN verstärkt fortsetzen wird. Bereits für 1991 kann angenommen werden, daß zusätzlich etwa 200.000 Mehrdienstteilnehmer ohne zusätzlichen Anschluß bestehen werden (**Faxkarten,** Modems und Mehrdienstfaxgeräte, **Bitel**).

Trotz der - im Vergleich zu den drahtgebundenen Telefonanschlüssen - hohen Wachstumsraten bei **Mobilfunk, Telefax, Wählmodems** und **Btx** kommen 1990 alle vier neueren Kommunikationsformen mit einem Anteil von 1,88 Mio. Teilnehmern (1,38 Mio. **non-voice-Teilnehmer** und rund 0,5 Mio. Mobilfunk-Anschlüssen) gegenüber den rund 40 Mio. **Sprechstellen**[32] nur auf knapp 5 % des Gesamtvolumens gegenüber 255.000 Anschlüssen aus rund 30 Mio. Sprechstellen und damit knapp 1 % im Jahre 1980. Werden diese Werte bis zum Jahre 2000 extrapoliert, so ist dann von einem Anteil aller anderen Kommunikationsformen gegenüber dem drahtgebundenen Fernsprechen um 15-20 % <u>maximal</u> auszugehen (vermutlich liegt der wahre Anteil deutlich niedriger).

Im folgenden sollen einige Grafiken der Relationen und Wachstumsgrößen die Inhalte der Tabellen weiter verdeutlichen und zeigen, wie leicht die Betrachtung von Wachstumsraten allein ohne Bezug zu den absoluten Relationen zu Fehlinterpretationen führen kann.

Wie bereits erwähnt, wurden die Tabelle und alle daraus abgeleiteten Grafiken allein auf den Zahlen der alten Bundesländer aufgebaut, da in den neuen Ländern für den Rest des laufenden Jahrzehnts atypische, statistisch nicht aussagefähige Ausbausprünge stattfinden werden, die das langfristige Bild nur mit Unsicherheiten belasten würden. Es wird beim späteren Modellierungsversuch davon ausgegangen, daß nach Erreichen eines eingeschwungenen Zustandes dort vergleichbare Wachstums- und Substitutionsraten auftreten wie in den alten Bundesländern.

Zu welchen Irrtümern das Einbeziehen des Vereinigungsprozesses führen kann, wird z.B. aus den Zahlen für die **Telexanschlüsse** deutlich, die wegen der Verfügbarkeit in den neuen Bundesländern und der in diesem Dienst besseren Erreichbarkeit in der Zeit nach dem Juli 1990 ein erhebliches Wachstum sowohl in den neuen als auch in den alten Bundesländern hatten. Dieser Effekt könnte die allmähliche Substitution dieses Dienstes durch Telefax in den alten Bundesländern verschleiern, ist aber auf fehlende Möglichkeiten der DBP Telekom bei der Bereitstellung von Fernsprechhauptanschlüssen in den neuen Bundesländern in den ersten Monaten nach der Wiedervereinigung zurückzuführen. Auch das überproportionale **Wachstum** im C-Mobilfunknetz resultiert aus diesem Zustand und darf nicht zu Fehlinterpretationen hinsichtlich des effektiven Bedarfs an Mobilfunk führen.

Betrachtet man in dieser Tabelle weiterhin das Wachstum bei den herausragenden Diensten Mobilfunk, Telefax und Btx während der letzten vier Jahre, so zeigt sich auch, daß hier Wachstumsraten von rund 55 % (Mobilfunk), 97 % (Telefax) und 45 % (Btx) zu verzeichnen sind, wobei der Btx sich relativ stetig entwickelt, während beim Telefaxdienst ein ständiges Anwachsen der Wachstumsrate in den letzten vier Jahren zu verzeichnen war. Das Wachstum des Telefax ist nur zu einem geringen Teil als Folge eines Substitutionsprozesses aus den **Textdiensten** zu erklären. Wie in fast allen Fällen von Substitution in der Telekommunikation überwiegt echtes Wachstum den Substitutionsprozeß.

---

[32] Als Sprechstelle werden alle amtsberechtigten Zugänge zum Fernsprechnetz nach internationaler Sprachregelung gezählt, also auch die amtsberechtigten Nebenstellen, abzüglich der Hauptanschlüsse, die zu Nebenstellenanlagen führen.

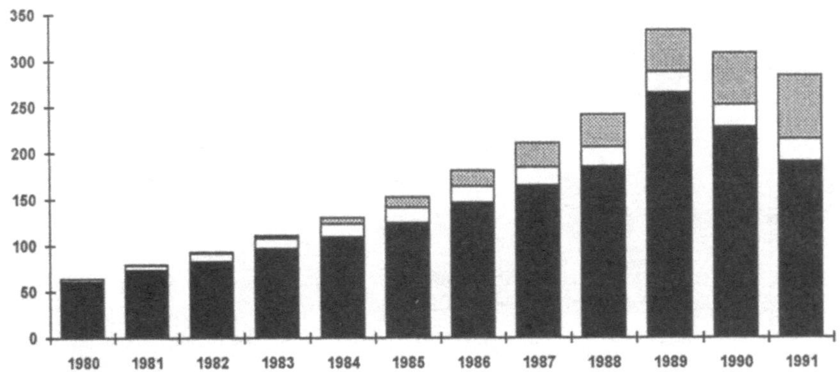

Grafik 3.0.3.1:   **Wachstum** der Telefonanschlüsse (schwarz:
Hauptanschlüsse, weiß: Nebenanschlüsse) von
1980 bis 1991 (in Mio.).

Daß auch die reinen[33] **Datendienste** sinkende Tendenz zeigen (Abnahme 1990 um 25.000 Anschlüsse, dies entspricht einem Rückgang um 8,1 %) ist zunächst schwerer zu erklären, zumal
der Verlust im HfD nicht durch Zuwächse in den - für den Nutzer - sehr kostengünstigen
Datex-P-Netzen kompensiert wird. Dieser Schwund wird vielmehr von uns so interpretiert,
daß in steigendem Umfang moderne **(Wähl-) Modems** höherer Bitrate (z.B. mit Protokoll
MNP5) auf amtsberechtigten Anschlüssen betrieben werden und daß somit der Verlust an
Anschlüssen in den **Datennetzen** durch ein Wachstum an Datenteilnehmern (nicht zwangsläufig auch Anschlüssen) in den Telefonnetzen (incl. ISDN) substituiert wird. Die verschiedentlich
(z.B. Funkschau und c't) diagnostizierten Umsatzzuwächse beim Modemverkauf könnten
hierfür ein Indiz sein.

Grafik 3.0.3.2 zeigt in drastischer Weise das Wachstum in der Mobilkommunikation, wobei
wohl davon ausgegangen werden kann, daß die **Funktelefondienste** in den Neunziger Jahren
mit dem Ausbau von Mobilfunknetzen in **GSM-Technik** gegenüber den **Funkrufdiensten**
nochmals an Anteil gewinnen werden. Es kann erwartet werden, daß dieser Umschich-
tungsprozeß zu einem guten Teil mit breiter Einführung der beiden D-Netze eingeleitet und mit
dem Ausbau im 1,8 GHz-Bereich (E-Netz) verstärkt fortgeführt wird.

---

[33] reiner Datendienst = non-voice-Dienste ohne Telefax, Textdienste und Btx.

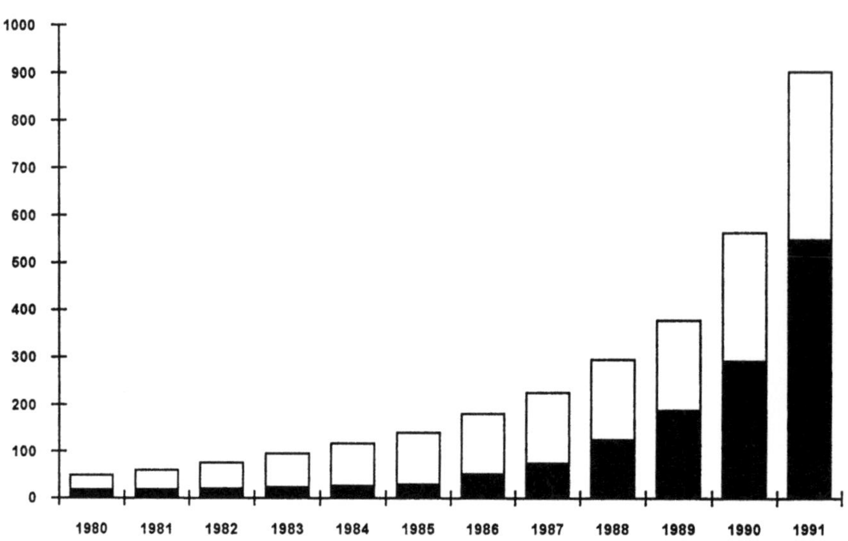

Grafik 3.0.3.2: Entwicklung der Mobilkommunikation
(schwarz: Funktelefon, weiß: Funkruf)
1980 bis 1991 (in Tsd.).

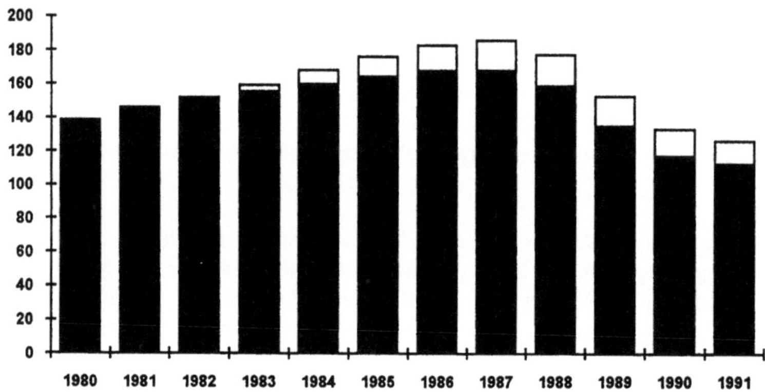

Grafik 3.0.3.3: Entwicklung der Textdienste (schwarz: Telex,
weiß: Teletex) von 1980 bis 1991 (in Tsd.).

Die Grafiken 3.0.3.3 bis 3.0.3.5 weisen weiter aus, daß "künstlich gemachte" Dienste, die nicht auf originären menschlichen Verhaltensweisen aufbauen (Textdienste) bzw. die nicht die volle Erreichbarkeit aller Teilnehmer erlauben (Datendienste, insbes. der HfD mit einer Erreichbarkeit von 1), nur solange akzeptiert werden, wie keine bessere Lösung verfügbar ist. So wird das Bedienen einer Tastatur bei Textdiensten weniger akzeptiert als das Übermitteln eines Telefax - trotz des zusätzlichen Papieraufwandes. Ebenso wird der Hauptanschluß für Direktruf (möglicherweise in der Zukunft auch der DDV) wegen der fehlenden Wählmöglichkeit weniger akzeptiert als ein Wählmodem - trotz etwas komplizierterer Bedienprozedur und vor allem recht komplexer Voreinstellungen beim Wählmodem.

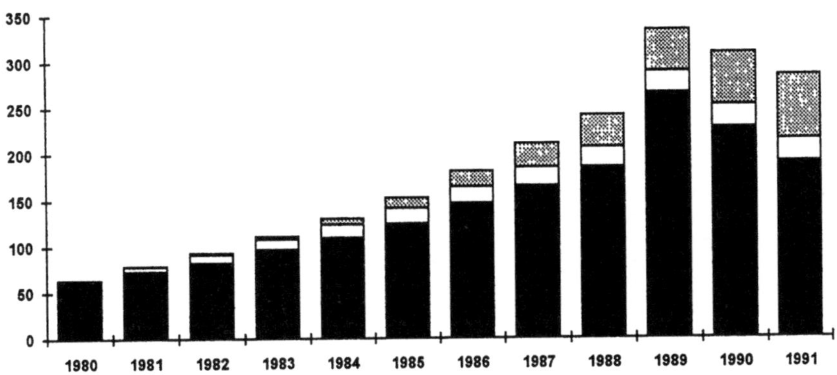

Grafik 3.0.3.4:   Entwicklung der Datendienste (schwarz: HfD/DDV, weiß: Datex-L, grau Datex-P) von 1980 bis 1991 (in Tsd.), 1991 HfD geschätzt.

Gerade mit dem letzten Bild (Grafik 3.0.3.6) wird deutlich, daß der Anteil der **non-voice-Dienste** bei allem herausragenden Wachstum in Stückzahlen im Vergleich zum Beschaffungsvolumen der **Sprachdienste** nicht überschätzt werden darf. Die wachsenden Beschaffungskosten für Endgeräte auch bei den Sprachdiensten - vor allem beim Mobilfunk in der ersten Phase - werden voraussichtlich dazu führen, daß die Kostenanteile bei der Beschaffung und beim Betrieb noch auf lange Zeit überwiegend für Sprachdienste aufgewendet werden. Dabei muß zusätzlich berücksichtigt werden, daß durch den Einsatz von "grauen Modems" (gemeint sind Modems mit ZZF-Zulassung, die aber ohne Meldung beim Netzbetreiber angeschaltet sind, da sie ja nicht dem Sprachmonopol unterliegen und parallel zum Telefonapparat angeschaltet sein können, diese Betriebsweise ist zulässig) in Verbindung mit Telefonanschlüssen ein nennenswerter und überproportional wachsender Anteil der Datenübermittlung, der Mailboxdienste und anderer non-voice-Dienste zum Wachsen der Telefonumsätze in Beschaffung und Betrieb führen.

Viele andere Umsatzstatistiken im Bereich der Telekommunikation bestätigen dieses Bild, auch wenn sie häufig anders interpretiert werden. Entscheidende Ursache für solche Interpretationen ist in vielen Fällen der sehr eingeschränkte Blickwinkel, aus dem heraus die Untersuchungen durchgeführt werden, sei es, daß kurzfristige unternehmerische Interessen betroffen sind, sei es, daß der Beurteilende aus einer bestimmten Arbeitsrichtung heraus die Interpretation herleitet - dies gilt z.B. bei der Beurteilung des **Datenverkehrs** und des **Bündelfunks,** die vielfach als große Zukunftschance interpretiert werden.

Die nackten Zahlen aber beweisen - in Relation zu anderen Geschäftsfeldern, daß zwar hier für kleinere Unternehmen oder begrenzte Unternehmensbereiche großer Unternehmen durchaus interessante Geschäftsfelder bestehen, diese aber insgesamt weniger bedeutungsvoll sind.

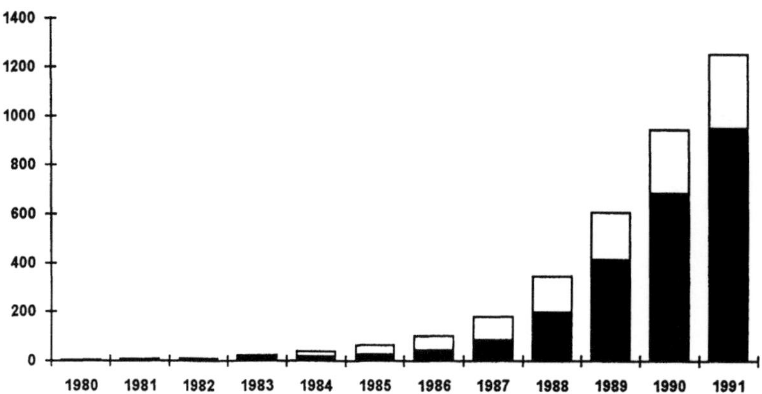

Grafik 3.0.3.5:　　　　Entwicklung der Standarddienste Telefax (schwarz) und Bildschirmtext (weiß) von 1980 bis 1991 (in Tsd.).

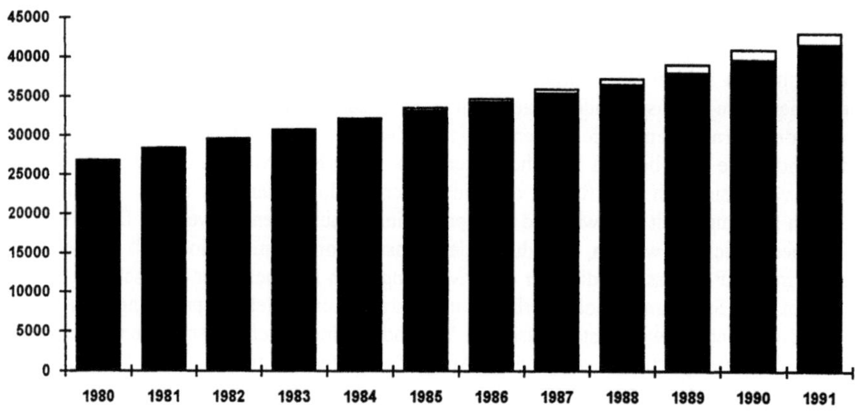

Grafik 3.0.3.6:　　　　Anteil von Voice-Diensten (schwarz) und allen non-voice-Diensten (weiß) (in Tsd.).

3.0.4   Zusammenfassende Hypothesen und Empfehlungen

<u>**71. (Hypothese):**</u>

Die voraussichtliche Kostenentwicklung bei voice- und non-voice-Endgeräten dürfte auf mittlere Zeit nicht zu nachhaltigen Verschiebungen in den Proportionen der Investitionsvolumina im Telekommunikationsbereich führen, solange nicht die den non-voice-Endeinrichtungen (z.B. Modems, PC-Karten etc.) nachgeschalteten Computer als Endgerät der Telekommunikation in die Betrachtung einbezogen werden. Vor allem die Kostenreduktionen bei Endgeräten, die außerhalb Europas gefertigt werden, bestätigen diese Hypothese.

<u>**72. (Empfehlung):**</u>

Es ist anzustreben, die Transparenz der Marktzahlen der verschiedenen informationstechnischen Produkte zu harmonisieren, um Doppelbenennungen vermeiden und Produkte eindeutig zuordnen zu können. Dies gilt vor allem für Produkte, die im Grenzbereich mehrerer Produktfelder liegen, z.B. Modems, Videogeräte, Ton- und Bildkonserven, Software und Hilfsmittel für computergestützte Organisationsmittel.

3.1   Wachstumsfelder der technischen Kommunikation

3.1.0   Vorbemerkungen

Bevor die Substitutionsmöglichkeiten zukünftiger Entwicklungen quantifizierend betrachtet werden, sollen zunächst die reinen Wachstumsfelder als Potentiale aufgezeigt werden. Als reine **Wachstumsfelder** werden diejenigen Felder bezeichnet, bei denen Wachstum ohne nennenswerte **Substitutionen** erreicht werden kann. Aus der vorstehenden Analyse lassen sich einige Annahmen herleiten, die auch die herausragenden Wachstumsfelder der nächsten Jahre voraussichtlich bestimmen werden:

I.   Der unmittelbare Dialog zwischen Menschen bleibt der bestimmende Wachstumsfaktor

Besondere **Wachstumschancen** haben alle Verfahren, bei denen der Mensch im unmittelbaren **Dialog** von Stimme, Handschrift, Bild und/oder Gestik die Kommunikation bestreitet. Dies sind vor allem:

a) Mobilfunksysteme mit Dialogverbindung
also vor allem die Mobilfunknetze nach dem GSM-Standard einschließlich eines zukünftigen E1-Netzes.

b) Faksimile

sowohl zwischen spezifischen Faksimile-Geräten als auch unter Zwischenschaltung von Computern (hier tritt allerdings in geringem Umfange die Substitution der klassischen Textdienste hinzu).

c) Bildfernsprechen

möglichst auf einer dem Fernsehen entsprechenden Basis, also zumindest mit einer Wiedergabequalität, die der Anwender von den Multimedia-Anwendungen auf seinem Computer kennt (dem **Slow-Scan-Bildfernsprechen** auf 64 kbit/s-Basis dürfte insoweit nur eine vorübergehende Bedeutung zukommen).

II.   Vereinfachte Formen des Datenaustauschs

Die bisherige Praxis zeigt, daß normierte Verfahren des Austauschs von Texten und Dateien nach dem bei Datex-P und Datex-L bzw. HfD/DDV verfolgtem Konzept umso mehr an Attraktivität und **Akzeptanz** verlieren, je mehr Möglichkeiten bestehen, derartige Dienste auf der Ebene von Transportdiensten abzuwickeln.

Der Anteilsverlust von **Datex-P** und **Datex-L**, vor allem aber der Verlust bei **HfD/DDV** scheint auszuweisen, daß derartige Datentransporte mehr und mehr auf die Ebene eines unreglementierten, auf den Anwendungsfall bezogenen Datenaustauschs auf Transportdienstebene übergehen. Insoweit dürften dem **Wählmodemverkehr** in analogen Telefonnetzen und dem freien Datenaustausch im ISDN gute Akzeptanzchancen einzuräumen sein, wenn man von Reglementierungen soweit wie technisch irgendwie vertretbar absieht. Dieser Schritt würde zugleich auch dazu führen, daß die verlustbehafteten und stark subventionierten Datendienste schrittweise durch ein Diensteangebot ersetzt würden, das kostendeckend arbeitet und neben den **Datendiensten** auch den **Fernsprechdienst** verbilligen könnte.

Ein überarbeiteter Bildschirmtextdienst für jedermann könnte in diesem Zusammenhang den echten Datenverkehr in der Massenanwendung ersetzen und somit die komplexeren Formen der Nachrichtenübermittlung einem entsprechend geschulten Bedienpersonal im gewerblichen Bereich überlassen. In dieses Bildschirmtextkonzept könnte und sollte dann auch die immaterielle Übermittlung von Zeitungs- und Zeitschriftentexten, Literaturauszügen etc. implementiert werden - allerdings in einer anwendungsnäheren Form, als derzeit bei **Filetransfer** etc. vorgesehen ist. Diese sollten den echten Datendiensten vorbehalten bleiben.

III.   Breitbanddienste

Bei den **Breitbanddiensten** (Angebote mit Datenraten oberhalb 1 Mbit/s resp. 1 MHz) sollten die Möglichkeiten der Datenübermittlung nicht überschätzt werden. Auch für die Standbildübermittlung sind im Schmalband-ISDN noch erhebliche Reserven unausgeschöpft. Einige Anwendungen aus den Breitbandnetzen werden voraussichtlich in das Schmalband-ISDN zurückfallen, sobald die **Multimedia-**Bestrebungen aus der Datenverarbeitung zu praktikablen Anwendungsprogrammen geführt haben. Dies gilt auch für die **Echtzeit-Bewegtbild-Übermittlung**.

Als Wachstums"reservat" der Breitbanddienste sollte hingegen die Möglichkeit des Echtzeit-Bewegtbild-Abrufs bzw. des **Bildtelefons** hoher Wiedergabequalität und der extrem hochwertigen Fernsehübermittlung gesehen werden (siehe Abschnitt 3.1.2).

3.1.1 Wachstumsannahmen in der Kommunikation

Vornehmlich wachstumsorientierte Felder in der (Tele-) Kommunikation sind in der Reihenfolge der zeitlichen Massenentwicklung voraussichtlich die Bereiche

- Mobilkommunikation
- bildhafter (**graphischer**[34]) **Nachrichtenaustausch**
- **Datenaustausch** incl. zeichenorientierter Nachrichtenformen
  und
- **Bewegtbildkommunikation**.

In dieser Reihenfolge werden in den nächsten Abschnitten die Wachstumspotentiale analysiert.

3.1.1.1 Ausbaupotentiale in der Mobilkommunikation

Es ist anzunehmen, daß der Ausbau der Mobilkommunikation in der ersten Phase weitgehend am Bestand und der Neuzulassung von **Kraftfahrzeugen** orientiert ist und sich erst in einer zweiten Phase stärker an echter - Kfz-unabhängiger -Mobilkommunikation (z.B. **DECT, PCN** und **DCS1800**) orientiert. Dabei kann die erste Phase einer **kfz-gestützten Mobilkommunikation** bis etwa 2005 angenommen werden. Die zweite - allgemeiner orientierte - Phase kann frühestens in der zweiten Hälfte der Neunziger Jahre beginnen und dürfte erst etwa 2020 (oder später) abgeschlossen sein. Gegenwärtig scheint es, als ob im Bereich der **kfz-unabhängigen Mobilkommunikation** dieser zweiten Phase vor allem ein **PCN**-Konzept mit der Bezeichnung **E1-Netz** in Deutschland die Entwicklung voranführe. Da aber die technische Realisierungsart ebenso nachrangig wie die wirtschaftlichen Interessen der potentiellen Netzbetreiber gegenüber der Akzeptanz der Nutzer zu bewerten ist, ist eine abschließende Bewertung, welches Konzept sich durchsetzen wird, derzeit kaum möglich.

Bei rund 30,7 Mio. zugelassenen Kraftfahrzeugen (Stand Juli 1990, alte Bundesländer, Statistisches Bundesamt) - darunter rund 7 Mio. Kombifahrzeuge und LKW - und einer angenommenen erreichbaren **Autotelefon**-Durchdringung von 70 % bei gewerbsmäßig benutzten Fahrzeugen und 30 % bei privat genutzten Fahrzeugen ergibt sich ein Potential von 10,5 Mio. Autotelefonen aus dem gewerblichen Bereich (rund 4.9 Mio. Kombifahrzeuge und LKW und 5,6 Mio. PKW) und 4,8 Mio. Autotelefonen im privaten Bereich (insgesamt also 15,3 Mio. Autotelefone), die mit den Planungen der Netzbetreiber der C- und D-Netze nach derzeitigem Stand <u>nicht</u> befriedigt werden können, da diese Planungen nur den Ausbau bis etwa 10 Mio. Teilnehmer für die Netze vorsehen. Hier ist - im Falle der Nutzung des gesamten Potentials - bereits bis etwa 2000 ein Nachbesserungsbedarf abzusehen, zumal diese Zahlen den Zuwachs aus den neuen Bundesländern (nochmals mit 20 % also 3 Mio. weiteren Geräten

---

[34] Der Terminus "graphisch" schließt alle Darstellungsformen ein, die durch Pixel- oder Vektorgrafik darstellbar sind, zeichenorientierte Darstellungen sind hier nicht einbezogen.

auf 18 Mio. Geräte) nicht berücksichtigt. Auch die beiden bisherigen **Netzbetreiber** beginnen bereits mit relevanten Überlegungen.

Ob und inwieweit dieses Potential bei der derzeitigen Verkehrssituation und der automobilfeindlichen Argumentation und Handlungsweise vieler Kommunalbehörden und Landesregierungen in Bedarf umgewandelt werden kann, ist nicht vorhersagbar, da dies stark politisch bedingt ist. Auch die seit neuestem erweckten Ängste vor der biologischen Wirksamkeit hochfrequenter Wellen könnten die Akzeptanz des Mobilfunks verringern. Andererseits sollte darauf verwiesen werden, daß im Zuge der Fortentwicklung der Europäischen Gemeinschaft und dem Hinzutreten eines erweiterten Ost-West-Verkehrs zum bisherigen Nord-Süd-Transit durch das Gebiet der Bundesrepublik ein **Zusatzbedarf** an Verbindungsmöglichkeiten in der Mobilkommunikation entstehen kann. Hieraus könnte allerdings die Notwendigkeit entstehen, in der Bundesrepublik die Infrastruktur der terrestrischen Teile der Mobilfunknetze zu erweitern. Die Gebührenmehreinnahmen dürften den Ausbau des stationären Netzes rechtfertigen.

Stellt man den konkreten Zahlen des **Automobilbestandes** den Bestand an **Mobilfunkgeräten** Ende 1990 mit rund einer halben Million Geräten gegenüber und wird angenommen, daß jährlich eine Million Neugeräte gefertigt und zugelassen werden, so ergibt sich bei einer (aus derzeitiger Sicht angesetzten) Preisannahme von 2000 DM je D-Netz-Gerät nach heutiger Kaufkraft ein real erscheinendes Wachstumspotential von rund zwei Milliarden DM jährlich über rund 10 Jahre, wobei die Gerätepreise in diesem Falle wegen des Nachfrageüberhangs gegenüber dem Angebot vom Hersteller vorübergehend weitgehend diktiert werden könnten, solange es sich um einen geschlossenen Markt handelt. Diese Annahme sollte auch mit dem maximalen Wachstum bei der drahtgebundenen Kommunikation mit etwa 1,7 Mio Telefonen jährlich um 1980 verglichen werden, um die Anforderungen an die Lieferbereitschaft der herstellenden Industrie zu ermessen. Die Zahl der Mobilfunkteilnehmer hat sich in 1991 auf 530 000 Teilnehmer fast verdoppelt.

Da sich de facto jedoch ein offener Markt entwickeln wird, wäre es vorstellbar, daß eine Angebotsregulierung allein durch einen zögerlichen Netzausbau der Netzbetreiber für die D- und E-Netze versucht werden könnte. Sollte dies der Fall sein, ist zu raten, weitere Netzbetreiber zuzulassen, was aufgrund der (fernmelde-)politischen Entwicklung in der EG ohnehin zu erwarten ist (paneuropäische Anbieterkonsortien). Ein weiterer Weg, die Nachfrage künstlich zu beeinflussen, sind hohe Gebühren für den Betrieb der Geräte. Hier ist aber davon auszugehen, daß eine solche Maßnahme vor dem Hintergrund weiterer technischer Entwicklungen im Satellitenbereich (**Iridium** und andere **Low-Earth-Orbital-Systeme**) mit weltweiter und überregionaler Verbreitung nur kurzfristig wirksam sein wird - die derzeit vorgesehenen Nutzungsgebühren sind selbst mittelfristig nicht durchsetzbar.

Die Größe des Marktes in der zweiten Phase des Ausbaus von Mobilfunknetzen unterschiedlichster Art ist zumindest gleich hoch, wahrscheinlich noch höher einzuschätzen. Hier steht zunächst das gesamte Potential der sog. "einfachen Telefonhauptanschlüsse" herkömmlicher Art (nur Sprachnutzung) zur Disposition. Da in diesem Bereich aber ein großer Teil der einfachen Sprechstellen durch das Zufügen weiterer Dienste (**ISDN**-Grundgedanke und Mehrdienstgedanke in allen Netzen) die volle verfügbare Transportkapazität eines drahtgebundenen Anschlusses benötigt, die im drahtlosen System nur zu einem Bruchteil und zu höheren Nutzungsgebühren zur Verfügung steht, bleibt der Substitutionseffekt voraussichtlich gering und auf die reinen Telefonanschlüsse beschränkt. Es entstehen vielmehr voraussichtlich zusätzliche Anschlüsse; sie bieten die größeren Wachstumschancen.

Legt man ein Modell zugrunde - und diese Annahme sei willkürlich gewählt - bei dem auf hundert existierende Anschlüsse an bestehende Fernmeldenetze mittelfristig vierzig mobile Anschlüsse möglich sind, so ist das Gesamtzuwachspotential für die alten Bundesländer mit etwa 24 bis 30 Millionen Mobiltelefonen[35] zu beziffern, zu dem nochmals 5 bis 6 Millionen Anschlüsse für die neuen Bundesländer mittelfristig hinzutreten.[36]

Das Gesamtvolumen für **Mobiltelekommunikation** ist somit mit 29 bis 36 Mio. Endgeräte bis 2005 entsprechend etwa 20 bis 30 Milliarden DM für die Bundesrepublik anzusetzen (Preisreduzierungen in den Bereich deutlich unter 1000 DM je Grundgerät im hinzutretenden Mobilfunkbereich ab 1800 MHz vorausgesetzt).

3.1.1.2   Neue Dienste

Mobilkommunikation wird schon seit über dreißig Jahren angeboten und nun durch neue technische Entwicklungen in der Anwendungsbasis nachhaltig verbreitert. Mobilfunk sollte auch insoweit nicht zu den neuen Diensten im engeren Sinne gerechnet werden, als es - wie das drahtgebundene Telefon - bevorzugt für die Sprachübermittlung benutzt wird. Weitere Wachstumschancen bieten sich neben solchen Erweiterungen bei alternativen Formen des Nachrichtenaustauschs.

Sie bestehen konkret vor allem im Bereich der graphischen und textorientierten Nachrichtenübermittlung und der echten Datenübermittlung und -speicherung - also z.B. bei **Bildübermittlung, Filetransfer** und **Mailboxtechnik**. Zur letztgenannten Gruppe werden auch die "Privaten Informationsdiensteanbieter" **PIA (Service 190)** als Teilnehmer an **Voice-Mailbox**-Systemen gerechnet.

Beim **Faksimile** hat der Wachstumsprozeß nach einer Phase der technischen Entwicklung bereits vor einigen Jahren begonnen und befindet sich derzeit in seiner expansiven Phase. 1991 wurde ein Zuwachs von 264.048 (auf 946.000) Teilnehmern am Faksimiledienst verzeichnet. Mit der Zulassung der sog. **Mehrdienstendgeräte** ist davon auszugehen, daß der private Einsatz der Faksimiletechnik eine nochmals breitere Basis für diese Technik schafft. Allerdings ist mit dem Auftreten der Mehrdienstendgeräte die wirkliche Zahl neuer Teilnehmer nicht mehr exakt ermittelbar. Die Vielzahl der möglichen Vertriebswege erlaubt keine exakten Erfassungen mehr - ein Ergebnis der Liberalisierung. (Schätzungen gehen davon aus, daß etwa 50 % aller betriebenen Faxgeräte ohne Registrierung betrieben werden, vor allem im Bereich des Handwerks und der Kleinstbetriebe)

Ein weiterer Zuwachs beim Faksimile ist in Verbindung mit der erhöhten Übermittlungsrate des ISDN zu erwarten, sobald das Exklusivitätsimage von ISDN geringer wird. Vergleichsweise gering sind hingegen die Chancen bei Faksimiletechniken einzuschätzen, die eine Kombination von Text- und Graphikübermittlung zum Gegenstand haben (sog. **Textfax**). Unter Berück-

---

[35] Als Mobiltelefon werden in diesem Zusammenhang auch Dienste wie Bündelfunk und Cityruf, Birdie etc. angenommen.

[36] Eine Annahme von 30% ergibt ein Gesamtwachtumspotential für die alten Bundesländer von 18 bis 23 Millionen Mobiltelefonen. Dies wäre entsprechend in Tabelle 3.1.4.1 zu berücksichtigen.

sichtigung dieser Einflüsse ist davon auszugehen, daß die Zuwachsraten beim Faksimile - ob exakt registriert oder nicht - das Volumen von mehr als 500.000 Stück jährlich um 1995 durchaus überschreiten können. Die etwas pessimistischen Annahmen einiger Publikationen (z.B. Funkschau und IDN) sollten nicht darüber hinweg täuschen, daß der Faksimiledienst eines der höchsten Wachstumspotentiale bei den drahtgebundenen Diensten hatte und hat. Ob allerdings auch die drahtlose Faksimileübertragung im Mobilfunk wirklich wirtschaftlich realisierbar wird, bleibt - vom Mengenpotential her - eher offen, da hierbei eine höhere Datenrate im Funkbetrieb benötigt wird, als bei der Sprachübermittlung. Daher ist mit deutlich erhöhten Gebühren zu rechnen.

Die Gruppe der <u>Datendienste</u> als Teilmenge der non-voice-Dienste wird im wesentlichen vom **File-**und **Job-Transfer** (z.B. voller **ASCII-** oder EBCDIC-Satz) bestimmt, d.h. von der Übermittlung reiner Daten, die nicht mit dem auf Alphanumerik beschränkten ASCII-Konzept der Textdienste bedient werden können. Im folgenden sei der Begriff des Datendienstes auf Übermittlungsformen beschränkt, die nur bis zur Ebene 5 des **OSI-Schichtenmodells** im öffentlichen Bereich definiert sind und bei denen die Schichten 6 und 7 von den Anwendern frei vereinbart werden - u.U. unter Rückgriff auf bestehende Festlegungen. Für den **Datenverkehr** nach dieser Definition ist charakteristisch, daß die **Zeichencodierung** nicht nur mit normalen Buchstaben, Satzzeichen und Ziffern durchgeführt wird, sondern auch mit Bitkombinationen, die sehr speziell auf die jeweilige Maschine, das Programm und die Speicherorganisation abgestimmt sind.

Da dieser Verkehr im wesentlichen zwischen professionellen Anwendern abgewickelt wird, ist seine Verbreitung vergleichsweise begrenzt, die Wachstumsraten und Gerätezahlen entsprechend gering - wenn auch die Bedeutung der Datendienste für Banken und Unternehmen nicht zu unterschätzen ist. Es ist davon auszugehen, daß für die reinen Datendienste in diesem Sinne im Endausbau die Zahl von etwa zwei Millionen Endgeräten in Deutschland kaum überschritten wird. Diese Annahme schließt auch die Potentiale ein, die beispielsweise über **VSAT** abgewickelt werden bzw. für **Breitband-Datenverkehr** in Frage kommen.

Allerdings wird deren Anwendung kaum in den Bereich der privaten - und damit besonders zahlreichen - Anwender vordringen, sondern derartiger Datenverkehr wird wahrscheinlich im Vorfeld durch **Formatumsetzungen** z.B. in das Format der Faksimile-, Mailbox- oder Btx-Dienste abgewickelt werden.

Die Herleitung dieser Größenordnung von potentiellen gewerblichen Anschlußzahlen ergibt sich aus den Angaben des Statistischen Bundesamtes, das für 1987 (letzte Zählung) von 2,1 Mio. Unternehmen in der ("alten") Bundesrepublik berichtet, davon insgesamt 0,2 % - also rund 4000 Unternehmen, im Bereich des oberen Mittelstandes bzw. der Großunternehmen (mehr als 500 Beschäftigte). Weitere 5 % aller Unternehmen beschäftigen zwischen 20 und 500 Mitarbeiter. Von ihnen dürfte nur ein geringer Teil für Datendienste im vorstehend eingeschränkten Sinne bedeutsam sein. Die Mehrzahl von ihnen hat auch kaum Filialnetze oder verteilte Unternehmensbereiche, die einen echten Datendienst (nicht zu verwechseln mit Datenaustausch!) über öffentliche Netze erfordern würden.

Der Austausch von Information im Bereich der mittelständischen Wirtschaft und zwischen Großanwendern und Gelegenheitsteilnehmern wird sich vielmehr über öffentlich angebotene non-voice-Dienste, z.B. Datenbankdienste und Mailboxen entwickeln und insoweit nicht bis zum echten Datendienst im vorstehenden Sinne fortentwickelt. Wichtige Ausnahmen bilden in diesem Zusammenhang vor allem die Banken und Sparkassen sowie die Kommunen und Verwaltungen. Die zahlreichen non-voice-Massen-Anwendungen wie z.B. **EDI** und **EDIFACT** beim **Güterverkehr** sind dabei nicht als Datendienst im beschriebenen (engeren) Sinne angenommen.

Auf dieser Basis ist davon auszugehen, daß vor allem die Großunternehmen Datendienste im hier unterstellten Sinne (**transparente Datendienste**, File-Transfer, nicht aber Datentransport über Mailboxen und Btx) im innerbetrieblichen Verkehr und mit ihren Außenstellen betreiben werden. Dies gilt z.B. bei den Filialunternehmen (Banken, Großmärkte) oder Zulieferbetrieben für Massenfertigungen (Automobilindustrie). Deren **Markt mit Datenendeinrichtungen** bleibt zwar stückzahlmäßig begrenzt, hat aber einen hohen Wertanteil. Auch in den übersehbaren Zeiträumen bis etwa 2005 dürfte der Zuwachs jährlich kaum 7 % überschreiten. Bis zu diesem Zeitpunkt wird die Zahl aller reinen Datenanschlüsse voraussichtlich unter einer Million Anschlüssen bleiben, wobei sich dieser Anteil auf Datex-P-, ISDN- und Breitband-**Datenzugänge** (im Sinne allein hierfür genutzter Anschlüsse) aufteilt. Das derzeit zu beobachtende Schrumpfen der Anschlußzahlen wird zwar enden, jedoch ist mit 50.000 Zugängen jährlichen Zuwachses, die nur für Datenverkehr im engen Sinne genutzt werden, eine Obergrenze anzunehmen.

Dies bedeutet keinesfalls, daß der Verkehr mit non-voice-Verbindungen nicht erheblich darüber hinaus anwachsen wird. Dieser wird aber von gemischt genutzten Anschlüssen und über universeller angelegte Diensteformen als die Datendienste im vorstehenden (engen) Sinne abgewickelt werden. Als Folge hiervon wird ein nennenswerter Markt für entsprechende zusätzliche Endgeräte entstehen und das **Gebührenaufkommen** je Anschluß wird deutlich anwachsen, weniger aber die Zahl der Anschlüsse. Dieser Effekt muß dem Netzbetreiber sehr willkommen sein, da er für bereits getätigte Investitionen mehr **Nutzungsgebühr** einnimmt und nur geringe Investitionen im Investitionsschwerpunkt - dem **Anschlußnetz** - erbringen muß, um sein Leistungsangebot zu erweitern. Der von der DBP Telekom häufig erwähnte **"Verbundvorteil"** kommt hier voll zum Tragen.

Die Nutzung von non-voice-Diensten in der Telekommunikation wird auch dadurch begrenzt werden, daß die Datenverarbeitung durch leistungsfähigere Kleincomputer stärker dezentralisiert werden kann. Die Annahme, daß beispielsweise zum Abwickeln von Buchführungs- und Steuerberatungsaufgaben jede Buchung über eine Zentrale wie die **DATEV-Zentrale** unter Zuhilfenahme von Telekommunikation mittel- oder gar langfristig abgewickelt werden müsse, wird mit dem Kommen immer leistungsfähigerer Buchhaltungsprogramme für PC's mit automatischem, steuergerechtem Formularausdruck in Frage zu stellen sein. Mit einer solchen Dezentralisierung geht eine signifikante Verringerung des Datenverkehrs einher.

Die verschiedenen **Mailbox-Dienste** werden vom **Btx** angeführt. Alle übrigen Dienste zusammen - es ist von derzeit über 1000 privaten Mailboxen in der Bundesrepublik auszugehen, wobei die Zahl starken zeitlichen Schwankungen unterliegt - dürften keine sehr bedeutsame Rolle spielen. Beim Btx sind derzeit über 300.000 Teilnehmer registriert, wobei die Zahl steigende Zuwachsraten aufweist, also stärker als linear wächst.

Neben Btx melden hingegen kommerzielle Mailbox-Anbieter wie Compuserve oder Geonet erhebliche Zuwachsraten. Diese Form des gewerblichen Datenaustauschs wird voraussichtlich den Datenverkehr in der Masse abwickeln und damit den firmeninternen (vorher als "echten Datenverkehr" bezeichneten) Datenverkehr ergänzen.

Bei Btx-nahen Diensten ist in Zukunft vor allem das Angebot für diejenige Kundenschicht von Interesse, bei der beide Partner einer Lebensgemeinschaft berufstätig, beide beruflich an Computerarbeitsplätzen beschäftigt sind und die Möglichkeit nutzen, über Btx ihre Bankgeschäfte abzuwickeln und auch nach Ladenschluß in Versandhäusern einzukaufen. Der Kreis jener, die in diese Gruppe fallen, wächst ständig und bewirkt eine allmähliche Umschichtung des Nutzerkreises aus dem gewerblichen Bereich in den privaten. Darüber hinaus ist beim **Btx** das Angebot der **Dienste-Übergänge** durchaus lukrativ und dürfte vor allem von den jüngeren Mitbürgern in steigendem Umfang genutzt werden. Allerdings ist dieser Dienst sowohl im Hinblick auf die Bedienung als auch die Zusatzgebühren noch sehr verbesserungsfähig. Dies ist auch von der DBP Telekom erkannt und eingeleitet.

Da Btx in Verbindung mit **PC** und **Modem** ohne nennenswerten Zusatzaufwand betrieben werden kann, dürfte vor allem die Nutzung auf diesem Wege ein erhebliches Wachstumspotential eröffnen, sobald bestehende Zugangshemmnisse ausgeräumt werden und Btx bei der datenbank-internen Suche an das ISDN-Geschwindigkeitsniveau angepaßt ist. Dieser Prozeß ist in vollem Gange. So darf hinsichtlich der Zugangshemmnisse bereits gegenwärtig angenommen werden, daß eine breite Gruppe von Nutzern diese dadurch - von der DBP Telekom akzeptiert - umgeht, daß sie ein (nicht genehmigungspflichtiges) Akustikmodem in der Anmeldung angeben und dann eines der preiswerteren Modems de facto betreiben (die TAE-Dose wird im Baumarkt gekauft und selber installiert).

Das Volumen des **Wachstumspotentials** - und darauf wurde schon im technischen Teil der Studie hingewiesen - im Btx kann vor allem aus der Verbreitung des "Télétel"-Dienstes in Frankreich, aber auch aus der Beteiligung am **"Videotex"** genannten Analogon in Großbritannien ermessen werden. In Frankreich sind rund 5 Millionen Teilnehmer über den "kleinen Bruder **Minitel"** an den Bildschirmtext angeschaltet - dies bedeutet, daß rund jeder sechste Fernsprechteilnehmer auch am Btx teilnimmt - allerdings zum großen Teil durch ein kostenlos zur Verfügung gestelltes Einfachst-Terminal anstelle des Telefonbuchs und durch hohe Gebühren bei der akustischen Telefonauskunft. Es wurde also eine gezielte Marketingstrategie angewendet, um die Menschen an den Btx (dort **Télétel**) zu binden, wobei angeblich die unmittelbaren finanziellen Verluste beim Télétel-Betrieb durch Minderung der Verluste bei den **Auskunftsdienstleistungen** weitgehend kompensiert werden - die Verlustsituation allein bei Télétel ist unumstritten.

Es darf aber auch ohne solche Anreize angenommen werden, daß langfristig eine vergleichbare Durchdringung beim deutschen Btx erreicht werden kann, wenn verstärkt Dienstleistungen zu Zeiten angeboten werden, zu denen Schalter und Geschäfte geschlossen sind.

Dabei ist allerdings nicht von einer vergleichbar steilen Entwicklung wie bei Mobilfunk und Telefax auszugehen. Vielmehr kann angenommen werden, daß das zukünftige Gesamtpotential für den Btx

a)	anteilig stärker als bisher im Privatbereich liegt,
b)	im Privatbereich relativ stark mit der Beschaffung eines Telefax- oder vor allem Mehrdienstendgerätes mit Telefax konkurriert, und
c)	vor allem von der jüngeren Klientel beschafft wird.

Damit kann das Wachstum der **Btx-Abnehmergruppe** relativ gut mit den jährlichen Zugängen zum Fernsprech- und ISDN-Dienst korreliert werden. Legt man die Zahlen aus Tabelle 3.0.3.1 zugrunde, so hat deren Wachstum in den letzten Jahren relativ konstant um ca. 1 Mio. Neuanschlüsse gependelt, wobei für die nächsten Jahre eher höhere effektive Zuwachszahlen wegen der Nachrüstung in den neuen Bundesländern zu erwarten sind. Die Aufteilung zwischen **Fernsprech-Hauptanschlüssen** und **ISDN-Hauptanschlüssen** wird sich zwar substitutiv zugunsten ISDN verschieben (Abschnitt 3.2), die Gesamtzahl (Summe Telefon-HAs und ISDN-HAs) aber nicht wesentlich beeinflussen. In der Vergangenheit lag der Zuwachs an Btx-Teilnehmern bezogen auf die Zahl der Neuzugänge bei Telefon und ISDN noch deutlich unter 30 % - jedoch mit stetig wachsendem Anteil. Es kann angenommen werden, daß er auch in Zukunft 50 % kaum überschreiten wird, die Obergrenze des Btx-Wachstums also bei einer halben Million Btx-Abnehmer jährlich liegen kann, wobei zunächst eine Sättigung bei 6 Mio. Btx-Teilnehmern anzusetzen ist. Damit würde der Ausbau des Btx sich über etwa 10 bis 15 Jahre erstrecken.

Es zeigt sich bereits jetzt, daß gerätetechnisch der Btx-Zugang im Privatgeschäft in Deutschland nur in wenigen Fällen mit einem eigenen Endgerät (z.B. **Minitel**) bzw. über das Fernsehgerät (Btx-Box) beschafft wird, sondern zu ganz wesentlichen Teilen über eine Kombination mit dem eigenen Computer. Auch die DBP Telekom hat die entsprechende Konsequenz gezogen und die Anschlußbox aus dem Angebot genommen. Da damit auch zugleich die Verwendung eines **Modems** oder einer **ISDN-PC-Karte** impliziert ist, können auch andere **Mailboxdienste** über die gleiche Hardware-Konfiguration angesprochen werden, ein Aspekt, der vor allem für die Mailbox-Anbieter und die Substitutionskonkurrenz zu Btx auf der Anbieterseite bedeutsam ist. Dies gilt im übrigen bedingt auch für die Substitution von **Telefax**geräten, da moderne Modems in der Regel für den Betrieb nach dem Telefaxformat ausgestattet sind, so daß der Computer bei entsprechender Softwareausstattung auch Telefax absenden kann. Zum Empfang von Telefax sind Computer allerdings deshalb weniger geeignet, weil sie nicht ständig angeschaltet sind und so ein erheblicher zeitlicher Verzug wegen der Einschaltprozeduren eintritt.

Auf der Dienste-Anbieterseite ergibt sich ein beachtliches Potential für Kleingewerbe und Mittelstand. Dies gilt sowohl für die Anbieter von Programmsystemen für die visuelle und handhabungstechnische Gestaltung von Angeboten als auch für die Dienste-Anbieter selber. So fehlen im Btx noch Anwendungen, die die großen Kapazitäten moderner optischer Disketten (**CD-ROM**) nutzen - beispielsweise auf optischen Disks verfügbare Lexika etc., bis hin zu den Angaben des statistischen Bundesamtes und der statistischen Ämter der Länder - das Angebot in der Btx-Datenbank der Deutschen Bundespost ist vergleichsweise bescheiden. Hier wäre z.B. für einschlägige Verlage ein sehr weites Arbeitsgebiet, das sie wiederum an kleinere Betreiber delegieren könnten. Ähnliches gilt für andere Angebote - z.B. Wörterbücher, Literatur-Datenbanken u.s.w.. Das Konzept des Data-Discman - wie er vom Bertelsmann-Verlag in Verbindung mit Sony angeboten wird - könnte auch im Btx als drahtgebundene Variante recht erfolgreich sein.

3.1.2   Unterhaltungselektronik

Bereits bei der Diskussion um den technischen Stand bei den Schlüsseltechnologien wurde auf die bedeutende Position des Gesamtgebietes "Home-Electronic" (von der Unterhaltungs-elektronik über Küchengeräte und einfache Gefahrenmeldetechnik bis hin zur Autoelektronik) mit dem Schwerpunkt Unterhaltungselektronik als Basis für die Stückzahlfertigung von Bauteilen und Peripheriegeräten hingewiesen. Der weitgehende Verlust des Unterhaltungselektronik-Marktes darf ohne Übertreibung als besonders schwerwiegendes Handicap der europäischen **Informationstechnik** bezeichnet werden.

Das gegen Ende der Siebziger Jahre vom Kartellamt bereits in einer Voranfrage abgelehnte Begehren der deutschen Unterhaltungselektronik-Hersteller (u.a. AEG, Blaupunkt, Grundig, Philips u.s.w.), die Entwicklung neuer Systeme (vor allem beim Fernsehen) gemeinschaftlich durchzuführen, ist wohl die mit Abstand schwerstwiegendste Fehlentscheidung dieser Behörde in der Geschichte ihres Bestehens. Die Folgen dieser Entscheidung muß der Steuerzahler über die Projekte **ESPRIT, RACE, JESSI** etc. mit Milliardenbeträgen subventionieren - mit geringer Aussicht auf wirtschaftlichen Erfolg, weil diese Projekte aus politischen Gründen zu eng auf kurzfristig erzielbaren Erfolg ausgelegt und zu spät definiert worden sind. Der geringe technische Fortschritt je Einzelmaßnahme (vorzeigbare Erfolge sollen rasch demonstrierbar und relativ sicher sein) z.B. bei **D2-MAC** und die resultierende Unsicherheit bei der Beschaffung der jeweiligen Geräte werden die Situation in den nächsten Jahren nicht verbessern. Eine alle Teilaspekte übergreifende Strategieplanung ist bei der gesamten europäischen Forschungsförderung im Teilbereich Informationstechniken nicht erkennbar.

Aus dem Bestand an **Fernsehgeräten**, Recordern (akustisch und visuell) und **Stereoanlagen** läßt sich ein Marktvolumen für neue (digitale) Techniken herleiten, das die Umsätze im Bereich der Telekommunikationsendgeräte um den Faktor drei bis vier übersteigt. Wachsender Wohlstand und wachsende Liquidität (es wird geschätzt, daß allein für Lebensversicherungen in 1991 14 Mia. DM zur Auszahlung kamen!) sowie wachsende Freizeit sind die Elemente, aus denen sich ableiten läßt, daß gerade komfortableres Gerät im Bereich der gesamten Home- und besonders der Unterhaltungselektronik einen hervorragenden Markt zu auskömmlichen Preisen schaffen wird. Die Produkte dieses Marktes werden - wenn auch die herstellende Industrie verzweifelt ihre in Deutschland endassemblierten Produkte als "Made in Germany" apostrophiert - im Wert und nach (weniger qualifizierten) Arbeitsplätzen zu über 90 % in Asien hergestellt, das damit auch die Basis für die **Schlüsseltechnologien** (vor allem im Bereich **Halbleiter** und **Displays**) mehr und mehr nach dort holt bzw. schon geholt hat. Dort baut sich allmählich ein entsprechend hoch qualifizierter Personalbestand auf.

Die - hochaktuelle - Situation der Schneider AG oder das Beispiel von Thomson, die jetzt ihr irisches Werk schließt, sind beredte Beispiele für die begrenzten Möglichkeiten europäischer Unternehmen. Wollen sie am Markt bleiben, müssen sie in Zukunft auch noch Patentlizenzen an asiatische Entwickler zahlen, statt selbst (wie z.B. noch vor einigen Jahren über die **PAL-Lizenzen**) Blaupausen zu exportieren.

Der Markt im reinen **Rundfunkbereich** (also ohne CamCorder, CD- und DAT-Gerät etc.) kann - für 1992 - mit 18 bis 22 Milliarden DM angenommen werden. Hiervon dürften auf europäische Produktion (ohne Zulieferung von Komponenten aus Asien) allenfalls echte zwei Milliarden DM arbeitsplatzwirksamer Produktion kommen - wenn auch von den Herstellern höhere Zahlenwerte genannt werden. Diese Angaben enthalten nämlich jeweils die (stetig wachsenden) Komponentenzulieferungen aus Fernost, die in Europa nicht arbeitsplatzwirksam sind und verfälschen das Gesamtbild. Der Markt dürfte, bei ständiger Verbesserung der Wiedergabequalität in Ton und Bild und bei ständiger Erweiterung der Angebotspalette durch neue technische Geräte jährlich um 4 bis 6% anwachsen, sich also bis etwa 2005 verdoppeln, vor allem, wenn mit digitalem HDTV höherwertige Geräte der Preisklasse um 5.000 DM in größerer Menge auf den Markt gelangen. Hieran werden voraussichtlich europäische Firmen in noch geringerem Umfang als bisher partizipieren.

3.1.3   Datenverarbeitung

Es ist davon auszugehen, daß mit der absehbaren technischen Fortentwicklung der "Klein-Computersysteme" im Bereich um MS-DOS - also vor allem mit dem **Betriebssystem Windows NT** - sich deren Verbreitung und Leistungsfähigkeit verstärkt fortsetzen wird. Dabei erlangt die Möglichkeit der wirkungsvollen Vernetzung und der Teilnahme an Kommunikationsdiensten eine bedeutende Funktion. Entsprechend werden sich die neuen Geräte verstärkt substitutiv im Bereich der dienstspezifischen **Kommunikationsendgeräte** bemerkbar machen. **Multimedia**-Entwicklungen werden diesen Trend nochmals intensivieren.

Weiter ist davon auszugehen, daß der reine Wachstumsanteil, also der Teil der Neuinstallationen, der ausschließlich oder zumindest vornehmlich in Bereichen eingesetzt wird, für die auch bisher solche Computer beschafft wurden, sinkende Zuwachsraten aufweist. Aus Beratungserfahrung bei mehreren Unternehmen in der "alten" Bundesrepublik und in den "neuen" Bundesländern kann abgeleitet werden, daß die Anschaffungskosten pro verkauftem System in diesem Zusammenhang im seriösen Geschäftsbereich wegen höherer Leistungsanforderungen leicht steigen. Der vielzitierte Preisverfall ist nur dort zu registrieren, wo Unternehmen sich etwas darauf zugute halten, das gleiche Produkt über mehrere Jahre unverändert anzudienen - solche Unternehmen laufen gegen die Konkurrenz der "Ausverkaufshändler" an. Hiervon sind vor allem die etablierten Anbieter wie Siemens, IBM, SNI, Compaq u.s.w. betroffen, die viel zu unflexibel auf die Änderung der Anforderungsprofile reagieren.

Die Preisunterschiede für gleiche Leistung und Qualität sind je nach Lieferant extrem hoch. So verkaufen manche Unternehmen einen 80486-33 EISA in der Grundausstattung (8MB RAM, SCSI-EISA-Controller mit Festplatte 200 MB, VESA-Grafikkarte und VESA-Monitor) um ca. 6.000 DM Endpreis (zuzügl. MWSt), während etablierte Unternehmen für gleichwertiges Gerät mit Baugruppen von gleichwertigen Herstellern Preise bis zu 34.000 DM mit dem Argument "Made in Germany" fordern, wobei bei beiden Wettbewerbern nur das Zusammenstecken der Baugruppen in Deutschland erfolgt, die Baugruppen und die Bauteile hingegen in Asien produziert und geprüft werden. Auch das Argument eines besseren Supports durch den etablierten Anbieter ist nicht stichhaltig, häufig kümmern sich kleine Anbieter intensiver um ihre Kunden, als ein Großunternehmen der Branche.

Die hohen Preise lassen sich von der seit Jahren etablierten Industrie kalkulatorisch rechtfertigen - das langjährige Arbeiten unter gleichem Firmennamen hat soviel Nebenkosten entstehen lassen, daß der Vorteil großer Stückzahlumsätze nicht mehr ausreicht, um mit kleineren Wettbewerbern mithalten zu können.

Ähnlich wie bei der Unterhaltungselektronik besteht auch in der gesamten **EDV** die Gefahr, daß die wichtigen - die Schlüsseltechnologien nach Stückzahlen mitbestimmenden - Produkte ins außereuropäische Ausland abwandern und in der Folge auch die bisher noch verbliebenen Bereiche der EDV verloren gehen, da die Basis für die Produktion zu klein wird.

Dabei ist die EDV ein erhebliches **Wachstumsfeld**, wobei sich vor allem im Bereich der angewandten Softwaretechniken ein erhebliches zusätzliches Potential ergibt, bei dem weiteres Wachstum möglich ist, wenn eine genügende Zahl qualifizierter Mitarbeiter motiviert werden kann, anstelle neuer **Betriebssysteme** und **Sprachcompiler** hochwertige **Anwendungssoftware** und praxisnahe **Softwaretools** zu entwickeln, die dringend benötigt werden.

Geht man als Modellannahme davon aus, daß jeder zweite non-voice-Anschluß in den nächsten zehn Jahren durch einen zugeordneten Computer unterstützt wird und daß im gleichen Zeitraum jeder zweite Arbeitsplatz einen Computer erhält, so ist (bei rund 80 Mio. Einwohnern und rund 35 Mio. Arbeitsplätzen) von einer Bedarfszahl von rund 17 Mio. weiteren Computern über den gegenwärtigen Stand hinaus auszugehen. Ob und inwieweit dieses Wachstum nun in zehn oder acht oder vierzehn Jahren erreicht wird, ist allerdings kaum vorhersagbar.

Eine andere Überlegung kann aber Hinweise auf die Marktgröße dieses Segments der Informationstechnik geben. Unterstellt man, daß der mittlere **Anschaffungspreis** eines gewerblich genutzten Computers allein für die **Hardware** bei ca. 6000 DM liegt (einschließlich anteiliger Peripherie wie Drucker, Plotter, Modem, Digitizer, Scanner etc.), eines privat genutzten Geräts bei 2.500 DM liegen könnte und daß etwa ein Drittel als privat genutzter Computer angesetzt wird, so ergibt sich ein Hardware-Volumen von überschlägig um die 90 Mia. DM für den Beschaffungszeitraum. Hinzu kommt das Volumen für Ersatzbeschaffungen, da Computer vergleichsweise schnell veralten (es könnte daher nochmals die gleiche Größenordnung erreichen). Setzt man in diese Überlegung die unter 3.0.3 angesetzten Softwareanteile mit 42 % (gegenüber dort 44 % Hardwareanteil) ein, so wäre ein weiteres (Software-) Volumen von rund 80 Mia. DM vorstellbar. Dabei ist allerdings im **Softwarebereich** nicht berücksichtigt, daß inzwischen die Preise dort wegen der wachsenden Verkaufsstückzahlen für **Standard-Software** erheblich sinken - so sind die Preise für Betriebssysteme innerhalb von zwei Jahren auf weniger als die Hälfte gefallen - trotz steigender Leistungsfähigkeit der Systeme. Die - durch die SAA-Oberfläche (**Windows**, **MOTIF**) ermöglichten - Preisreduktionen bei der Anpassung von **Anwendungsprogrammen** an die jeweiligen Landessprachen haben ebenfalls den Preis merklich gedrückt. Dieser Prozeß wird sich in der Zukunft verstärkt fortsetzen, zumal über den PD-Markt (**Public-Domain** und **Shareware**) weitere Impulse für Kostenreduktionen entstehen. Man könnte daher - mit einer gewissen Plausibilität - den **Softwaremarkt** von 80 Mia. DM bis in den Bereich von 30 Mia. DM für die nächsten zehn Jahre reduziert ansetzen - dies zeigt die Problematik einer solchen Vorhersage. Nimmt man den Anteil illegal betriebener Raubkopien hinzu, wird die Unsicherheit noch größer.

3.1.4   Zusammenfassender Überblick über das Wachstumsmodell

Stellt man die vorstehend geschilderten Überlegungen in einem Wachstumsmodell zusammen, so ergibt sich eine Gesamtdarstellung, wie sie in Tabelle 3.1.4.1 niedergelegt ist. Die vorgestellten Zahlen seien nachfolgend kritisch auf Plausibilität hin durchleuchtet, da an einigen Stellen die Höhe der Zuwachspotentiale auf den ersten Blick verblüfft. Einleitend sei aber noch vermerkt, daß die Einzelzahlen aus jeweils eigenen Tabellenkalkulationen resultieren und nicht miteinander in einer exakten mathematischen Beziehung stehen. Die Überlegungen, die diesen Ausgangrechnungen zugrunde liegen, wurden in den vorherigen Abschnitten dargelegt.

Im Zuwachs der Gesamthauptanschlußzahl (Zeile 1 von Tabelle 3.1.4.1) sind die neuen Bundesländer allein mit einem Potential von 10 Mio. HAs als "**Nachholbedarf**" eingeschlossen, die bis 1997 als Sondermaßnahme errichtet werden sollen und nicht in die "normale" Zuwachsbetrachtung eingehen dürfen, da sie das Bild verfälschen würden. Von einer - daraus resultierenden hypothetischen - Normalbasis aus gesehen wird zwischen 1991 und 2005 (14 Jahre) nur ein effektives Wachstumspotential von 46 (36 IST alte Bundesländer plus 10 Mio. Nachholbedarf neue Bundesländer) auf rund 87 Mio. HAs für die gesamte Bundesrepublik erreicht (zuzüglich des Potentials, das durch den Netzausbau in den neuen Bundesländern gegeben ist). Dies entspricht einem jährlichen (Normal-) Wachstum von etwa 4,66 % - eine eher bescheidene Annahme. Geht man weiter von 80 Mio. Einwohnern in der Bundesrepublik aus, so wären 2005 je Einwohner nur 1,1 Hauptanschlüsse geschaltet - auch dies eine eher konservative Annahme z.B. im Vergleich zu den USA, Schweden und der Schweiz.

Unter dem Begriff "hochwertiger **Rundfunk**" (Zeile 2) sind Farbfernsehgeräte mit mehr als 20" Bildschirmdiagonale, HiFi-Stereoanlagen und Autoradios mit RDS zusammengefaßt. Sog. **Henkelware**, einfache Fernseher etc. sind nicht berücksichtigt. Es darf aber nicht übersehen werden, daß ganz besonders der im Gegensinne "geringwertige Rundfunk" hinsichtlich der Stückzahlen und des Verbrauchs an Zulieferteilen eine herausragende Rolle für die Deckung von Gemeinkostenanteilen in der Bauteileindustrie hat und insoweit mittelbar entscheidend für das Überleben der Technologiebasis für höherwertige Informationstechniken ist. Dieser Zusammenhang wird leider allzu oft übersehen. Bei der Lebensdauer von derartigen Geräten ist das Marktpotential näherungsweise gleich dem 1,5 fachen Gesamtvolumen des Jahres 2005 zu setzen, es müssen bis dahin rund 75 Mio. Stück hochwertiger Rundfunkgeräte beschafft werden. Dies entspricht einem **Marktpotential** von rund 150 Mia. DM bis 2005.

Nr.	Bereich	Stand 12.1990	Zuwachs 1991	Gesamt-zuwachs	Stand ca. Anf.2005
1.	Fernmeldetechnik in Mio HAs	34,00	>2,00	53,00	87
2.	hochw. Rundfunk in Mio Stück	28,00	1,50	23,00	51
3.	PC in Mio Stück	6,00	2,30	15,00	21
1.1	obilkommunikation	0,60	0,35	28,00	30
1.1.1	Autotelefon	0,40	0,30	17,00	18
1.1.2	sonst. Mobilkommunikation	0,20	0,05	11,00	11
	Telefax*	0,60	0,30	7,00	8
1.3	Daten*	0,35	0,05	0,75	1
1.4	Mailbox*	0,35	0,15	4,50	5
1.5	FSpHAs (incl. ISDN)	30,00	1,80	16,00	46

Tabelle 3.1.4.1: Wachstumspotentiale in der telekomrelevanten Informationstechnik für 1991 bis 2005 (bei den drahtgebundenen Fernmeldenetzen an Zugängen zum Netz)

Stand 2005 auf volle Millionen gerundet, ab Spalte "Zuwachs 1991" sind auch die neuen Bundesländer in die Zahlen einbezogen. Zu beachten ist weiterhin, daß nicht jeder Neuzugang in den Gruppen 1.2 bis 1.4 (*) auch zu einem neuen Hauptanschluß führt, daher wird hier nur ein Zuwachsanteil von 50 % zugrunde gelegt (die Zahl der Endgeräte darf entsprechend als doppelt so hoch angenommen werden). "Autotelefon" sind alle dialogorientierten Mobilfunkgeräte in Verbindung mit Kraftfahrzeugen, z.B. auch Bündelfunk, C- und D-Netz, "sonst. Mobilkommunikation" alle Funkrufdienste und E-Netz zugeordnet. In der Tabelle sind Ersatzbeschaffungen nicht berücksichtigt (s. Text).

In die Tabelle 3.1.4.1, Zeile 3, wurden wiederum diejenigen Geräte der EDV <u>nicht</u> einbezogen, die als sog. Mainframes im Zusammenhang mit breit gestreuter Kommunikation weniger bedeutungsvoll sind. Auch die an diese angeschalteten "unintelligenten" Terminals - meist über **LAN**, evtl. **WAN** zusammengeschaltet - sind nicht berücksichtigt, da sie trotz großer Zahl nicht zum Aufkommen an kommunikationsfähigen Computern im Sinne dieser Studie beitragen. Weiterhin ist - genau wie bei Hauptanschlüssen und vor allem hochwertigem Rundfunk - auch am Ende der Betrachtungsperiode nur die Zahl betriebener Geräte angenommen. Da aber ein Computer im Mittel alle drei bis fünf Jahre veraltet (dieser Abschreibungszeitraum wird von den meisten Finanzämtern zugebilligt), ist der Stückzahlmarkt knapp doppelt so hoch wie das Wachstum des "installierten Bestandes", was in der Mehrzahl der Untersuchungen vernachlässigt wird. Wenn also hier von einem mittleren Zuwachs von einer Million Stück ausgegangen wird, so ist das mittlere Marktvolumen wegen der Kurzlebigkeit deutlich oberhalb 2 Mio. Stück - gegen Ende des Betrachtungszeitraums eher bei 8 Mio. Stück (davon nur 1 Mio. Stück echter Zuwachs) - anzusiedeln. Das **Marktpotential** kann damit bei etwa 15 Mio. Geräte Erstbeschaffung und weiteren um 30 Mio. Stück Ersatz- und Modernisierungsbedarf angenommen werden. Dies ergäbe einen weiteren (Ersatz-) Markt von 80 bis 90 Mia. DM bis 2005.

Zeile 1 wird in den nachfolgenden Zeilen 1.1 bis 1.5 nochmals detailliert dargestellt. Die Zeilen 1.1, 1.1.1 und 1.1.2 befassen sich dabei mit dem wachstumsträchtigsten Marktsegment, der <u>Mobilkommunikation</u>. Zu dieser Thematik wurde während der Bearbeitung dieser Studie vielfältig publiziert.[37]   Gerade die Feststellungen zu diesem Thema in "PCN - Märkte und Systeme..." von Neugebauer (ebenda S. 5 ff) und Rolle (ebenda S. 17 ff) zeigen die Spannweite der Voraussagen noch vor zwei Jahren (die Vorträge wurden 1991 im Münchener Kreis gehalten), wobei allerdings die Kostenbasen beider Annahmen bereits damals weit auseinander lagen. In der Zwischenzeit hat sich gezeigt, daß die Annahmen sich stärker denen von Rolle nähern, zumal die Anschaffungspreise bereits vor Anlauf der eigentlichen Kaufwelle für D- und E-Netz-Geräte unter den Annahmen liegen, die dem Neugebauer-Modell seinerzeit für das Jahr 2000 zugrundegelegt wurden. Auch die Betriebskosten sinken bereits, bevor noch der Einsatz von D-Netz-Geräten ein nennenswertes Volumen erhalten hat. Schließlich zeigt eine Bemerkung in der FAZ 1993 / 26, daß ein Preis für ein E-Netz-Gerät bereits um 1995 etwa 240 £ erreichen soll, ein Wert, der auch andernorts in der Literatur angenommen wird und die Annahme rechtfertigt, daß der Preis ungefähr zum Jahr 2000 auf 500 DM sinken kann. Das vorliegende Modell, das für 2005 etwa 18 Millionen "Autotelefone" - dies sind Telefone mit Zugang zu öffentlichen Mobiltelefonnetzen (C-, D-, E-Netz und LEOS-Telefone wie IRIDIUM) - ausgeht, prognostiziert im Detail für 2000 eine Zahl von 12 Millionen Geräten dieser Art. Damit befindet sich die Prognose in näherungsweiser Übereinstimmung mit den derzeit verfügbaren einschlägigen Publikationen, die für 2000 um 10 Millionen Geräte annehmen.

Im Bereich der non-voice-Terminals wurde sehr grob mit einem Zugangsanteil von näherungsweise 50 % gerechnet, die resultierenden Zahlen in den Hochrechnungen schwanken z.B. je nach Modellannahme bei Telefax zwischen 7 und 10 Mio. direkt angeschalteten Geräten (14 - 20 Mio. Telefaxgeräte) , bei Mailbox zwischen 4 und 6 Mio. direkt angeschalteten Geräten (8 - 12 Mio. Modems und PC-Karten). Die Addition allein dieser Zahlen gibt im Gesamtvolumen eine Unsicherheit zwischen 86 und 94 Mio. Hauptanschlüssen. Hiervon wurde die Eintrittswahrscheinlichkeit in den unteren Bereich gelegt, bei etwa 4 Mio. jährlichem

---

[37] siehe z.B.: PCN - Märkte und Systeme für Personal Communication Systems, Suckfüll (Hrsg.)
     R.v. Decker's Verlag, 1992, oder FAZ 1993/26 S. 13 - Gute Chancen für Thyssen/VEBA-Konsortium.

Zuwachs kann also ein Fehler von zwei Jahren impliziert werden - bezogen auf den Vorhersagezeitraum zumindest im Modell ein recht befriedigendes Ergebnis.

Alle derartigen Potentialannahmen können nur am Markt realisiert werden, wenn die Entwicklung der Kosten - insbesondere bei der Mobilkommunikation - nicht durch unziemliche Maßnahmen im Bereich der monatlichen Nutzungsgebühren behindert wird[38]. Im übrigen unterscheiden sich die Untersuchungen aus der vorliegenden Studie und die von Rolle genannten Zahlen auch in der Aufteilung der **Mobilendgeräte** auf C- und D-Netz einerseits und **DCS1800** andererseits gravierend. Die - sehr viel vorsichtigeren - Schätzungen von Infratest können als effektiv installierter Bestand dann richtig sein, wenn eine unvernünftige Gebührenpolitik getrieben wird, sollten aber als untere Grenze gesehen werden. Andernfalls würde der Rückstand der Bundesrepublik gegenüber anderen hochindustrialisierten Staaten der Welt dramatisch. Damit hat der Mobilfunkmarkt ein Wachstumspotential von 31 Mia. DM zuzüglich etwa 10 Mia. DM Ersatzgeschäft wegen der relativ langen Lebensdauer derartiger Geräte.

Bei den **non-voice-Diensten** wurde angenommen, daß mehr als die Hälfte der Endgeräte an bestehende Hauptanschlüsse angeschaltet sind, also der Stückzahlmarkt bzw. dessen Potential zumindest doppelt so hoch ist, wie die Zahl der durch die Nutzung dieser Dienste beanspruchten Hauptanschlüsse (Sternkennzeichnung in Tabelle 3.1.4.1). Dies bedeutet, daß um 2005 rund 16 Mio. Telefaxgeräte (ohne Computerfax), 2 Mio. Datenterminals für non-ASCII-Dienste und rund 10 Mio. Endgeräte für **ASCII-Dienste** (**Mailbox** incl. **Btx**) in Betrieb sein können, wenn die Kostenentwicklung entsprechend verläuft. Realistischerweise sollte von etwa der Hälfte als realisiertem Markt ausgegangen werden. Bei einer mittleren Lebensdauer von fünf Jahren für derartiges Gerät bedeutet dies weiterhin, daß die Bestände bis dahin zwei- bis zweieinhalbmal umgeschlagen wurden, so daß neben 28 Mio. Geräten reinem **Wachstumspotential** auch noch 20 bis 25 Mio. Geräte ersetzt werden müssen - ein Markt von rund 50 Mio. Geräten mit Preisen von je etwa 800 DM, also eine Gesamtvolumen von rund 40 Mia. DM. Zu beachten ist in diesem Zusammenhang, daß die Zahl der Netzzugänge und das Verkehrsaufkommen nicht proportional wachsend angenommen werden können (Hypothesen 74 bis 75).

Ein Wachstum nach diesen Annahmen läßt ein solides Geschäft im Gesamtgebiet der Informationstechniken erwarten. Dennoch sei darauf hingewiesen, daß das jährliche Wachstum bei der Summe aller Fernmeldehauptanschlüsse einschließlich Mobilkommunikation in öffentlichen Netzen über die 15 Jahre im Mittel nur zwischen 4,5 und 5 %, beim hochwertigen Rundfunk bei 4 % und in der Datentechnik bei etwa 8,5 % jährlich resultiert - also in der Rückrechnung nicht extrem bzw. unglaubwürdig hoch liegt. Lediglich bei der Mobilkommunikation ergibt sich ein extremer Wachstumsfaktor von im Mittel 30 %, der aber daraus resultiert, daß die Ausgangsgröße extrem klein ist.

Berechnet man das Wachstum auf der angenommenen Basis 1993[39] mit dann bereits 4,6 Mio Teilnehmern, so sinkt die nachfolgende mittlere Wachstumsrate schon in Richtung auf 20 %. Gegen Ende des Betrachtungszeitraumes reduziert sie sich auf durchaus normale 6,5 %.

---

[38] Inzwischen mehren sich die Anzeichen, daß sich eine realistische Nutzungsgebührenpolitik schon aus der Konkurrenzsituation der beiden Netzbetreiber ergibt, die durch das Hinzutreten eines dritten (E-Netz)-Betreibers weiter verstärkt wird.

[39] Zwischenzeitlich ist durch die Verzögerung bei der Einführung der D-Netze dieser Zeitpunkt 1993 leicht geändert, eine Verschiebung um bis zu einem Jahr könnte möglich werden. Durch die Konkurrenz des E-Netzes und später durch Iridium dürfte dieser Rückstand aber bis 2005 aufgeholt sein.

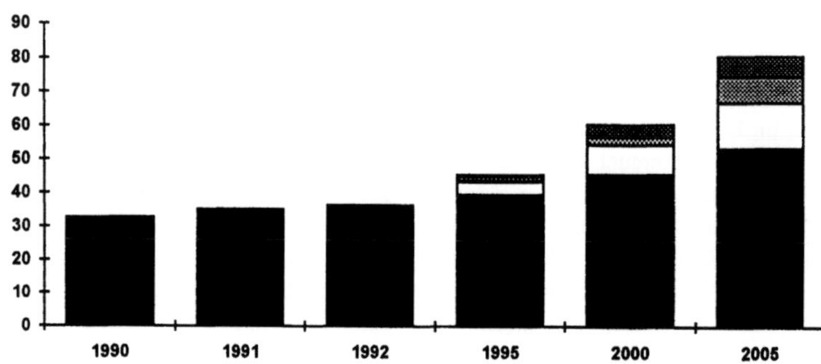

Bild 3.1.4.1:   Potentiale für drahtgebundene (schwarz), GSM900
                          (weiß), DCS1800 (grau1) und sonstige
                          Mobilkommunikation (grau2, z.B. Bündelfunk etc.) (in Mia.)

Sehr verdeutlicht werden die Zusammenhänge vor allem auch im Hinblick auf die Relationen
zwischen voice- und non-voice-Investitionspotentialen und im Hinblick auf die drahtgebundenen und die drahtlosen Wachstumspotentiale in ihren Wertverhältnissen, wenn die Inhalte
dieser Tabelle graphisch dargestellt werden (Bilder 3.1.4.1 bis 3.1.4.3).

Die Bilder 3.1.4.1 bis 3.1.4.3 zeigen sehr klar, daß auch in der weiten Zukunft die
Sprachkommunikation weit vor allen anderen Formen heute existierender Kommunikationsar-
ten liegt. Allerdings wird der große Zugang an Anschlüssen zu den verschiedenen Netzen vor
allem im Bereich der Mobilkommunikation liegen, während in der drahtgebundenen
Kommunikation ein eher beschauliches Wachstum an Anschlüssen zu erwarten ist - der Endgerätemarkt jedoch nach Stückzahlen stärker wächst.

Es ist weiter zu beachten, daß neue zusätzliche Endgeräte wie sie in den Zeilen 1.2 bis 1.4 der
Tabelle 3.1.4.1 als Potential prognostiziert werden, kaum zu neuen Anschlüssen führen wer-
den. Hier ist allenfalls mit einer Umschichtung von Hauptanschlüssen in analogen Netzen zu
ISDN-Anschlüssen zu rechnen, im übrigen werden aber vor allem Zusatz-, bzw. Mehrdienst-
Endgeräte und umgewidmete Computer diesen Geschäftsbereich bedienen. Allein die
Verkehrslast je Zugang dürfte ansteigen.

Da die nichtsprachlichen Kommunikationsendgeräte zu einem großen Teil an Netzzugänge angeschaltet sind, die bereits existieren, wird nicht jedes non-voice-Endgerät zugleich auch einen
eigenen Zugang erhalten, so daß die Zahl der Zugänge unterproportional zur Zahl der Endgeräte wachsen wird. Bei der Planung der Netze ist zu beachten, daß die Verkehrswerte je Zugang um bis zu 50 % steigen können und die Steuerungsbelastung noch viel stärker anwachsen
wird. Diese Annahmen sind im Rahmen der Studie zwar ohne unmittelbare Folgen, sollten aber
bei Fragen nach Intelligenten Netzen, Mobilkommunikation und deren Teilproblemen wie z.B.
die Protokolle für Handover und Roaming, bisher technisch noch nicht erprobte Daten-
bankverwaltungen etc. sehr beachtet werden. Da auch noch der Datenschutz mittelbar in diese
Problematik hineinwirkt, ist dieser Bereich recht sensibel und kann Verzögerungen bringen.

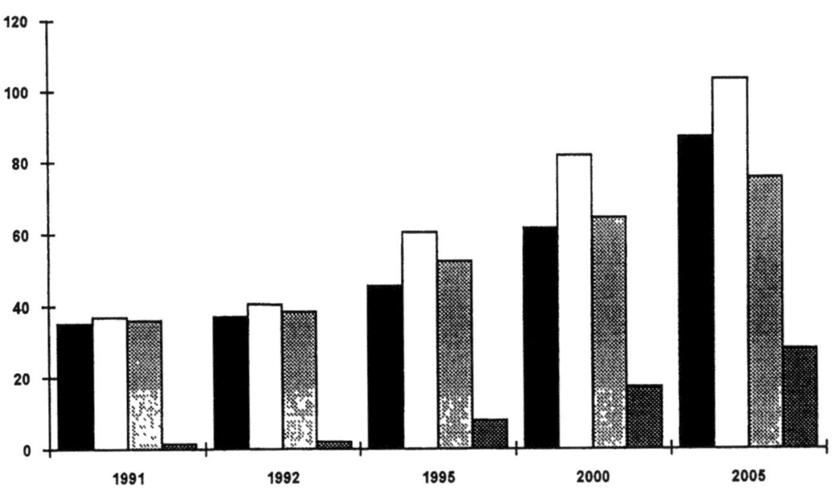

Bild 3.1.4.2: Anteile der nichtsprachlichen Kommunikation am
Wachstumspotential gegenüber der sprachlichen
Kommunikation in Mio. Stück.

Säule 1 (schwarz): Zahl der Hauptanschlüsse gesamt
Säule 2 (weiß)   : Zahl der Endgeräte gesamt
Säule 3 (grau1)   : Zahl der Sprachendgeräte (drahtgeb. und mobil)
Säule 4 (grau2)   : Zahl der non-voice-Endgeräte (incl. Fax und Btx).

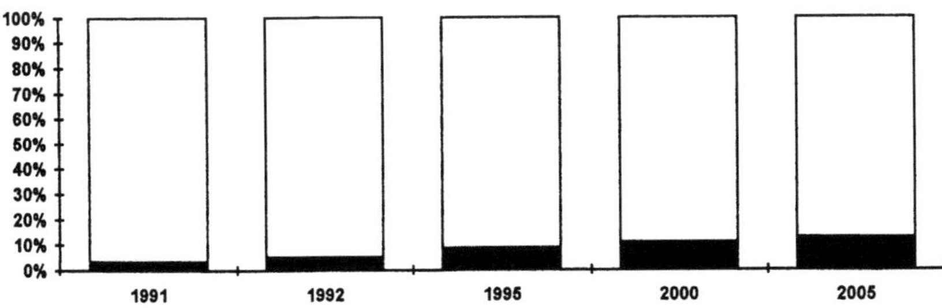

Bild 3.1.4.3: Prozentuale Anteile der nichtsprachlichen Kommunikation (schwarz) am
Wachstumspotential gegenüber der sprachlichen Kommunikation (weiß)

3.1.5 Zusammenfassende Feststellungen, Hypothesen und Bewertungen

---

73. (Hypothese):

Bis zum Jahre 2005 werden sich die Zahlen der non-voice-Endgeräte gegenüber 1991 weit mehr als verzehnfachen (auf ca. 20 Mio. Geräte), die Zahl der zugehörigen Anschlüsse wird aber im Vergleich zu den Sprachanschlüssen relativ bedeutungslos bleiben (deutlich unter 10 %).

---

74. (Hypothese):

Die Zahl der Zugänge zu drahtgebundenen Fernmeldenetzen wird sich langsamer entwickeln als die Zahl der Endgeräte, da an viele Zugänge mehrere Endgeräte angeschaltet werden.

---

75. (Hypothese):

Das Verkehrsaufkommen je Netzzugang wird stärker steigen als die Zahl der Netzzugänge, jedoch geringer wachsen als die Zahl der Endgeräte.

---

76. (Hypothese):

Bis zum Jahre 2005 wird sich die Zahl der Sprachendgeräte erneut mehr als verdoppeln, dabei liegt das Schwergewicht der Zunahme im Mobilbereich.

---

77. (Feststellung):

Wegen der hohen Dunkelziffern hinsichtlich Endgeräten bei der Mehrfachnutzung eines Netzzugangs wird eine exakte Angabe der Beteiligung an einzelnen Diensten in der Zukunft erheblich erschwert.

---

78. (Hypothese):

Die Zahl der neu einzurichtenden reinen Datenanschlüsse bleibt relativ konstant bei etwa 50.000 jährlich. Es werden aber in diesem Bereich verstärkt breitbandige Zugängen ab 2 Mbit/s eingesetzt, während der normale Modemverkehr (bis ca. 64 kbit/s) vor allem für die anderen non-voice-Dienste genutzt wird.

79. (Bewertung):

Voraussichtlich werden in den kommenden 15 Jahren weit mehr als doppelt so viele Sprachendgeräte als Nichtsprach-Endgeräte verkauft, wobei die Wertanteile je Gerät wegen des wachsenden Anteils an Mobilfunkgeräten im Sprachbereich etwa gleich bleiben.

3.2 Substitutionsfelder

3.2.0 Vorbemerkungen

Im vorigen Abschnitt 3.1 wurden die Wachstumspotentiale für die verschiedenen Formen der Nachrichtenvermittlung ohne Rücksicht auf mögliche Substitutionseffekte bei etablierten Übermittlungsformen abgeschätzt. Dabei wurden lediglich Formen der Nachrichtenübermittlung, nicht aber Methoden der Nachrichtenübermittlung - das sind z. B. **neue Netze** oder **neue Verfahren** - betrachtet. Neben den Feldern, bei denen Wachstum ohne nennenswerte Schmälerung der bestehenden Dienste und Dienstleistungen erkennbar ist, weil der Bedarf an technischer Kommunikation in einer bestimmten **Nachrichtenform** durch bestehende **Diensteangebote** noch gar nicht befriedigt worden ist, sind andere Felder erkennbar, wo Wachstum in einem bestimmten Bereich auf Kosten eines anderen Bereichs der technischen Kommunikation stattfindet - in diesem Falle kann also von Substitution gesprochen werden.

Da in diesem Zusammenhang auch Substitutionen bei den **Übermittlungsverfahren** neben den Substitutionseffekten bei den Nachrichtenformen vorkommen können, sollen im folgenden drei Formen der Substitution unterschieden werden :

I.   Substitution zwischen ähnlichen Nachrichtenformen.
Substitutionen dieser Art werden ausgelöst, wenn neue Dienste für vergleichbare Anwendungsbereiche angeboten werden.

II.   Substitution durch andere Nachrichtenformen.
Dieser Substitutionseffekt tritt regelmäßig dann ein, wenn ein bestimmter Dienst nicht optimal auf den **Anwendungszweck** hin ausgerichtet ist und durch einen besser angepaßten Dienst ersetzt werden kann.

III.   Substitution durch neue Netze.
Durch das Einführen neuer Übermittlungstechniken tritt ein dritter Substitutionseffekt auf, der daraus resultiert, daß Übermittlungssysteme mit neuen Eigenschaften eingeführt werden.

Substitutionen des ersten Typs sind immer dann zu erwarten - und zu erreichen - wenn der neue Dienst bei prinzipiell vergleichbarer Abwicklung eine bessere **Wiedergabe** oder einfachere **Handhabung** verspricht (Beispiel: Teletex substituiert Telex).

Typisch für Substitutionsprozesse des zweiten Typs ist die Substitution der Textübermittlung durch die grafische Übermittlung (Teletex und **Telex** werden durch **Faksimile** ersetzt).

Zur <u>dritten Gruppe</u> gehört mit bereits nachweisbarem Umfang die Substitution des **Kabelfernsehens** durch **Satelliten-Empfangsanlagen**. Weitere Substitutionen dieser Art können die Einführung des **Mobilfunks** auf die drahtgebundene Fernmeldetechnik und der Ersatz des Fernsprechnetzes durch **ISDN** auslösen.

In den folgenden Abschnitten dieses Kapitels wird versucht, die **Substitutionspotentiale** netzbezogen darzustellen, also

a)   zunächst im Bereich der schmalbandigen drahtgebundenen Netze,
b)   dann der drahtlosen Netze und schließlich
c)   der breitbandigen Fernmeldenetze

zu ermitteln und in den Kategorien zu quantifizieren.

In einem zweiten Schritt sollen dann die Substitutionseinflüsse der Übermittlungsverfahren in den Netz-Kategorien (Schmalband-drahtgebunden, Schmalband-drahtlos und Breitband-drahtgebunden und Breitband-drahtlos) behandelt werden.

Da die drei Teilkapitel 3.2 bis 3.4 sehr große Abhängigkeiten untereinander haben, werden die zusammenfassenden Hypothesen, Bewertungen und Empfehlungen am Ende des Teilkapitels 3.4 zusammenhängend dargestellt.

3.2.1   Substitutionen innerhalb von Substitutionsfeldern

3.2.1.1   Substitutionen in schmalbandigen Netzen

In diesem Abschnitt werden nur solche Substitutionen behandelt, die sich **innerhalb** dienstspezifischer klassischer Fernmeldenetze abspielen bzw. abgespielt haben. Der Substitutionsprozeß zwischen Fernsprechnetz und ISDN ist derzeit zahlenmäßig noch viel zu klein, um schon meßbare Wirkungen zu zeigen. Er gehört im übrigen in die Kategorie der Substitutionseffekte die zwischen unterschiedlichen Netzen auftreten und kann derzeit nur mit Annahmen simuliert werden, die nicht durch praktische Erfahrung aus ähnlich gelagerten Fällen erhärtet sind. Es liegen aber viele Beispiele vor, die einen solchen Subsitutionsprozeß zwischen Fernsprech-, Fernschreib-, Datex-L- und Datex-P-Netz als etablierten Netzen durch Öffnen neuer Diensteangebote belegen und damit Hinweise für weitergehende Annahmen - auch ISDN betreffend - geben. Nicht berücksichtigt werden in diesem Abschnitt diejenigen Substitutionspotentiale, die durch das Einführen neuer Fernmeldenetze - also auch des ISDN - zusätzlich entstehen. Sie werden in einem eigenen Abschnitt behandelt.

3.2.1.2   Substitution alphanumerischer Dienste durch Telefax

Der wohl bemerkenswerteste Substitutionsprozeß ist die Substitution der **alphanumerisch organisierten Dienste Telex** und **Teletex** durch den Faksimiledienst. Aus Tabelle 3.0.3.1 und Grafik 3.0.3.3 kann leicht erkannt werden, daß die Summe der alphanumerisch organisierten Textdienste seit 1987 (1.1.87: 167.300 Telex- und 15.570 Teletexanschlüsse) stetig fällt und in 1990 (31.12.90: 116.590 Telex- und 16.310 Teletextanschlüsse) ein Verlust von knapp 30% aller Hauptanschlüsse in diesem Bereich eingetreten ist.

Hierüber darf auch die geringe Sonderbewegung in der Bundesrepublik in 1991 nicht hinwegtäuschen, die durch ein künstliches Wachstum im Telexbereich bedingt ist. Dieses künstliche
Wachstum resultiert daraus, daß wegen zu langsamen Ausbaus des Fernmeldenetzes in den
neuen Bundesländern über Telex ein zusätzlicher und bedingt funktionierender gewerblicher
Informationsaustausch innerhalb der beiden Regionen Deutschlands möglich war und auf absehbare Zeit bleibt. Telex beginnt aber im Verkehr zwischen den beiden Teilen Deutschlands
seit dem vierten Quartal 1991 an Bedeutung zu verlieren, da es inzwischen auch mehr und
mehr möglich wird, auf das Substitut Telefax auszuweichen. Auch bei der Intensivierung des
Nachrichtenaustausches mit den Staaten der ehemaligen Sowjetunion spielt der Telefaxdienst
eine herausragende Rolle - teilweise sogar als Substitut zum Fernsprechen.

Daß in diesem Zusammenhang der **Teletex**-Dienst nicht erfolgreich sein konnte (und dies
wurde bereits um 1979 vorhergesagt), ist darin begründet, daß dieser Dienst zu spät eingeführt
und daher eine weltweite Akzeptanz bei den gegebenen - in der Nachrichtentechnik üblichen -
Einführungszeiten nicht erreicht wurde, bevor besser akzeptierte Verfahren wie Telefax und
Mailboxdienste verfügbar wurden. Auch die restriktive Handhabung im Rahmen der zugehörigen Standards behinderte von Anfang an die Einführung dieses - als Ergänzung zu den
Mailboxen - sinnvollen Dienstes.

Neben diesen kritischen Anmerkungen zum Substitutionsprozeß zwischen Text- und Faksimi-
lediensten kann aber auch positiv vermerkt werden, daß mit dem Faksimiledienst ein Wachstum an Endgeräten verbunden ist, das den Verlust bei den Textdienst-Endgeräten bei weitem
überschreitet. Dem Verlust von rd. 53.000 Hauptanschlüssen für Textdienste im Zeitraum
1987 bis 1990 steht ein registrierter Zuwachs von 598.000 Faxgeräten im gleichen Zeitraum
gegenüber. Dieser Prozeß scheint sich in den Folgejahren verstärkt fortzusetzen. Die neuesten
Zahlen für 1991 (946 Tsd. registrierte Teilnehmer) bestätigen dies.

Folgende Eigenschaften dürften - ohne Bewertung der Rangfolge - für die Entscheidung zugunsten des **Faksimile** sprechen:

1.   Der Faksimiledienst erlaubt die Übermittlung von maschinengeschriebenen
      Texten, Grafiken und handschriftlichen Mitteilungen gleichermaßen.
2.   Faksimilegeräte sind extrem einfach zu bedienen.
3.   Der Faksimiledienst kann weltweit im Fernsprechnetz mitbetrieben werden.
4.   Faksimilegeräte sind kostengünstig.
5.   Faksimilegeräte können - abhängig von den Zulassungsvorschriften der jeweiligen
      Fernmeldeverwaltung - als Mehrdienstendgeräte ausgebildet sein und dann auch im
      Fernsprechnetz ISDN-ähnliche Eigenschaften haben.
6.   Faksimilebotschaften können unabhängig von der Tageszeit, unabhängig von Sonn- und
      Feiertagen jederzeit übermittelt werden und sind - quasi in Echtzeit - dem Empfänger
      zugestellt.
7.   Die Zustellung der Faksimilenachricht wird - bei modernen Geräten - beim Absender
      protokolliert.
8.   Die Übermittlung von Faksimilenachrichten ist in der Regel kostengünstiger als der
      Versand per Briefpost.

Es leuchtet schnell ein, daß eine derartige Technik mit so vielen betrieblichen Vorteilen erhebliche Substitutionspotentiale zu entwickeln vermag, die weit über das Substitutionsfeld der Telekommunikation hinausreichen und bereits jetzt in nennenswertem - wenn auch kaum zahlen-

mäßig erfaßbarem - Umfange den **Briefdienst** gleichermaßen substituieren. Da auch - bei geschickter Nutzung der Tarifzeiten - die Gebühren bei normalem Nachrichtenumfang deutlich unter den Kosten für eine Briefsendung liegen, ist abzusehen, daß Faksimile noch lange nicht am Ende der Verbreitung angelangt ist und mehr und mehr den privaten Nutzerbereich der Telekommunikation erfaßt (s. Tabelle 3.1.4.1 und Anmerkungen dazu).

Völlig belanglos ist hingegen für Anwender und Markt, welche technischen Details - beispielsweise Übergang von der ASCII-Darstellung zur Pixeldarstellung - diesen Umschwung bewirkt haben. Dies ist allein von wissenschaftlichem Interesse.

Mit Geräten der Faksimilegruppe 3 kann es gebührentechnisch sinnvoll sein, anstelle eines ISDN-Anschlusses im Privatbereich einen Zweitanschluß einrichten zu lassen, da man damit und mit einem Mehrdienstendgerät erheblich kostengünstiger (Grundgebühr 40 DM je Monat) die wichtigen Vorteile moderner Kommunikation nutzen kann als über ISDN bei seiner gegenwärtigen Gebührenpolitik (Grundgebühr 74 DM).

3.2.1.3   Substitutionspotentiale von Modems

Ein weiteres Substitutionsfeld tritt im Bereich der klassischen **Datendienste** zutage. Hier wurden vor allem im Bereich der **Datex-L-Dienste** die Zuwachsraten seit 1988 stetig kleiner und liegen inzwischen deutlich unter 10% (Sonderbewegungen in den neuen Bundesländern einmal ausgeklammert). Auch bei Datex-P nehmen die Zuwachsraten ab, während beim HfD sogar ein Schwund zu verzeichnen ist, der den Zuwachs in Datex-L und Datex-P deutlich überschreitet (Tabelle 3.0.3.1 und Grafik 3.0.3.4). Die Gesamtzahl der Datenanschlüsse hat sich von einem Maximum in 1989 (333.000) auf 1991 ca. 283.500 (geschätzt) um über 10% verringert. Es ist anzunehmen, daß sich dieser Prozeß fortsetzen wird. Ein weiterer Teil der HfD-Teilnehmer dürfte in den Bereich digitaler Verbindungen (ISDN, **ISDN-Festverbindungen** und **DDV**) abgewandert sein oder in der Zukunft abwandern.

Es wäre aber voreilig, diesen Zahlen zu entnehmen, daß die Bedeutung der Datendienste geringer würde. Richtig scheint vielmehr, daß zwei neue Modemvarianten das gesamte - im Prinzip ungebrochene - Wachstum übernommen haben, wobei vor allem der Einsatz moderner Modems mit effektiven Datenraten oberhalb von 4 kbit/s erhebliche Marktanteile gewonnen hat. Waren noch 1988 rund 70% aller in Deutschland betriebenen Modems sog. **low-speed-Modems** und rund 30% aller Modems **HfD-Modems**, so soll sich dieser Anteil bis 1993 auf ca. 36% low-speed-Modems verringern, während im Bereich der **high-speed-Modems** (9,6 bis 19,2 kbit/s) knapp 50% (nach einer Studie von Dataquest) erreicht werden sollen. Es ist abzusehen, daß dabei die high-speed-Wählmodems den wesentlichen Wachstumsanteil haben werden. Die Auswertung von Dataquest berücksichtigt allerdings noch nicht den effektiv eingetretenen Rückgang der Teilnehmerzahlen im HfD und die bereits erwähnten Verschiebungen zu den digitalen Lösungen, die aber in den Bereich des Abschnitts 3.3 gehören. Die Öffnung zu Modems der höheren Geschwindigkeitsklassen läßt eine weitere Verstärkung im Bereich der Wählmodems und deren Anwendung in analogen Netzen erwarten, da die digitalen Substitute derzeit im grenzüberschreitenden - vor allem interkontinentalen - Verkehr nicht uneingeschränkt verwendbar sind.

Der wesentliche Grund für das Wechseln von HfD zu den Wählmodems ist darin zu sehen, daß bei Wählmodems eine **Mindestnutzungsdauer** bei der Gebührenermittlung nicht zugrunde gelegt wird und daß mit Wählmodems beliebige Verbindungen hergestellt werden können, während der HfD-Anschluß im Prinzip wie eine **virtuelle Standleitung** nur den Betrieb zwischen zwei einmal festgelegten Endpunkten erlaubt. Dies gilt in ähnlicher Weise auch für DDV. Das Wählmodem hat damit wichtige Vorteile:

1. Es erlaubt den Datenaustausch jeder mit jedem.
2. Für Wenignutzer ist der Betrieb kostengünstiger, vor allem beim Nutzen der Billigtarife.
3. Das HfD-Modem ist nur für Nutzer sinnvoll, die mehr als 80 Stunden monatlich in der Hauptgebührenzeit mit einem bestimmten anderen Endteilnehmer Daten austauschen wollen. Deren Zahl aber - genau wie die Zahl der non-ASCII-Datenteilnehmer - ist relativ klein.

Ob und inwieweit die Modems nach breiter Einführung von ISDN nochmals überlappend durch ISDN-Anschaltungen unterschiedlichster Art substituiert werden, wird in Teil 3.3 behandelt.

3.2.1.4   Substitution von Btx durch andere Mailbox-Dienste

Der dritte Wachstumsbereich neben den **Mobilfunkdiensten** und dem **Telefax** ist der Bildschirmtext-Dienst, der allerdings durch eine etwas ungeschickte Zugangs- und Gebührenpolitik weit unter seinem Nutzen beansprucht wird. Obwohl **Bildschirmtext**[40] ein idealer **Auskunfts-** und **Datenbankdienst** ist, wird er selbst von der DBP-Telekom nur unzureichend unterstützt und genutzt. Zur Zeit wird das Zugangskonzept (einschließlich der Gebühren) für Btx unter der Bezeichnung Datex-J (Datex für Jedermann) von der DBP Telekom überarbeitet.

Es ist sicher verständlich, wenn unter diesen Umständen vor allem professionelle Nutzer vom derzeitigen **Btx** Gebrauch machen, sich daneben aber eine ganze Reihe **privater Mailboxen** etabliert, die ihrerseits den speziellen Bedürfnissen der Nutzer besser angepaßt sind. Dennoch bleiben viele Gründe, bevorzugt den Btx zu nutzen, die von anderen Datenbanken in dieser Vielfalt nicht geboten werden. Hierzu gehören (wiederum ohne Bewertung der Rangfolge):

1. Einrichten eines eigenen **Speicherbereichs** für eigene Informationen;
2. **Dienst-Übergänge** zu Telefax und Telex, auch zum Paket-Datennetz ohne zusätzliche relevante Zugänge beim Btx-Teilnehmer (Vorwegnahme eines Teils der Dienste-Integration des **ISDN!**);
3. Zugriff zu vielerlei Daten, z.B. Hotelbuchungen, Reiseauskünfte, Versandhausangebote u.s.w.;
4. Einrichten **geschlossener Benutzergruppen;**
5. Zugriff zu vielen **Anbietergruppen,** derzeit reichlich 3000, gegenüber dem Zugriff zu nur einem Anbieter bei Mailboxen.

Betrachtet man die kaum noch zu übersehende Vielfalt von privaten Mailboxen einmal als potentielle Btx-Nutzungen, so kann leicht erkannt werden, daß Btx bei nutzungsfreundlicher Ausgestaltung und bei Einbeziehen der Grundgebühren in die Nutzungsgebühren des Fernsprechdienstes (Zugang allein kostet nichts, Nutzung wird der Fernsprechnummer zugeordnet und in der Gebührenabrechnung fallweise getrennt ausgewiesen) ein erhebliches Substitutions-

---

[40] Bildschirmtext wird in diesem Zusammenhang als Oberbegriff verstanden, von dem der gegenwärtige Btx nur eine Teilmenge darstellt.

und Wachstumspotential zukommt, das bisher im wesentlichen an private Mailboxbetreiber geht.

Ein Nachteil des Btx ist in der Grafikgestaltung mit den sehr früh eingeführten und technisch längst überholten **DCR-Zeichensätzen** zu sehen. Hier sollte bei Btx auf moderne Verfahren der grafischen Darstellung und vor allem auf eine Übermittlung von Ganzseiten oder Teilseiten als Grafik übergegangen werden, um auch in dieser Hinsicht zu anderen Datenbank- und Mailbox-Systemen konkurrenzfähig zu bleiben.

3.2.2   Substitutionen in drahtlosen Netzen

Auch im Bereich der **Funkrufdienste** - also der sog. Paging-Dienste - ist davon auszugehen, daß sie durch die Mobilfunkdienste in den **Mobilfunknetzen** C, D und E, den PCN und die verschiedenen Bündelfunk-Angebote (die ihrerseits wiederum durch Wählfunkdienste substituiert werden können) eine erhebliche Substitutionskonkurrenz erhalten.
Für die Substitution sprechen die folgenden Fakten:

1.   **Mobilfunk**[41] ist dialogorientiert, so daß sofort eine Reaktion erhalten wird.
2.   Mobilfunk ist universeller nutzbar.
3.   Mobilfunk wird größere Flächen abdecken als viele Funkrufdienste.
4.   Mobilfunk ist besser an menschliche Verhaltensweisen angepaßt als Funkruf, bedingt sogar als **Bündelfunk**.

Diese Substitution wird allerdings erst in größerem Umfange eintreten, wenn genügend Anschaltemöglichkeiten an europaweite **Mobilfunknetze** angeboten werden, d.h. also nach den Planungen der Netzbetreiber ab ca. 1993/1994. Allerdings wird der Substitutionseffekt schon etwas früher erkennbar werden, da mit wachsender **Teilnehmerzahl** am Mobilfunk die Nachfrage nach Funkrufdiensten merkbar nachlassen wird, vor allem, wenn im Funkruf nicht erhebliche Gebührensenkungen durchgeführt werden. Mit diesen ist allerdings deshalb nur schwer zu rechnen, da der Funkruf bereits bei den heutigen Gebühren innerhalb der DBP Telekom quersubventioniert werden dürfte.

Eine weitere beachtliche Substitutionsmöglichkeit resultiert bei Einführung des **DCS1800** (in Deutschland auch **E-Netz** genannt) gegenüber den Mobilfunknetzen C und D, da mit diesen Geräten eine noch weitergehende Verbindungsmöglichkeit geschaffen wird (s. hierzu Abschnitt 3.1.1.1). Allerdings könnte - im Gegensatz zu den Erwartungen der Bewerber um eine Lizenz - die relativ geringe **Funkfeldgröße** bei 1,8 GHz dazu führen, daß diese Geräte weniger für den reinen **Automobilfunk** geeignet sind, da bei den üblichen Kraftfahrzeuggeschwindigkeiten die Wechsel der Funkfelder die terrestrischen Teile eines Mobilfunknetzes sehr belasten und aus diesem Engpaß auch die denkbaren Handover- und Roaming-Konzepte aus physikalischen Gründen bei hohem Verkehrsaufkommen nicht herausführen können. Hingegen zeichnet sich mit den **LEOS**-Konzepten (Low-Earth-Orbital-Satellite) - z.B. **IRIDIUM** - eine Alternative ab, die längerfristig auch den Automobilfunk auf höheren Frequenzen ermöglichen und damit C-, D- und E-Netzen fühlbare Konkurrenz machen könnte. Bei den Anfangsgebühren, die den

---

[41] Unter Mobilfunk werden bei dieser Bewertung nur die Mobiltelefonsysteme der B-, C-, D- und E- und LEOS-Netze verstanden.

derzeitigen Kalkulationen zugrunde liegen, ist dieser Substitutionseffekt aber noch nicht gegeben.

3.2.3 Substitutionen in breitbandigen Netzen

Breitbandige Fernmeldenetze sind im wesentlichen als Verteilnetze ausgebaut. Wird vom Vorläufigen Breitbandnetz **VBN** (neuerdings "Vermittelndes Breitbandnetz"), dem Pilotversuch **BERKOM** und einigen vergleichbaren ausländischen Versuchen eines Breitbandnetzes für **Individualkommunikation** einmal abgesehen, so ist die Aussage gerechtfertigt, daß mit wirtschaftlicher Relevanz z.Z. nur **Breitbandverteilnetze** existieren. Es handelt sich bei bestehenden Breitbandnetzen also vor allem unter diesem Aspekt nur um die **Kabel-** und **Satelliten-Rundfunknetze**.

Die Tabelle 3.2.3 zeigt die Relationen und die Durchdringung mit **Kabelrundfunk** und **Satellitenfernsehen** bezogen auf die Wohneinheiten (für 1991 nach den Planungen der DBP Telekom, bei den Satellitenzahlen nach Publikationen in Funkschau und Wirtschaftswoche). Noch ist der absolute realisierte Zuwachs am Kabelrundfunk deutlich über den Zahlen der Satelliten-Empfangsantennen.

Breitbandnetze	1985	1986	1987	1988	1989	1990	1991
vorhanden Mio. WE	23,50	23,60	24,40	24,80	26,40	26,50	26,70*
erreichbar Mio. WE	4,30	6,20	8,40	11,30	14,20	16,10	17,69
angeschl. Mio. WE	1,40	2,12	3,04	4,46	6,39	9,73	9,9
Durchdringung %	5,97	8,98	12,45	17,98	24,2	36,72	37,08
Sat-Ant. Verkauf (Mio.)				0,03	0,20	0,60	1,00*
Sat-Ant. Bestand (Mio.)					0,23	0,83	1,83*

Tabelle 3.2.3:   Kabelrundfunknetze und Satellitenantennen
* geschätzt

Anmerkungen:
1. "WE" = Wohneinheiten; "erreichbare WE" = Wohneinheiten, für die Kabelvorleistungen erbracht sind; "angeschlossene WE" = Wohneinheiten, die an das Kabelrundfunknetz angeschlossen sind; die Termini entsprechen der Nomenklatur der DBP Telekom.
2. Am Rande sei darauf verwiesen, daß die Zahlen der DBP für 1988 nicht nach gleichen Maßstäben bewertet werden dürfen, wie die vorhergehenden Jahre, da sie in der Rückrechnung einen Wohnungszuwachs von 1,5 bis 2 Mio. WE voraussetzen würden. Hier ist vermutlich bei der DBP eine neue Form der Errechnung eingeführt worden, ohne expressis verbis auf sie hinzuweisen.

Seit um 1988 erstmalig ein nennenswerter Ausbau der **Satelliten-Empfangsanlagen** einsetzte, ist dieser überproportional im Vergleich zu den Kabelrundfunknetzen gewachsen und wird voraussichtlich schon 1991 die Zahl der Kabelrundfunk-Neuanschlüsse erreichen, möglicherweise sogar überschreiten[42]. Ursächlich hierfür dürfte sein, daß eine **Satellitenantenne** eine einmalige Investition darstellt, während die Teilnahme am **Kabelrundfunk** zusätzlich zu den Rundfunkgebühren noch eine weitere Gebühr bedingt, die allein für den Betrieb des **Kabelnetzes** erhoben wird. Da weiterhin die technische Qualität des Satellitenfernsehens stetig

---

[42] lt. letzten Veröffentlichungen in Funkschau wurden 1991 ca. 1,9 Mio. Satellitenantennen, aber nur ca. 1 Mio. Kabelrundfunkanschlüsse installiert.

wächst, die Kabelrundfunknetze aber bereits jetzt etwa bei 50% ihrer maximal erreichbaren Übermittlungskapazität betrieben werden, ist abzusehen, daß ein erhebliches Substitutionspotential für den Satellitenrundfunk entstehen wird, der technisch von den (Koaxial-) Kabelrundfunknetzen nicht eingeholt werden kann.

Mit Einführen höherwertiger Empfangstechniken (**HDTV**) kann die Koaxialtechnik nicht mehr hinsichtlich der Kombination von **Programmvielfalt** und **Wiedergabequalität** mit den **Satellitentechniken** mithalten, vielmehr können hierfür nur **Glasfasernetze** als **Kabelsubstitut** eingesetzt werden.

Daher werden aus einer völlig anderen Substitutionsbetrachtung die Substitutionseffekte zugunsten des **Satellitenrundfunks** nochmals verstärkt werden, wenn nicht ein breitbandiges Glasfasersubstitut diese Entwicklung abfängt. Die Einführung eines Glasfasernetzes allein als Substitut für koaxiale Kabelrundfunknetze ist hingegen wirtschaftlich nicht zu rechtfertigen. Die - erheblichen - Aufwendungen können nur realisiert werden, wenn zugleich **Individualdienste** und neue Formen der **Rundfunkverteilung** eingeführt werden. Dies ist ein Gegenstand von mehreren Substitutionsüberlegungen in Kapitel 3.4.

Da dieser Prozeß sehr langfristig angelegt ist, ist davon auszugehen, daß die Satellitenrundfunk-Verteilung mittelfristig die bestimmende Methode der Rundfunkverteilung für eine wünschenswerte Programmvielfalt bleibt. Lediglich die Sendungen der öffentlich-rechtlichen Rundfunkanstalten werden hauptsächlich über terrestrische Sendernetze verteilt.

3.3   Substitution von dienstspezifischen Netzen durch ISDN[43]

3.3.0   Vorbemerkung

Innerhalb der schmalbandigen Netze und der in ihnen angebotenen Dienste wird sich durch **ISDN** ein erhebliches Substitutionspotential entwickeln. ISDN kann sowohl als ein eigenständiges Fernmeldenetz betrachtet werden, als auch als eine Erweiterung des Angebots von Diensten mit neuen - verbesserten - Eigenschaften. Für den Betreiber steht der Netzaspekt im Vordergrund, für den Benutzer hingegen der Anwendungsaspekt. Von den Verfassern der Studie wird der Anwendungsaspekt für die Zielsetzung, die mit der Arbeit erreicht werden soll, bevorzugt und mithin die ISDN-Problematik näher an der **Dienste-Substitution** als an der **Netz-Substitution** positioniert gesehen.

Die bisherigen dienstspezifischen Netze werden mehr und mehr durch **diensteintegrierende Netze** ergänzt. Genau genommen handelt es sich bereits beim **IDN (Integriertes Datennetz)** der DBP um ein erstes dienste-integrierendes Fernmeldenetz, allerdings wird erst mit dem ISDN ein wirklich alle bisherigen Schmalbanddienste umfassend ersetzendes Fernmeldenetz eingeführt. Bei gegenwärtig rund 50.000 Teilnehmeranschlüssen[44] ist ein Substitutionseffekt noch nicht meßbar. Dennoch kann davon ausgegangen werden, daß das Substitutionspotential dieses Netzes gegenüber dienstspezifischen Fernmeldenetzen umso geringer sein wird, je

---

[43] Hierzu werden auch in Band 14 der Studienreihe TELETECH NRW Aussagen gemacht, die aber aus Zeitgründen nicht mehr berücksichtigt werden konnten.

[44] Stand Ende 1991, gegen Ende 1992 sollen 400.000 Anschlüsse nach Telekom-Zählweise erreicht sein

stärker man auch bei den dienstspezifischen Netzen die **Mehrwertnutzung**[45] mit anderen **Nachrichtenformen** einführt, ohne die Kostenvorteile der **Digitaltechnik** in Form von **Gebührenvorteilen** an den Benutzer weiterzugeben.

Das Substitutionspotential des ISDN wird umso mehr geschmälert, je offener die Netzbetreiber ehemals dienstspezifischer Fernmeldenetze sich gegenüber Zusatzanwendungen bestehender Netze und Investitionen erweisen. Der technische Fortschritt - derzeit vor allem in der vielfältigen Nutzung analoger Netze - läßt erkennen, daß gut gepflegte analoge Netze gegenüber digitalen Netzen auch wirtschaftliche (nicht technische) Vorteile haben können. So hat die **Modemtechnik** durchaus ein erhebliches Substitutionspotential gegenüber den **ISDN-Anschaltungen**, solange der ISDN-Zugang in der **Grundgebühr** teurer ist als ein **Analog-Zugang** zu Fernmeldenetzen. Die etwas zögerliche Annahme der ISDN-Angebote der DBP dürfte zu wesentlichen Teilen auf der Unsicherheit in den Entwicklungen beider Systemrichtungen, der Gebührenpolitik und dem fehlenden Angebot ISDN-spezifischer Dienste beruhen.

Da ISDN vor allem in der Anfangsphase für kommerzielle Nutzer bedeutsam ist, ist davon auszugehen, daß mit dem Wachsen des ISDN-Anteils am Gesamtaufkommen des **Nachrichtenverkehrs** und der Anschlußzahlen vor allem ein Substitutionsprozeß in Richtung auf die älteren Datenübermittlungsdienste - also **Datex-L**, **Datex-P** und **HfD** - entsteht. Dieser Prozeß wird voraussichtlich bereits in den nächsten Jahren die Verluste im HfD/DDV, die mit der verbreiteten Einführung der **Wählmodems** bereits registrierbar geworden sind, nochmals verstärken und möglicherweise das - ohnehin schon abgeschwächte - Wachstum in den Anschlußzahlen von Datex-L und vielleicht auch Datex-P beenden.

3.3.1 Substitutionsaspekte bezüglich des ISDN

ISDN wurde vom Konzept her darauf ausgelegt, daß es alle bestehenden schmalbandigen Fernmeldenetze völlig ersetzen kann. Insofern wurde dem Konzept ein weitreichendes Substitutionspotential in die Wiege gelegt. Dabei wurden in der ersten Phase vor allem die wirtschaftlichen Aspekte aus der Sicht der Netzbetreiber im Vordergrund gesehen, Ursache dafür, daß zunächst die Anwendungen weitgehend vernachlässigt wurden und als Folge sich die Einführungsphase von ISDN aus Sicht der Anwendungen sehr schleppend darstellt. Gegenwärtig überwiegt das Angebot an ISDN-Anschlüssen die Nachfrage bei regional starken Unterschieden deutlich.

Es wäre allerdings verfehlt und zu früh geurteilt, daraus abzuleiten, daß ISDN eine Fehlkonzeption sei, vielmehr wird ISDN nach europaweit flächendeckender Verfügbarkeit und einer angemessenen Gebührenpolitik (Kostenvorteil in der Grundausführung gegenüber einem **Fernsprechdoppelanschluß**) sehr schnell vorhandene Anschlüsse substituieren. Hierbei werden vor allem die Zugänge zu den verschiedenen derzeit bestehenden **Datennetzen** dadurch aufgesogen, daß statt ihrer der bisherige Telefonanschluß in einen ISDN-Anschluß umgerüstet wird und über ihn der Datenverkehr - vor allem im Bereich der ASCII-codierten Dienste - mit abgewickelt wird. Eine weitere wichtige - und derzeit nicht erreichte - Voraussetzung ist, daß ISDN zumindest im gewerblichen Bereich weltweit verbreitet ist und die Übergänge in analoge Netze auf Sonderfälle beschränkt bleiben können.

---

[45] Die Mehrwertnutzung darf nicht mit dem Begriff Mehrwertdienst nach DBP Telekom verwechselt werden.

Es kann angenommen werden, daß sich etwa ab Mitte dieses Jahrzehnts der Zuwachs an Hauptanschlüssen von den Daten- und Fernsprechnetzen zum ISDN hin verlagern kann. In Anlehnung an Tabelle 3.1.4.1 und unter Berücksichtigung, daß in Zeile 1.5 zehn Mio. Hauptanschlüsse als Nachholbedarf in den neuen Bundesländern enthalten sind (die nicht in die Regelprognose einbezogen werden dürfen), könnten dem ISDN frühestens in der zweiten Hälfte dieses Jahrzehnts erhebliche Substitutionspotentiale zufallen. Einer Abschätzung dieses Substitutionspotentials könnte das folgende Szenario (als eines von vielen denkbaren) zugrundegelegt werden:

Bis zum Jahre 1996/1997 werden alle 10 Mio. Hauptanschlüsse Nachholbedarf für die neuen Bundesländer als Sonderprogramm errichtet (besteht entsprechende Nachfrage?). Ebenso werden bis zu diesem Zeitpunkt 6 Mio. mobile Hauptanschlüsse (vor allem in den D-Netzen) und - im Zuge des Netzausbaus in den alten Bundesländern - 3 Mio. drahtgebundene Hauptanschlüsse geschaffen. Damit würden 1996 rund 53 Mio. Hauptanschlüsse existieren (34 Mio. Stand Ende 1990 zuzüglich 19 Mio. Neuzugang), darunter 2,8 Mio. (50 % der drahtgebundenen neuen Regel-Hauptanschlüsse, 1 Mio. aus dem Nachholbedarf und Bestand am Ende 1991) als ISDN-Basis- oder Primärmultiplexanschlüsse. Im Zeitraum 1996 bis 2005 würden dann weitere rund 34 Mio. Hauptanschlüsse zu schaffen sein (bis 2005 werden 87 Mio. Netzzugänge als Bestand angenommen). Hiervon entfallen nach dem Modell der Tabelle 3.1.4.1 rund 30 Mio. auf drahtlose Anschlüsse, so daß das Zuwachspotential für drahtgebundene Anschlüsse in diesem Zeitraum etwa 10 Mio. Hauptanschlüsse (zuzüglich Nachrüstung in den neuen Bundesländern) beträgt.

Geht man weiter davon aus, daß bis zu diesem Zeitpunkt ISDN in weiten Regionen Europas sowie im gewerblichen Bereich auch in Nordamerika und Ostasien verfügbar ist, so könnte dieses ganze Potential als ISDN-Technik realisiert werden. Dies würde bedeuten, daß etwa ab 1996 in den **dienstspezifischen schmalbandigen Fernmeldenetzen** kein Wachstum mehr stattfindet und das verbleibende Wachstum voll ISDN zuzuschlagen ist. Die Zugangszahl zu dienstspezifischen Fernmeldenetzen würde danach bei etwa 50 Mio. drahtgebundenen Hauptanschlüssen ihren oberen Wendepunkt erreichen.

Geht man außerdem davon aus, daß die beabsichtigten Rationalisierungsmöglichkeiten beim Austausch nicht mehr funktionsfähiger Netzkomponenten durch ISDN-Technik realisiert werden können, so kann angenommen werden, daß von der Betreiberseite ein eher noch höheres Angebotspotential besteht, als es der Nachfrage nach dem vorstehenden Modell entspricht, so daß eine - den Substitutionsprozeß beschleunigende - Gebührenpolitik von Seiten des Netzbetreibers im zweiten Teil des Betrachtungsabschnitts (also etwa ab 1996) einzuschlagen wäre, um ISDN erfolgreich auszubauen. Damit könnte dann vermieden werden, daß etwa ab 1997 die Zahl der Zugänge zu dienstspezifischen drahtgebundenen schmalbandigen Fernmeldenetzen ansteigt und die 50 Mio.-Marke des Szenarios überschreitet (was bei Ablehnung von ISDN durch den Nutzer durchaus eintreten kann).

3.3.2   Substitutionsaspekte bezüglich der ISDN-Dienste[46]

3.3.2.0   Vorbemerkung

ISDN scheint auf den ersten Blick ein erhebliches Substitutionspotential im Hinblick auf die diensteunabhängige Nutzung eines Basisanschlusses zu ermöglichen. Dies ist technisch auch uneingeschränkt zu bestätigen. Zeitgleich aber werden die Möglichkeiten einer (beschränkten) Dienste-Integration auch im analogen Fernsprechnetz ständig erweitert. Die Zulassung von Endgeräten der Kategorie B (nicht ständig empfangsbereit), das Einführen der **Mehrdienstendgeräte**, die immer liberalere Zulassungspolitik bei Modems und deren Entwicklung zu immer leistungsfähigeren Komponenten konkurrenzieren das Substitutionspotential des ISDN, das unter diesen Umständen immer stärker durch Vergleich der Wirtschaftlichkeit beider Konkurrenzangebote bestimmt wird - also nicht mehr, wie ursprünglich antizipiert, durch technische Einmaligkeit. Darüber kann auch die (ursprünglich) höhere Übermittlungskapazität des ISDN nicht hinwegtäuschen, vielmehr wird mit wachsender nutzbarer Transportkapazität der **Analogzugänge** dieser Vorteil von ISDN relativ gesehen geringer.

Auch der Vorteil des schnelleren **Verbindungsaufbaus** im ISDN wird durch die Einführung und Ausbreitung der **Zentralkanalsignalisierung** auch für das **analoge Netz** nur noch im **Ortsbereich** voll wirksam. Dies gilt auch für viele sonstige **Leistungsmerkmale**, die ursprünglich nur dem ISDN zugeordnet wurden, inzwischen aber auch in herkömmlichen Fernmeldenetzen erwartet werden dürfen. Insoweit kann ISDN bei den derzeitigen Gebühren nur dort wirtschaftlich nützlich sein, wo in großem Umfange non-voice-Anwendungen im reinen ISDN-Bereich stattfinden können und Übergänge in andere (ältere) Netze nicht erforderlich sind, also vornehmlich im **innerbetrieblichen Verkehr** und im nationalen Verkehr mit Niederlassungen etc. über das öffentliche Fernmeldenetz.

Hierzu tritt erschwerend, daß im ISDN die DBP Telekom bei der Anmeldung des Basisanschlusses vom Benutzer die Angabe aller Dienstekennziffern wünscht. Im Unterschied zur Beschlatung des Hauptanschlusses im analogen Netz wird dadurch der Benutzer in der Freizügigkeit der Beschaltung eingeschränkt. Schließlich fordert die S_O- Verkabelung auch noch die Installation von vier geschirmten Leitungen anstelle der einfachen Doppelader. Aus Sicht des Nutzers können diese Erschwernisse bei der ISDN-Installation in Verbindung mit der höheren Grundgebühr im Vergleich zum Fernsprechhauptanschluß die Vorteile eines ISDN-Anschlusses mindern.

Der verbleibende leicht einsehbare Vorteil, daß unter einer **Rufnummer** zwei Verbindungen (mit Einbeziehen des D-Kanals und seiner Anwendungen außerhalb der Zeichengabe sogar drei) hergestellt werden können, verliert in Verbindung mit einer kleinen Nebenstellenanlage für zwei Amtsleitungen und einem **Doppelanschluß** auch erheblich an Attraktivität.

Dies führt insgesamt dazu, daß die große Masse der kleinen und mittleren Unternehmen - vor allem auch der freiberuflich Tätigen - bisher die Anschaltung von Zusatzeinrichtungen über die **TAE-Dose** am analogen Fernsprechnetz gegenüber der ISDN-Anschaltung bevorzugen. Damit bleibt aber die Erreichbarkeit über ISDN begrenzt und die sog. "kritische Masse" an Teilnehmern wird nicht rasch erreicht. Hierdurch werden die - technisch eindeutig großen - Substitutionspotentiale des ISDN mehr und mehr gegenüber den ursprünglichen Annahmen in der

---

[46] Siehe hierzu auch TELETECH NRW Band 15

alltäglichen Praxis begrenzt. Die Auftragnehmer dieser Studie vermuten, daß in vielen Untersuchungen diese negativen Aspekte zu gering bewertet werden, sind sich aber auch bewußt, daß sie quantitativ kaum zu beziffern sind.

In den folgenden Abschnitten wird dennoch der Versuch unternommen, aufzuzeigen, ob und inwieweit eine Öffnung dieser Situation durch erweiterte Diensteangebote möglich ist.

3.3.2.1   ISDN im Sprachbereich

Im Sprachbereich ist ISDN immer dann gegenüber dem analogen Fernsprechanschluß zu bevorzugen, wenn die eigene **Sprechstelle** einen großen Abstand zur **Vermittlungsstelle** hat oder wenn erhebliche **Störeinstrahlungen** auf das Anschlußleitungsnetz die Verständigung erschweren.

Nach Untersuchungen, die im Rahmen von **DIGON** (Digitales Ortsnetz) von Bundespost und fernmeldetechnischer Industrie um 1980 durchgeführt wurden, sind hiervon etwas über 5 % aller Fernsprechhauptanschlüsse betroffen (s. einschlägige Untersuchungen von Siemens, SEL und AEG/Tfk-TN). Dieses Substitutionspotential - bezogen auf rund 35 Mio. Hauptanschlüsse - ergibt sich zu etwa 1,75 Mio. Sprechstellen in den alten Ländern der Bundesrepublik. In den neuen Ländern dürfte der prozentuale Anteil höher liegen. Bei diesen Anschlüssen würde sich eine Substitution des Fernsprechanschlusses auch ohne weitere Nutzung für andere Dienste als sinnvoll erweisen, weil die Toleranzen des (analogen) Dämpfungsplanes verringert werden. Allerdings haben Mobilfunkanschlüsse für reine Fernsprechteilnehmer die gleichen (und einige zusätzliche) Vorteile wie ISDN.

Eine weitere Gruppe von Sprachnutzern, für die ISDN Vorteile bringt, sind diejenigen, die die mögliche erweiterte **Sprachbandbreite** von 7 kHz des ISDN-Telefons mit erhöhter Sprachqualität nutzen möchten. Dieses Potential wird sich aber auch nach Verfügbarkeit des Dienstes relativ langsam entwickeln, weil die verbesserte Sprachqualität nur dann genutzt werden kann, wenn beide Partner einer Verbindung entsprechendes Gerät installiert haben (hier greift die Annahme einer "kritischen Menge", die für viele Dienste gilt). Da aber die Zahl der ISDN-Nutzer insgesamt noch gering ist, ist dieses Substitutionspotential bis etwa Mitte des Jahrzehnts nicht mengenwirksam, sondern allenfalls für Erprobungen relevant. Erst danach kann mit einer nennenswerten echten Nutzung gerechnet werden. Für die zweite Hälfte dieses Jahrzehnts ist mit - im Vergleich zur Anzahl installierter ISDN-Anschlüsse - moderatem Wachstum bei reinen Sprachanwendungen zu rechnen.

3.3.2.2   ISDN-Fax

Im Vergleich zum **Analogfax** der Gruppe 2 mit 2400 bit/s Datenrate war zur Zeit der Konzipierung ISDN mit einer nutzbaren Datenrate von 64 kbit/s haushoch überlegen. Dies gilt - wenn auch in kleinerem Umfange auch für ein Faksimilegerät der Gruppe 3 mit 9600 bit/s effektiver Datenrate. Theoretisch wäre eine Faxvariante für analoge Fernmeldenetze von neuerdings bis etwa 56 kbit/s effektiv entwickelbar, wenn die neueste Modemtechnik eingesetzt würde. Damit würden dann die Vorteile des ISDN-Fax weitgehend durch den Vorteil der uneingeschränkten Anwendbarkeit im Fernsprechnetz aufgewogen[47].

Diese Überlegungen zeigen, wie dicht die Nutzkapazitäten von Analog- und Digitalnetzen in jüngster Zeit zusammengerückt sind. Auch die Verbindungsaufbauzeiten und IN-(Intelligentes Netz-) Eigenschaften sind nicht ISDN-spezifisch, sondern charakteristisch für ein Konzept mit zentral gesteuerten **Netzknoten**. Dies bedeutet, daß mit der langen Planungs- und Einführungsphase von ISDN die Vorteile neuer Techniken und Technologien nicht mehr allein auf ISDN beschränkt sind, sondern sehr wohl auch anderen Fernmeldenetzkonzepten zugute kommen. Allein der Vorteil der kostengünstigeren Lösung und der höheren Störsicherheit bei logisch getrennter Kanalführung kann für ISDN als weiterhin herausragend gesehen werden. Diese Überlegungen gelten für alle **non-voice-Dienste**, sie werden aber am Beispiel des Faksimiledienstes besonders augenfällig[48].

Da das digitale Fax der Gruppe 4 als Mischform von ASCII- und Pixel-Übermittlung mit den herkömmlichen Faxstandards der Gruppen 1 bis 3 nur dann kompatibel gemacht werden kann, wenn das gesamte Dokument in Pixelform übermittelt wird, gehen weitere Vorteile beim Übergang der Faxsignale von der Gruppe 4 nach einer der älteren Gruppen verloren - vor allem bei der Betrachtung der Übermittlungsdauern. Überlagert man mit den effektiven Übermittlungsdauern die Stufung der vorgesehenen zeitabhängigen Nutzungsgebühren, so muß schon ein recht intensiver Faxbetrieb in der Gruppe 4 angenommen werden, bevor sich die Mehrinvestition für ein Gerät der Gruppe 4 bei heutigen Anschaffungskosten betriebswirtschaftlich rechnet. Auch der Vorteil, daß theoretisch und technisch zur gleichen Zeit bei ISDN ein Fax in der Gegenrichtung übertragen werden kann, ist in der Praxis irrelevant. Dies gilt im Übrigen für den Rest dieses Jahrzehnts für die große Mehrzahl aller internationalen und vieler nationaler Fax-Verbindungen, soweit ISDN-Endgeräte als Verbindungssenke noch nicht verbreitet sind.

Es verbleibt für die Mehrzahl der Faxanwender vor allem der psychologische Eindruck der schnelleren Übertragung beim Absender, der Empfänger merkt hiervon nichts, da er ja nicht ahnen kann, daß an ihn ein Fax unterwegs ist - er also von der Beschleunigung des ISDN-Faxes selbst dann kaum etwas merkt, wenn er selber ein gleichartiges ISDN-Faxgerät betreibt - es sei denn, er steht vor dem Gerät und wartet auf ein vielseitiges Dokument.

Unter diesen Umständen - und unter Berücksichtigung, daß nur wenige Teilnehmer ein teures Gruppe 4 ISDN-Faxgerät der Preisgruppe um 10.000 DM betreiben ist ein wirtschaftlich begründbarer Substitutionseffekt bei der Faxanwendung kaum auszumachen, wenn mit spitzem Bleistift gerechnet wird. Es ist vielmehr davon auszugehen, daß eine Substitution erst in der Breite wirksam wird, wenn man ISDN-Faxgeräte zu Preisen am Markt plaziert, die etwa dem eines einfachen Faxgerätes der Gruppe 3 entsprechen.

ISDN-Fax kann nur rentabel werden, wenn die Anschaffungspreise drastisch sinken (technisch zu erwarten) und weit mehr als 50 % aller Übertragungen dann auch im ISDN-Mode erfolgen. Zu berücksichtigen bleibt, daß bis zu dem Zeitpunkt, zum dem diese Bedingungen geschaffen sind, wahrscheinlich 38,4- kbit/s-Analog-Faxgeräte angeboten werden, die weltweit genutzt werden können und die die Wirtschaftlichkeitsgrenze für digitale Fax-Geräte nochmals weiter herausschieben.

---

[47] Seit kurzem bietet eine japanische Firma ein Faxgerät an, das einen ersten Schritt in diese Richtung geht und im Fernsprechnetz Übertragungszeiten von deutlich weniger als einer Minute je DIN-A4-Seite ermöglicht.
[48] Siehe hierzu TELETECH NRW Band 14, worin dieses spezielle Thema genauer analysiert wird.

In der Zwischenzeit wird der Teilnehmer am ISDN-Netz sinnvollerweise sein altes Faxgerät der Gruppe 3 über einen **a/b-Terminal-Adapter** weiter betreiben, zumal das Gerät ohnehin in den Faxmode der Gruppe 3 umschaltet, sobald Verbindungen aus dem ISDN in die herkömmlichen Netze hergestellt werden - was noch für viele Jahre der Regelfall sein wird. Insofern hat das echte **ISDN-Fax** mittelfristig keine nennenswerte substitutive Wirkung, das Wachstumspotential des Faxdienstes wird von der analogen Anschaltetechnik bestimmt.

3.3.2.3   ISDN-Btx

In Verbindung mit Abschnitt 3.2.1.4 wurde darauf hingewiesen, daß Btx dringend einer Modernisierung bedarf. Dies wird umso deutlicher, je größer die mögliche **Datenrate** für die Verbindung zwischen Datenbank und Nutzer wird, der Hinweis gilt in ganz besonderem Maße im Hinblick auf ein **ISDN-Btx**. Es genügt hier in keiner Weise allein durch Vergabe einer neuen Rufnummer die Datenrate auf 64 kbit/s zu steigern, die **Datenbanksuche** hingegen nach den alten Methoden abzuwickeln, so daß dem Benutzer noch deutlicher als bei 2,4 kbit/s wird, daß Btx ein Medium aus dem vorigen Jahrzehnt ist. Wenn der Zugriff zu externen Rechnern Sekunden dauert, ist es im ISDN noch deutlicher als bei 2,4 kbit/s, daß u.U. der **Direktzugriff** zum Rechner über eine eigene Verbindung geeigneter ist.

ISDN hat im Falle des Btx ein herausragendes Substitutionspotential, wenn nach dem Zugang zum **Btx-Datenbanksystem** im **EDV-Bereich** das System gründlich aufgeräumt, beschleunigt und grafisch (**Multi-Media**-Konzept) verbessert wird. Andernfalls kann ISDN aus dem Btx-Angebot keine Substitutionspotentiale herleiten. Btx in seiner heutigen Form und ISDN sind nicht sinnvoll miteinander kombinierbar, wenn nach dem Nutzen für den Anwender im Vergleich zur analogen Anschaltung gefragt wird.

Im Zuge der Liberalisierung der **non-voice-Dienste** sollte allerdings überlegt werden, ob und inwieweit hier der Privatinitiative Vorrang vor behördlicher Verbesserungsaktivität eingeräumt wird. Es könnte sinnvoll sein, wenn ein potentes Softwarehaus ein - nach Btx-Regelungen aufgebautes - **Datenbankkonzept** anböte, an das sich andere Anbieter mit externen Datenbankrechnern anschalten können. Allerdings sollte die Zahl der Anbieter solcher **Bildschirmtext-Grundsysteme** - ähnlich wie bei der **Mobilkommunikation** - für die Startphase durch **Lizenzvergaben** begrenzt sein, um den immensen Startaufwand betriebswirtschaftlich zu rechtfertigen. Die DBP Telekom könnte ja weiterhin - z.B. via externen **Rechnerzugang** - ihr standardisiertes Produkt Btx in ein solches Konzept einbringen.

Ein attraktiver **Datenbankzugriff** kann ein reales Substitutionspotential für ISDN gegenüber anderen dienstspezifischen Fernmeldenetzen bringen, der Grundgedanke des Btx ist hierfür eine reale Basis für die **Massenanwendungen**. Es kann davon ausgegangen werden, daß durch ein solches Angebot ein nennenswerter Anteil der Wachstumsprognose für **Mailbox-Dienste** aus Tabelle 3.1.4.1 ins ISDN übernommen werden kann.

3.3.2.4   ISDN und Datenverkehr

In der analogen Fernmeldewelt wird in dieser Studie sehr deutlich zwischen dem **Datenverkehr auf ASCII-Basis** als Mailbox-Verkehr und dem **reinen Datenverkehr** auf erweiterter Byte-Basis unterschieden. Im ISDN ist eine solche Unterscheidung weniger gerechtfertigt als bei analogen Fernmeldenetzen, da die **Dienste-Integration** viele Prämissen anders setzt. Wer in erheblichem Umfange in analogen Netzen im Bereich **File-Transfer**, **Downloading** von **Software** etc. tätig ist, ist mit einem Übergang zu ISDN sofort in zwei Beziehungen im Vorteil:

a) höhere Nutzdatenrate
b) schnellerer Verbindungsaufbau.

Insbesondere im Falle der **Fernwartung**, der **Ferneinstellung** oder der Übermittlung von größeren Datenmengen bietet ISDN für jeden Nutzer ein sehr erhebliches Substitutions- und Innovationspotential, das nicht von den Regulierungen irgendwelcher Behörden oder sonstiger Institutionen abhängt, sondern allein von der Initiative des Nutzers. In diesem Bereich kann der Nutzer weitgehend unabhängig von Festlegungen auf der Dienste-Ebene durch DBP Telekom, CEPT oder CCITT seine Datenkonzeption als **bearer-service** realisieren und beispielsweise bei der **Verkehrsregelung**, der **Energieeinsparung** bis hin zu einzelnen - weit verzweigten - Stationen erhebliche Datenmengen mit hoher Rate transportieren. So könnten beispielsweise Hersteller von Heizungsanlagen in Abhängigkeit von Wettervorhersage, effektiver Temperatur und anderen **Klimaparametern** die **Steuerprogramme** optimieren und an die einzelne Heizungsanlage ständig übermitteln. Solche Programme könnten herstellerspezifisch angefertigt und durch die Wartungsfirmen an ihre Kunden übermittelt werden. Im Unterschied zu **TEMEX** können auf diesem Wege nämlich auch sehr umfangreiche Programmierungen übermittelt werden. Ein anderes Beispiel wäre die Fernwartung von elektronischen Geräten der unterschiedlichsten Art. Die Liste läßt sich beinahe beliebig fortsetzen, wobei insbesondere die mittelständische Industrie hier ein weites Betätigungsfeld und im Wartungsbereich ein großes Rationalisierungspotential finden könnte[49].

3.3.2.5 ISDN und PCs

Eine der wesentlichen neuen Nutzungen des ISDN resultiert aus der Kombination von **Personal-Computern** und ISDN für unterschiedliche **non-voice-Dienste** - gewissermaßen als Multikommunikations-Endgerät. Durch reine **Software-Decoder**, aber auch über Hard-Software-Kombinationen besteht die Möglichkeit, die verschiedenen Fernmeldedienste - allen voran Faksimile, Bildschirmtext und Telex/Teletex im Computer zu emulieren und den Computer über eine sog. **ISDN-Schnittstellenkarte** mit dem ISDN zu verbinden.

Eine solche Lösung hat den großen Vorteil, daß mit ihr bei vergleichsweise geringem (Hardware-) Aufwand an vielen Teilnehmer-Diensten mit einem Gerät teilgenommen werden kann. Es stehen neben **Wählhilfen** für das Telefonieren die bereits erwähnten Emulationen für **Fax** und **Btx** zur Verfügung, meist ist weitere Software über eine standardisierte Software-Schnittstelle - z.B. für den **Datenaustausch** oder für **Mailbox**-Betrieb - nachrüstbar. Die verschiedenen ISDN-Schnittstellenkarten unterscheiden sich hinsichtlich der on board verfügbaren Speicherkapazitäten und darin, inwieweit sie mit einem eigenen Prozessor die CPU des Computers entlasten.

Den zahlreichen Vorteilen steht ein gewichtiger Nachteil dieser Zusatzkarten gegenüber, der darin besteht, daß die derart angeschalteten PCs nur empfangsbereit sind, solange der Compu-

---

[49] Siehe hierzu auch den bereits zitierten TELETECH Band 15

ter eingeschaltet ist. Während also beim Absenden von Nachrichten kaum Beschränkungen bei der Nutzung von PC-Karten gegenüber dienstspezifischen Endgeräten bestehen, ist der Empfang empfindlich beeinträchtigt. Zwar werden Schaltzusätze zu einigen PC-Karten angeboten, die bei ankommenden Rufen den Computer einschalten, da aber moderne Rechner wegen der meist umfangreichen Anwendungsprogramme und der recht aufwendigen Speicherverwaltung - vor allem bei Einsatz von **Betriebssystemen** der oberen Leistungsklasse - vergleichsweise lange benötigen, bis sie betriebsbereit sind, hängt der Absender allzu oft wieder ein, bevor der Empfangscomputer antwortbereit ist. Hier sind Verbesserungen in der Empfangsbereitschaft dringend geboten, zumal derartige ISDN-Schnittstellenkarten wegen dieses Mangels vom ZZF nur als Geräte der Kategorie B zugelassen werden, was den Nutzungswert doch erheblich mindert.

Wichtig ist, daß die Bundesrepublik - wie im gesamten ISDN - auch auf diesem Gebiet bereits eine führende Position bei Entwicklung und Einsatz gewinnen konnte. Es gibt derzeit um 15 Anbieter solcher Karten, die meist aus deutscher Produktion kommen und - im Vergleich zum Hardwareaufwand - recht teuer angeboten werden. PC-ISDN-Schnittstellenkarten der Kategorie A hingegen sind bisher (Stand Anfang 1992) nicht verfügbar.

Eine **PC-ISDN-Schnittstelle für Kategorie A** müßte eine eigenständige, dem PC vorgeschaltete Apparatur sein, die auch bei abgeschaltetem Computer empfangsbereit bleibt, also über einen eigenen - vergleichsweise einfachen - Computer, eine eigene Stromversorgung mit Pufferbatterie und einen Festplatten-Speicher verfügt, die ständig eingeschaltet bleiben. Im Festplattenspeicher müßten die Nachrichten - ähnlich einem Briefkasten - abgelegt werden. Beim Einschalten des eigentlichen Computers müßten dann zunächst die empfangenen Nachrichten im Hauptgerät angelistet und auf die Festplatte des PC übertragen werden und erst nach Entscheid des Computerbetreibers, ob er zunächst die eingegangenen Nachrichten bearbeiten will, oder die Aufgabe in Angriff nimmt, deretwegen er den Computer eingeschaltet hat, sollte der normale Betrieb des Computers ermöglicht werden. Da weder Tastatur noch Bildschirm im Schnittstellengerät benötigt werden, könnte eine solche Einrichtung in der Preisklasse um 800 DM bei Serienfertigung herstellbar sein, also etwa in der Klasse billiger ISDN-Schnittstellenkarten der Kategorie B nach derzeitigem Preisniveau liegen.

Als Substitutionspotential für PC-Karten kann durchaus davon ausgegangen werden, daß zumindest ein Drittel, wahrscheinlicher aber die Hälfte aller jeweils zum Betrachtungszeitpunkt offiziell installierten PCs einen ISDN-Zugang erhalten würden, wenn dieser weit verbreitet eingesetzt wird und die Möglichkeit besteht, eine Zulassung in der Kategorie A zu erreichen. Bei breitem Einsatz von ISDN und entsprechender Preisgestaltung sollte ein Markt von bis zu 1 Mio. Stück ISDN-PC-Schnittstellenkarten der Kategorie A allein in der Bundesrepublik ab etwa 1996 jährlich erreichbar sein.

3.3.3   Der ISDN-Markt als Substitutions- und Wachstumselement

Wie bereits in Abschnitt 3.3.2.1 dargelegt, ist das Potential an Neuanschlüssen in ISDN bis in die Mitte des ersten Jahrzehnts des kommenden Jahrhunderts nicht allzu groß und wird im wesentlichen das ohnehin vorhandene Wachstum an analogen Anschlüssen substituieren. Dies bedeutet, daß die moderaten Zuwachsraten an Hauptanschlüssen insgesamt durch die Einführung und wachsende Verbreitung von ISDN nicht nennenswert gesteigert werden.

Es wäre aber voreilig, aus dieser Prognose herzuleiten, daß ISDN keine Wachstums- und Substitutionsimpulse auslöse. Vielmehr wird die Vielfachbeschaltung einzelner Zugänge sowohl kurzfristig im analogen Fernmeldenetz als auch mittel- und langfristig im digitalen Fernmeldenetz ISDN innerhalb der Netzbereiche eine Erhöhung der **Verkehrswerte** und damit der Einnahmen der Netzbetreiber zur Folge haben, die ihrerseits zu einem verstärkten Ausbau der **Netzinfrastruktur** führen. Teilweise und vor allem in der Anfangsphase bis etwa Mitte dieses Jahrzehnts wird dieses Wachstum durch den Einsatz intelligenter Netztechniken kompensiert werden können, dann aber wird der Ausbau der Nutzkanäle zwingend, wobei es ohne Belang ist, ob über diese - ohnehin digitalen - Kanäle nun ISDN- oder Analog-Verkehr geleitet wird. Gerade hierin liegt ja der Vorteil des gewählten DBP Telekom-Konzepts, in der **Fernebene** ISDN und Fernsprechnetz mit gleichen technischen Mitteln auszubauen und auf die dringend nötige Strukturänderung des Fernmeldenetzes hinsichtlich **Numerierung** und **Anschlußleitungsnetz** zunächst zu verzichten. Einer Umorientierung des Bedarfs entgegen den Erwartungen hin zu analogen Teilnehmeranschlüssen kann die DBP Telekom relativ gelassen entgegensehen.

Der wesentliche Wachstumsimpuls wird aller Voraussicht nach im Endgerätebereich ausgelöst. Die Möglichkeit, an einen **Basisanschluß** bis zu acht Endgeräte für unterschiedliche - frei wählbare - Formen der Nachrichtenübermittlung anzuschalten, wird hier erhebliche Wachstumspotentiale aktivieren.

Dabei ist für die Mehrzahl der möglichen neuen Nachrichtenformen die Digitalisierung an sich eher zweitrangig und vor allem eine technische Herausforderung, da ohnehin die Möglichkeit des Echtzeit-Dialogverkehrs - wie er im **Telefon-** und **Bildtelefonbereich** bedeutsam ist - für die mit 64 kbit/s darstellbaren Formen wenig Bedeutung hat. Die vergleichsweise wenigen Teilnehmer, die durch die digitale Anschaltung merkbare - d.h. vom Teilnehmer wahrnehmbare - Vorteile haben, lassen sich bei etwa 2 Mio. Anschlüssen auch längerfristig beziffern und liegen damit bei etwa 4 % aller Anschlüsse. Sollte die Möglichkeit einer **Konferenztechnik** mit Aufbau der Verbindung durch den Teilnehmer geschaffen werden, könnten nochmals einige hunderttausend Anschlüsse hinzukommen - alles in allem handelt es sich aber um vernachlässigbare Quantitäten gemessen am Gesamtgeschäft. Dies gilt übrigens auch aus der Sicht der DBP Telekom, da durch sie kein höheres Verkehrsaufkommen resultiert und damit das Aufkommen an **Nutzungsgebühren** relativ klein bleibt.

Viel bedeutsamer ist das Aufkommen im Bereich der Nutzung universeller Datenbanken, das Anschalten der PCs an weitspannende Kommunikationsnetze und danach folgend die Nutzung dieser Geräte auch als software-emulierte Mehrdienstendgeräte für **Teilnehmerdienste** wie **Telefax** und **slow-scan-Bildübermittlung** im Rahmen von **Multimedia**-Konzepten. Allerdings können diese Wünsche auch durch LAN und MAN in Verbindung mit VSAT befriedigt werden und zwingen daher nicht zum ISDN.

Genau wie im analogen schmalbandigen Fernsprechnetz wird in diesem Zusammenhang das **Bildfernsprechen** auf 64 kbit/s-Basis aller Voraussicht nach keine große Verbreitung und kein nennenswertes Marktpotential finden und auf sehr begrenzte Sonderanwendungen beschränkt bleiben. Ein vorstellbares Anwendungsfeld könnte sich allerdings in Verbindung mit Multimedia-Anwendungen dort ergeben, wo ein Fenster des Computerbildschirms für Bewegtbild-Übertragung genutzt wird.

Nur wer die nötige Übertragungszeit in Kauf nimmt, kann eine hochaufgelöste Pixelübertragung mit Farbe in guter Qualität bei akzeptabler Bildschirmgröße erwarten. Alle anderen Anwendungsfälle bleiben als Massenmarkt voraussichtlich den Breitband-Netzen vorbehalten. Im übrigen sind 64 kbit/s-Bildtelefon und LAN/WAN-Konzepte wegen der konträren Grundphilosophie von Bandbreitenökonomie (Bildtelefon mit Redundanzreduktion) und Bandbreitenverschwendung (LAN mit etwa 5-%iger Nutzung von Bandbreitenressourcen) wohl die bemerkenswertesten Gegensätze in der gesamten Informationstechnik.

Völlig anders ist wiederum das Wachstums- und Substitutionspotential im Hinblick auf die Anwendung bei Btx und Faksimile zu bewerten. Dieses Potential entsteht aber - wie dargelegt - aller Wahrscheinlichkeit nach erst dann, wenn ISDN eine gewisse weltumspannende Verbreitung gefunden hat. Die Auslösung dieser Entwicklung für die non-voice-Dienste wird nach unserer Einschätzung über Datenaustausch und Mailbox-Anwendungen (nicht Dienste im fernmeldetechnischen Sinne) in Verbindung mit PCs eingeleitet und erst danach zu dienstspezifischen Endgeräten weiterführen.

Werden diese Annahmen zugrundegelegt, so ist ein Ausbau des ISDN und seiner Anwendungen über der Zeit etwa in dem Rahmen anzunehmen, der in der Tabelle 3.3.3.1 niedergelegt ist.

Die hier angestellte Prognose wurde mit einer Reihe von Erfahrungswerten aus der Vergangenheit korreliert und weicht für das Jahr 2005 um rund eine Mio. ISDN-Hauptanschlüsse von den Resultaten aus der reinen Netzhochrechnung des Abschnitts 3.3.1 ab. Eine solche Differenz sollte als Unsicherheit für den vergleichsweise langen Vorhersagezeitraum tolerierbar sein. Dennoch zeigen beide Wege, daß das Wachstum an Hauptanschlüssen bei der Annahme eines Gesamtwachstums auf 87 Mio. Hauptanschlüsse insgesamt für ISDN wohl eher als moderat anzusehen ist.

ISDN-Anwendungen Mio.Stck.	1990	1991	1992	1993	1994	1995	1997	2000	2005
Sprache normal	0,02	0,15	0,50	1,10	1,65	2,20	3,30	4,95	7,70
Sprache 7 kHz	0,00	0,00	0,01	0,20	0,55	0,90	1,55	2,55	4,00
Daten 64 kbit/s	0,01	0,12	0,40	0,85	1,20	1,60	2,40	3,70	5,85
Btx alt	0,00	0,06	0,20	0,40	0,50	0,75	1,25	1,85	2,45
Btx-ISDN	0,00	0,00	0,00	0,00	0,00	0,05	0,25	0,65	1,45
Fax Gr.3	0,02	0,13	0,40	0,85	1,25	1,70	2,60	3,80	5,30
Fax Gr.4	0,00	0,02	0,10	0,20	0,40	0,70	1,50	2,80	5,30
Bild	0,00	0,00	0,02	0,20	0,30	0,40	0,65	1,03	1,65
Summe Mio BAsl.	0,02	0,15	0,60	1,10	1,70	2,30	3,50	5,30	8,30
Summe Endgeräte	0,04	0,48	1,63	3,80	5,85	8,30	13,50	21,33	33,60

Tabelle 3.3.3.1   Bestand an ISDN-Anschlüssen und -Endgeräten, Prognose bis 2005.
BAsl = Basisanschlüsse im ISDN, auch hier dürften sich die Zahlen für 1992 nicht realisiert haben.

Beachtet man hingegen die aus der **Mehrfachnutzung** eines Basisanschlusses resultierende Zahl von anschaltbaren - meist hochwertigeren - Endgeräten, die sich wegen der kommerziellen Nutzung und der Übergabe der Basisanschlüsse an Nebenstellenanlagen sehr viel höher als bei analogen Netzen darstellen, so ist zu erkennen, daß bei den drahtgebundenen Zugängen zu Fernmeldenetzen ein überproportionales Wachstum bei den Endgeräten zu verzeichnen ist.

Da jedes Endgerät, das neben dem ersten Endgerät zusätzlich an einen Netzzugang angeschaltet ist, im Vergleich zum Netzzustand um 1990 ein echtes Wachstum darstellt, liegt hier der wesentliche Zuwachs, der durch ISDN erreicht werden kann. Nimmt man beispielsweise jedes der rund 25 Mio. zusätzlicher Endgeräte (Differenz zwischen Zahl der Basisanschlüsse und der Zahl der insgesamt angeschalteten Endgeräte) wegen seiner technisch aufwendigeren Gestaltung mit durchschnittlich 600 DM an - ein sicher geringer Wertansatz - so ist hier ein Wachstumsfeld in der Größenordnung von 15 Mia. DM zu erschließen. Da diese Geräte sicher keine Lebensdauer von mehr als 5 Jahren haben werden, ist der Wertansatz als Marktvolumen ein Mehrfaches dieser Zahl, die nachgeschalteten Computer im Falle der Btx-, Fax- und Bildendgeräte nicht mitgerechnet. Für die Primärendgeräte und die ISDN-Anschaltung kommt das Normalvolumen für den Netzausbau im Teilnehmeranschlußbereich hinzu.

Daneben muß davon ausgegangen werden, daß die Nutzungsgebühren, die DBP Telekom wegen der höheren Verkehrsauslastung einnehmen wird, für diese Teilnehmer etwa den üblichen Ansatz von rund 80,00 DM je Netzzugang und Monat näherungsweise verdoppeln werden, so daß die Gebührenmehreinnahmen bei 53 Mio. drahtgebundenen Netzzugängen aus den 8 Mio. ISDN-Anschlüssen etwa denen entsprechen, die insgesamt von über 60 Mio. Analogteilnehmern aufgebracht werden würden.

3.4   Substitutionen zwischen Netzen

3.4.0   Vorbemerkung

In diesem Abschnitt werden Substitutionseffekte behandelt, die zwischen unterschiedlichen Netztypen auftreten, also vor allem

> zwischen drahtgebundenen und drahtlosen Netzen,
> zwischen breitbandigen und schmalbandigen Netzen,
> zwischen Netzen für Individual- und Verteildienste.

Die Substitutionsmechanismen sind in diesen Fällen sehr unterschiedlich und teilweise durch technische Parameter bedingt, zum anderen können sie aber auch aus einem verbesserten **Nutzungswert** resultieren, ein Fall der möglicherweise gegen Ende des Betrachtungszeitraumes bei der Individualisierung von Breitbanddiensten eine bedeutsame Rolle spielen kann.

3.4.1   Substitutionen zwischen schmalbandigen drahtgebundenen Netzen und schmalbandigen drahtlosen Netzen

Die Diensteangebote zwischen drahtgebunden und drahtlos übermittelten **Sprachdialogen** sind vergleichbar. Insoweit wäre zunächst ein Substitutionsvorteil für die drahtlosen Dienste erwartbar, da bei ihnen eine örtliche "An-"Bindung des Teilnehmers weitgehend entfällt. Höhere **Anschaffungs-, Nutzungs-** und **Grundgebühren** belasten aber derzeit die drahtlose Dialogübermittlung aus wirtschaftlicher Sicht. Für die Grund- und Nutzungsgebühren sind vor allem die terrestrischen Vorleistungen der Netzbetreiber bestimmend, während die Anschaffungskosten mehr und mehr international vorgegeben werden und in den nächsten fünf Jahren beträchtlich sinken werden.

Die Gebührendifferenzen sind selbst im Bereich der Europäischen Gemeinschaft (Tabelle 3.4.1.1) beträchtlich, im Vergleich zu anderen Ländern teilweise noch größer (bis Faktor drei).

Dies wird die Beschaffungsentscheidung langfristig stärker beeinflussen als die Anschaffungs-kosten (dies weist im übrigen auch die bereits zitierte Infratest-Studie aus). Allerdings ist da-von auszugehen, daß das Entstehen eines gemeinsamen Wirtschaftsraumes in Europa derartige Kostendifferenzen noch innerhalb des laufenden Jahrzehnts ausgleichen wird.

Weiterhin ist zu beachten, daß drahtlose Verbindungen nach dem **GSM-Standard** eine deutlich geringere Übermittlungskapazität haben, als z.B. das ISDN. Dies führt bei nichtsprachlichen Diensten zu längeren Belegungszeiten und damit erheblich höheren Gebüh-ren. Es ist daher davon auszugehen, daß vor allem beim (für die Zukunft) geplanten Einsatz von sog. Half-Rate-Codec zur Kapazitätserweiterung der **Netzzellen** bildhafte Übertragungs-verfahren wie z.B. Faksimile die Ausnahme bleiben.

Mobilfunkkosten 1. Jahr	US $
Bundesrepublik (Telekom)	3750,00
Finnland	3200,00
Frankreich (Radiocom)	4600,00
Großbritannien (Racal)	2100,00
Italien	2100,00
Norwegen	2200,00
Schweden	2050,00
Spanien	1800,00

Tabelle 3.4.1.1:   Mobilfunkkosten in Ländern mit vergleichbarer Flächenausdehnung. (Amortisation der Geräte, Grundgebühr und Nutzungstarife im ersten Betriebsjahr, Stand 1991[50])

Die drahtlose **Mobilkommunikation** hat vor allem dort Wachstumschancen, wo Personen kei-nen örtlich festen Arbeitsplatz haben, also z.B. Gruppen, die stets auf Montage sind, Bauarbei-ter und ihre Vorgesetzten, Landwirte, Personen im Verkehrsgewerbe oder Vertreter und ähnli-che Berufe. Der Kommunikationsablauf wird in der Regel bei ihnen auf Sprachbasis oder sehr geringen Datenübermittlungen beruhen. Bei diesem Interessentenkreis handelt es sich weiterhin um Personen, die bisher an der Kommunikation nur bedingt teilhaben konnten (z.B. zu be-stimmten Tageszeiten, zu denen sie sich im Büro befinden oder abends). Daraus resultiert, daß die Wachstumseffekte die Substitutionseffekte bei weitem übersteigen.

Den drahtlosen Mobilfunksystemen ist daher zwar ein erhebliches **Wachstumspotential** aber im Vergleich dazu ein nur begrenztes **Sustitutionspotential** gegenüber den drahtgebundenen technischen Kommunikationsangeboten zuzuordnen. Dieses Wachstumspotential wird mit der Einführung drahtloser privater Netze noch verstärkt werden, da mit **DCS1800** und den **LEO-Systemen** aller Voraussicht nach weltweite mobile Kommunikationsmöglichkeiten eröffnet werden.

Geht man also von den in der Tabelle 3.1.4.1 gemachten Wachstumspotentialen aus, so ist festzustellen, daß aus den 30 Mio. potentieller Mobilkommunikationsanschlüsse (diese Zahl schließt übrigens in Zeile 1.1.2 auch die **Bündelfunk-**, **Funkruf-** und sonstigen Mobilfunkteil-nehmer neben DCS1800 ein) keine nennenswerten Substitutionseffekte für die drahtgebundene

---

[50] Inzwischen wurden Korrekturen bei den Gerätepreisen und den Nutzungsgebühren vorgenommen.

universelle Individualkommunikation erwachsen. Allerdings könnten viele "Nur-Telefonierer" ein solches Angebot annehmen, da in ihrer Sicht aus dem drahtlosen Telefon erhebliche Vorteile (persönliche Sicherheit bei Dunkelheit, Meldungsmöglichkeit bei Unfällen etc.) resultieren können. Die vielzitierte "Tante Frieda" in höherem Alter könnte insoweit um die Jahrtausendwende durchaus das drahtgebundene Telefon mit anderen Dienstmöglichkeiten gegen ein drahtloses Taschentelefon austauschen.

Es sei in diesem Zusammenhang nochmals darauf verwiesen, daß die Spannweite der Wachstumsprognosen sehr groß ist und daß vor allem die angenommenen Anschaffungs- und Betriebskosten bei den verschiedenen Untersuchungen (z.B. Infratest, MacIntosh, Siemens) eine wesentliche Rolle für die angenommenen Marktzahlen gespielt haben. Vorhersagen mit niedrigen Stückzahlen (z.B. Infratest) gehen immer von - nach unserem Dafürhalten - irreal hohen Kosten aus, während die mit realen Kosten rechnenden Untersuchungen (Anschaffungs-Preisbereich unter 1000 DM bis wenige hundert DM je Mobiltelefon) regelmäßig um 25 % - 100 % über den hier gemachten Annahmen liegen - dies wird wiederum deshalb für nicht realistisch gehalten, da hier die technischen Realisierungsgrenzen (Planungskapazitäten, Ausbaumöglichkeiten der terrestrischen Teilnetze eines Mobilfunknetzes) überschritten und die Einflüsse der Nutzungsgebühren unterschätzt werden dürften.

3.4.2 Substitutionen zwischen breitbandigen Verteil- und Individualkommunikationsnetzen

Derzeit bestehen keine breitbandigen Netze für Individualkommunikation, die gerechtfertigte Aussagen über den Nutzen von solchen Netzen im Verhältnis zu ihren Kosten zu machen gestatten. Auch die Fachtagungen zum Thema "Fiber to the Home" zeigen die Schwierigkeiten beim Ausloten der Relationen zwischen den immensen Kosten für ein solches Netz auf der einen Seite und den sachlichen Vorteilen, die ein solches Netz bei großer Verbreitung bieten könnte.

Die Versuche **BERKOM**, **VBN** und Regierungsnetz Bonn, aber auch die Absicht der DBP Telekom, in den neuen Bundesländern anstelle der Koaxialkabel-Rundfunknetze ein Glasfasernetz zu installieren (**OPAL**) sowie die entsprechenden ausländischen Pilotprojekte z.B. in Frankreich sind nicht aussagefähig hinsichtlich einer begründbaren Prognose in diesem Bereich, da die Kosten-Nutzenrelation kaum berechenbar ist und die bekannt gewordenen Ergebnisse daher nicht aussagefähig sind. Für breitbandige Netze zur Individualkommunikation bestehen - da sie technisch vor wenigen Jahrzehnten noch nicht absehbar waren - auch gesetzlich keine spezifischen Regelungen, vielmehr wird versucht, die bestehenden gesetzlichen Regelungen weiträumig zu interpretieren und so eine politische Entscheidung in der einen oder anderen Richtung "herbeizuanalogisieren", ohne den spezifischen Voraussetzungen eines solchen Netzes - z.B. Außerkraftsetzen der Rundfunkgesetze der Länder für diesen Fall - auch nur im entferntesten Rechnung zu tragen.

Es besteht hingegen mit dem **Kabelrundfunknetz** ein ausgedehntes breitbandiges drahtgebundenes Nachrichtennetz für Verteilkommunikation und mit dem **Satellitenrundfunk** ein ebensolches drahtloses Netz. Mit der EG-Richtlinie für **Satellitennetze** und deren erster Realisierung im Bereich der **VSAT-Netze** ist der Einstieg in Individualnetze auf Satellitenbasis gemacht, die möglicherweise eine bestehende Lücke in der Versorgung mit drahtlosen - vornehmlich monologorientierten - **non-voice-Diensten** schließen kann. Dabei ist bedeutsam, daß derartige **Satellitennetze** nicht dem DBP Telekom-Monopol unterliegen dürfen, also der privaten Betätigung offenstehen.

Die Rundfunk-Satelliten können mit den Aussagen "breitbandig" und "verteilkommunikativ" beschrieben werden und sind insoweit den drahtlosen Verteilnetzen zuzuordnen.

Es bleibt einleitend unter diesen Randbedingungen festzuhalten, daß die hier gemachten Annahmen wesentlich spekulativer angelegt sein müssen, als dies in den vorhergehenden Abschnitten dieses Teils der Studie bereits notwendig war.

Um eine Abgrenzung zwischen den verschiedenen Formen der Nachrichtenübermittlung plastischer zu machen, sei auf Bild 3.4.2.1 verwiesen. In diesem Bild sind die wichtigen Nachrichtenübermitttlungssysteme sehr grob nach Bedarf an Übermittlungskapazität (**Bandbreite**) und nach der Art der Abwicklung positioniert worden. Der Übersichtlichkeit halber wurde dabei auf die Einbeziehung der Mobilfunksysteme verzichtet, die weitgehend mit der Positionierung der Telefonnetze übereinstimmen.

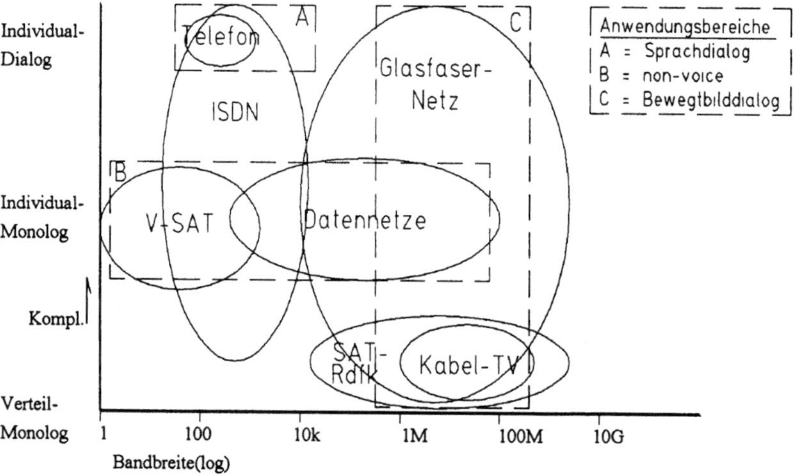

Bild 3.4.2.1:   Positionierung der verschiedenen Fernmeldesysteme nach Abwicklungsart, Bandbreitenbedarf und Anwendungsbereichen.

Das Bild zeigt sehr deutlich, welche Substitutionspotentiale, aber auch welche technischen Anforderungen an ein künftiges dialogorientiertes Fernmeldesystem auf Glasfaserbasis zu stellen sind. Es ist sowohl hinsichtlich Bandbreite als auch hinsichtlich Komplexität der Handhabung im oberen Bereich positioniert. Seine Einrichtung kann - wie schon früher erwähnt - nur gerechtfertigt werden, wenn entsprechende Anwendungen gewährleistet werden können. Dabei muß vor allem eine breit gestreute universelle Anwendung gefunden werden, die aus heutiger Sicht allein in Form eines extrem fortschrittlichen **Abruffernsehens**, das mit der gegenwärtigen Form der Fernsehdarbietungen weder hinsichtlich Wiedergabequalität noch hinsichtlich zeitlich individualisierter Verfügbarkeit vergleichbar ist, gefunden werden kann.

Sollte ein solches **Fernsehsystem** etabliert werden, so können alle anderen Anwendungen in dieses Netz integriert werden. Das umgekehrte Vorgehen, die Aufwendungen z.B. nur für extrem **breitbandige** Datenübermittlung oder **Bildschirmtelefonie** zu installieren, dürften voraussichtlich wirtschaftlich nicht tragen. Insoweit tritt in diesem Netzbereich erst ein Substitutionseffekt auf, nachdem es für eine innovative Anwendung mit angemessenem Wachstumspotential errichtet und wirtschaftlich vertretbar geworden ist.

Sollte z.B. durch die Aufteilung der Regierungsfunktionen auf Bonn und Berlin eine spezielle Nachrichtenverbindung zwischen beiden Städten benötigt werden, so könnte hierfür ein derartiges Glasfaserbreitbandnetz eine sehr vernünftige Alternative sein. Es scheint aber müßig, davon auszugehen, daß dieses System dann netztechnische Grundlage eines bundes- oder gar europaweiten Glasfaser-Individualnetzes werden kann - alleine die Sicherheitsmaßnahmen lassen es geraten erscheinen, dieses Netz gegen allgemeine Anwendungen und einen Zugang für jedermann zu schützen. Die dort zu gewinnenden technischen Erkenntnisse können aber dazu beitragen, ein allgemein zugängliches Glasfasernetz zu planen und die Erkenntnisse aus BER-KOM, VBN und ähnlichen Projekten auf eine breitere Basis zu stellen.

3.4.3 Zusammenfassende Hypothesen, Empfehlungen und Bewertungen zu allen Substitutionspotentialen

80. (Hypothese):

Im Bereich der Kommunikationstechnik übersteigt das Wachstumspotential das Substitutionspotential bei weitem. Dies gilt besonders bei den non-voice-Endgeräten und den Mobilfunkgeräten.

81. (Hypothese):

Bei den drahtgebundenen Endgeräten der Telekommunikation bestimmt die Mehrfachnutzung des Netzzugangs für mehrere Dienste das Geschäft. Diese Mehrfachnutzung beschränkt auch das Substitutionspotential der Mobilfunkgeräte, da sie wegen der geringen Übermittlungskapazität für non-voice-Anwendungen nur zu vergleichsweise hohen Gebühren nutzbar sind.

82. (Hypothese):

Es ist davon auszugehen, daß innerhalb der nächsten zehn Jahre im Mittel jährlich über eine Million neuer Faxgeräte installiert werden und gegen 2005 um 16 Mio. Faxgeräte in Betrieb sind. Hiervon dürften höchstens 8 Mio. Geräte als eigener Hauptanschluß oder als ISDN-Anschluß geschaltet, der Rest an bestehenden Hauptanschlüssen zugeschaltet sein.

83. (Hypothese):

Die C- und D-Mobilfunknetze können bei entsprechender Gebührenpolitik erhebliche Teile der überregionalen Paging- und Bündelfunksysteme substituieren. Das Substitutionspotential der Geräte für E-Mobilfunknetze ist hier hingegen gering - sie werden vornehmlich von gewerblichen Nutzern beschafft, die an ihrer Arbeitsstelle (z.B. Baustelle) erreichbar bleiben müssen (regionales Substitutionspotential).

84. (Hypothese):

Voraussichtlich ab etwa 1995/1996 kann angenommen werden, daß der Zuwachs an drahtgebunden Hauptanschlüssen vornehmlich als ISDN-Anschluß vom Benutzer beansprucht wird. Ab diesem Zeitpunkt würde dann die Zahl der Anschlüsse an dienstspezifischen schmalbandigen Fernmeldenetzen sinken.

85. (Empfehlung):

Die wachsenden Nutzungsmöglichkeiten analoger Netzzugänge - vor allem bei Modems und Faxgeräten - wird voraussichtlich das Substitutionspotential des ISDN gegenüber den Voraussagen stärker begrenzen, als bisher angenommen. ISDN sollte daher durch Weitergabe der Investitionsvorteile beim Netzausbau an die Benutzer in Form von Gebührensenkungen stärker gefördert werden.

86. (Hypothese):

Der ursprüngliche Vorteil einer wesentlich höheren Übermittlungsgeschwindigkeit beim ISDN gegenüber den analogen Fernmeldenetzen wird durch leistungsfähigere Modulationsverfahren im non-voice-Bereich beachtlich reduziert, die internationale Erreichbarkeit der analogen Netze wiegt für den Nutzer häufig schwerer als die geringfügigen Kostenvorteile, die ISDN bei den Nutzungsgebühren noch bietet. Hierdurch wird ISDN länger als erwartet in seinem Substitutionspotential begrenzt.

87. (Empfehlung):

Vornehmlich in ländlichen Bereichen, aber auch in der Peripherie der Städte könnte ein Potential von ca. 1,5 Mio. Sprachhauptanschlüssen durch Anschalten an eine digitale Anschlußleitung des ISDN-Typs (S_0) allein durch die Verbesserung der Sprachkommunikation aktiviert werden. Damit könnte die Initialisierungsphase von ISDN verkürzt werden, die aus anderen Gründen ohnehin länger dauert als erwartet.

---

88. (Hypothese):

Der (wirtschaftliche) Zugewinn durch ISDN wird nicht in erster Linie über das Herstellen neuer Zugänge erreicht, sondern vielmehr dadurch, daß jeder Zugang im Mittel etwa mit vier Endgeräten beschaltet wird und dadurch der Endgerätemarkt belebt und das Nutzungsgebührenaufkommen erhöht wird.

89. (Bewertung):

Btx ist weder in seiner verfügbaren analogen Form noch als ISDN-Variante derzeit anwendergerecht und dem Stande der Technik entsprechend gestaltet, hat aber bei entsprechender Nachbesserung ein erhebliches Wachstumspotential.

90. (Empfehlung):

Btx sollte - unter Beibehaltung des bestehenden Grundkonzeptes in seinem Datenbankbereich sehr viel schneller an die jeweilige technische Entwicklung angepaßt werden, um ein Substitutionspotential gegenüber privaten Mailboxen zu realisieren. Vor allem sollte Btx verstärkt seine firmenübergreifenden Möglichkeiten gegenüber privaten Mailboxen demonstrieren, bei denen mit der Anwahl einer Verbindung unterschiedlichste Anfragen behandelt und unterschiedlichste Dienste angeboten werden können.

91. (Empfehlung):

In einer vertiefenden Untersuchung sollte die Organisation einer neuen Form des Btx - angepaßt an die technischen Möglichkeiten von Gegenwart und überschaubarer Zukunft - durch ein Expertenteam mit dem Ziel analysiert werden, neue Grafikstrukturen, Suchalgorithmen und Datenbankverwaltungssysteme zu implementieren. Grundausrichtung sollte dabei die Datenrate des ISDN sein, eine Variante sollte für herkömmliche Netze vorgesehen sein.

92. (Empfehlung):

Kleine und mittelständische Firmen sollten sich Know-how in der Anpassung von nonvoice-Endgeräten an die Bedürfnisse der Benutzer verschaffen und diesen Markt verstärkt bedienen.

93. (Empfehlung):

Um die Glasfasertechnik bis zum Benutzer schnellstmöglich im Netz einzuführen und damit die Basis für eine eigenständige Unterhaltungselektronikfertigung vorzubereiten, sollte - trotz aller politischer Probleme - ein hochaufgelöstes (digitales) Fernsehabruf-konzept im europäischen Raum entwickelt und eingesetzt werden, das dann die übrigen Fernsehsysteme langfristig ablösen könnte.

Veröffentlichungen im Rahmen der Landesinitiative TELETECH NRW

Band 1: Telekommunikationspolitik
Rahmenbedingungen für die Telekommunikation
2. überarbeitete Auflage, März 1991 (kostenlos)

Band 2: Telekommunikationsatlas NRW
Stand und Entwicklung von Netzausbau und Diensteangebot durch die
Deutsche Bundespost
September 1988

Ergänzungsband zum Telekommunikationsatlas NRW
Stand und Entwicklung von Netzausbau und Diensteangebot durch die
Deutsche Bundespost TELEKOM und private Anbieter
März 1991 (kostenlos)

Band 3: Anwendung der Telekommunikationsdienste
Leitfaden für eine nutzbringende Anwendung
Chancen für Wirtschaft und Verwaltung
2. überarbeitete Auflage, März 1991 (kostenlos)

Band 4: Telekommunikations-Produkte und -Dienstleistungen
Chancen für Hersteller und Anbieter NRW
2. überarbeitete Auflage, März 1991 (kostenlos)

Band 5: Projekte
4. überarbeitete Auflage, Januar 1993 (kostenlos)

Band 6: Studie "Datenschutztechniken für offene, digitale Telekommunikationsnetze"
Februar 1990 (DM 170,00 zzgl. MWSt)
zu beziehen bei der:
Cap Gemini SCS BeCom GmbH,
Geschäftsbereich Telecom,
Brunshofstr. 12, 4330 Mülheim/Ruhr

Band 7: Präsentation auf der CeBIT '90
März 1990 (vergriffen)

Band 8: Präsentation auf der CeBIT '91
März 1991 (vergriffen)

Band 9: Studie "Satelliten- und Fernsehkommunikation"
Kurzfassung, März 1991 (vergriffen)

Band 10: Studie "Satelliten- und Funkkommunikation"
vollständige Fassung, Juni 1991 (DM 98,00 inkl. MWSt)
Zu beziehen bei der :
Klaes GmbH, Agentur und Verlag,
Postfach 10 20 22, 4300 Essen 1

Band 11: Studie "Angebot und Nutzung von ISDN-PC-Karten"
Juni 1991, (DM 48,00 inkl. MWSt)
Zu beziehen bei der:
Cognit GmbH, Rönsahler Str. 27, 5000 Köln 80

Band 12: Breitband-Technologien
Übersicht über die technischen Möglichkeiten und Anwendungen
August 1991 (kostenlos)

Band 13:   Anbieterverzeichnis Telekommunikation NRW
             2. Auflage erscheint in 1993

Band 14:   Wirtschaftlichkeitsaspekte der ISDN Datenübermittlung
             2. Auflage, Mai 1992 (kostenlos)

Band 15:   ISDN-Anwendungen in der Praxis
             2. Auflage, Mai 1992 (kostenlos)

Band 16:   Standards und Technologien der verteilten Breitbandkommunikation
             März 1992 (120,00 DM zzgl. MWSt + Versandk.)
             zu beziehen bei der:
             EUTELIS CONSULT GmbH, Am Angerpark 1-3,
             4030 Ratingen 1

Materialien und Berichte der ISDN-Forschungskommission des Landes Nordrhein-Westfalen

Nr. 1   Forschungsdesign der ISDN-Forschungskommission, 1990
             (kostenlos)

Nr. 2   ISDN und Datenschutz, 1990
             (kostenlos)

Nr.3   Projekte und Studien der ISDN-Forschungskommission des Landes NRW,
             erscheint demnächst (kostenlos)

Nr. 4   Helmut Fangmann
             Rechtliche Konsequenzen des Einsatzes von ISDN - Kurzfassung
             Februar 1993 (kostenlos)
             Die Langfassung wird im Frühjahr 1993 im Westdeutschen Verlag
             erscheinen.

Nr. 5   Querschnittsanalyse: ISDN-Einsatz in öffentlichen Verwaltungen,
             erstellt vom IOT - Institut für Organisationsforschung + Technologie-
             anwendung in Zusammenarbeit mit BAIT - Beratungs- und Forschungs-
             institut Arbeit und Informationstechnologie e.V., Februar 1993
             (kostenlos)

Nr. 6   Karl-Ludwig Plank; Firoz Kaderali
             Entwicklungstrends in den Informations- und Kommunikationstechnologien
             und ihre erwartbaren Nutzungspotentiale - Kurzfassung
             erscheint demnächst (kostenlos).
             Die Langfassung wird im Frühjahr 1993 im Vieweg Verlag erscheinen.

Wenn nicht anders angegeben, sind diese Bände zu beziehen beim:

Ministerium für Wirtschaft,
Mittelstand und Technologie
des Landes Nordrhein-Westfalen
Haroldstraße 4
Postfach 10 11 44
4000 Düsseldorf 1

Abkürzungen

ASCII	American Standard Code for Information Interchange
ATM	Asynchronous Transfer Mode
B-ISDN	Breitband-ISDN
BA	Basis Access
BAPT	Bundesamt für Post und Telekommunikation
BERKOM	Berliner Kommunikationssystem
BIGFON	Breitbandiges integriertes Glasfaser-Fernmelde-Ortsnetz
BMPT	Bundesministerium für Post und Telekommunikation
Btx	Bildschirmtext
CAD	Computer Aided Design
CCD	Charge Coupled Device
CCIR	Comité Consultatif International des Radiocommunications
CCITT	Comité Consultatif International Téléphonique et Télégraphique
CCS	Common Channel Signaling
CD	Compact Disc
CEPT	Conférence Européenne des Administrations des Postes et des Télécommunications
DAB	Digital Audio Broadcasting
DAL	Drahtlose Anschlußleitung
DAT	Digital Audio Tape
DBP	Deutsche Bundespost
DBP Telekom	Deutsche Bundespost Telekom
DCS 1800	Digital Communication System 1800 MHz
DDV	Datendirektverbindung
DECT	Digital European Cordless Telephone
DIGON	Digitales Ortsnetz
DQDB	Distributed Queue Dual Bus
DRAM	Dynamic Random Access Memory
DSI	Digitale Sprachinterpolation
EBCDIC	Extended Binary Coded Decimal Interchange Code
ECMA	European Computer Manufacturers Association
EDI	Electronic Data Interchange
EDIFACT	Electronic Data Interchange for Administration, Commerce and Transport
EDV	Elektronische Datenverarbeitung
EG	Europäische Gemeinschaft
EISA	Extended Industry Standard Architecture
EPROM	Erasable Programable Read Only Memory
ESPRIT	European Strategic Programme for Research and Development in Information Technologies
ETSI	European Telecommunications Standards Institute

FCC	Federal Communications Commission
FDDI	Fiber Distributed Data Interface
FITCE	Fèderation des Ingenieurs de Tèlècommunication de Communauté Européenne
FSpHA	Fernsprechhauptanschluß
FttC	Fibre to the Curbe
FttH	Fibre to the Home
GD	Generaldirektion
GEDAN	Gerät zur dezentralen Anrufweiterschaltung
GSM	Groupe Speciale Mobile
GW	Gruppenwähler
HD-MAC	High-Definition-MAC
HDTV	High Definition Television
Hfd	Hauptanschluß für Direktruf
HSLAN	High Speed Local Area Network
HVSt	Hauptvermittlungsstelle
IC	Integrated Circuit
IuK-Technik	Informations und Kommunikationstechnik
IDN	Integriertes Daten-Netz
IDN-L	Datex-L im IDN
IDN-P	Datex-P im IDN
IEC	International Electrotechnical Commission
IN	Intelligentes Netz
I/O	Input/Output
ISDN	Integrated Services Digital Network
ISO	International Standards Organisation
JESSI	Joint European Submicron Silicon Initiative
K+M EDV	Kleine und mittlere Datenverarbeitung
KI	Künstliche Intelligenz
LAN	Local Area Network
LEO	Low Earth Orbit
LEOS	Low-Earth-Orbital-Satellite
MAC	Multiplexed Analogue Components
MAN	Metropolitain Area Network
MITI	Ministry for International Trade and Industry
NRW	Nordrhein-Westfalen
NTSC	National Television Sound Company (Amerikanisches Farbfernsehsystem)
OCR	Optical Character Recognition
OPAL	Optische Anschlußleitung

OSI	Open Systems Interconnection
OVSt	Ortsvermittlungsstelle
PAL	Phase Alternation Line
PC	Personal Computer
PCM	Pulscodemodulation
PCN	Personal Communications Network
PD	Public Domain
PIA	Private Informationsanbieter
PRA	Primary Rate Access
RACE	Research and Development in Advanced Communications Technologies in Europe
RAM	Random Access Memory
RDS	Radio Data System
RISC	Reduced Instruction Set Computer
ROM	Read only Memory
SCSI	Small Computer System Interface
SDH	Synchrone digitale Hierarchie
SECAM	Sequentiel couleur avec memoire (Französisches Farbfernsehsystem)
SONET	Synchronous Optical Network
SRAM	Static Random Access Memory
STM	Synchronous Transfer Mode
SW	Shareware
TAE	Teilnehmeranschlußeinheit
TEMEX	Telemetry Exchange
TH	Technische Hochschule
UDTV	Ultra-high Definition Television
UE	Unterhaltungselektronik
VBN	Vermittelndes Breitbandnetz, früher: Vorläufer-Breitband-Netz
VESA	Video Electronics Standards Association
VISYON	Variables intelligentes synchrones optisches Netz
VSAT	Very Small Aperture Technique
WAN	Wide Area Network
WARC	World Administrative Radio Conference
WE	Wohneinheiten
WORM	Write Once Read Multiple
ZVEI	Zentralverband der elektrotechnischen Industrie
ZZF	Zentralamt für Zulassungen im Fernmeldewesen des BMPT

Stichwortregister